# 制度環境の変化と農協の未来像

## 自律への道を切り拓く

増田佳昭 編著

昭和堂

制度環境の変化と農協の未来像——自律への道を切り拓く　目次

## 第3章　農協制度の目的と総合農協の像　59

北川太一

## 第Ⅱ部　事業のあり方と組合員

## 第8章　農協における組織活動の意義と組合員参加　176

仙田徹志

## 第Ⅲ部　どうなる農協の組織とガバナンス

序　章

# 「70年ぶりの農協法大改正」と農協の未来像

増田佳昭

## 「70年ぶりの大改正」が描く農協の未来像

２０１４年5月の規制改革会議農業ワーキング・グループ「意見」に始まった「農協改革」は、２０１５年農協法改正で一応の決着をみた。改正農協法は２０１６年4月に施行された。今回の農協改革は、マスコミで「70年ぶりの農協法大改正」と喧伝されたように、１９４７年に制定された農協法を大幅に書き換えるものであった。改正農協法の内容は、全国農協中央会の一般社団法人化と都道府県中央会の連合会への移行、ＪＡへの公認会計士監査の義務づけ、全農の株式会社化の容認、農協の生協や医療法人への移行の容認など、多岐にわたる。また、農協の目的規定に準ずるかたちで「農業所得の増大に最大限配慮する」ことが明記され、事業の的確な遂行による「高い収益性」の実現も書き込まれた。また、法改正をめぐって大きな議論となった准組合員の利用制限は「5年後」に先送りされたが、依然として次なる法改正のテーマであり続けている。

このような今回の農協法改正は、農協にとって大きな「制度環境の変化」ととらえるべきである。ここでわれわれが制度環境と呼ぶものは、農協が活動する上での制度的な枠組みをさしている。農業協同組合は協同組合であり、人々が共通するニーズを実現するために組織したものである。それは事業体であるとともに協同組合運動という自主的な運動体としての性格をもつ。しかし、他方で農業協同組合は農業者の網羅的組織として農政と密接な関係にある農業団体の性格も併せもつ。さらに総合農協として信用事業や共済事業を営むこともあって、日本における農業協同組合法は、他国のそれに比べてきわめて重装備で複雑なものになっており、農協の活動に対して強い制約を与えている。そのために、農協の行動も、制度によって制約され、方向付けられる度合いが大きいといっていいだろう。

今回の法改正によって、農協にとっての制度環境が、大きく変化したことは間違いない。その変化をどう受け止め、これにどのような方向性をもってどのように対応するのか、ＪＡグループには大きな課題が投げかけられている。

そうした状況の下で、農協研究者に求められているのは、「制度環境の変化」自体を深く、客観的に分析して、その基本的な方向と変化が意味するものを正しく理解することであろう。

今回の農協法改正には、いわゆる「官邸」と称される政権中枢の政治的な思惑や農林水産行政サイドの思惑、さらには農村市場の「開放」を主張する米日経済界の思惑も反映していて、その理解は一筋縄ではいかないところがある。だが、それでも、農協法に集約的に表れた「農協改革」がめざす大局的な方向を把握して示すこと、併せて、制度環境変化がもたらすさまざまな問題を的確に示すことは、重要な課題であろう。

制度環境変化の方向とそれが意味するものは本書の各論で示されるが、基本的には農業という職能的目的を前面に推し立てて、農協を「農業者の協同組合」として純化させ、またＪＡの総合事業から信用事業を分離して本体の経済農協化あるいは専門農協化をすすめようとするものである。それと同時に、旧農協法の第三章の中央会規定をまるごと削除したことにみられるように、農業者の運動組織としての性格を希薄化させ、系統組織としての一体性を弱めようとするものでもある。これらをまとめて言えば、農業者の運動組織の性格を喪失した経済専門農協、これが改正農協法がめざす農協の未来像と言えるのではないだろうか。

たしかに、そのような姿は、ヨーロッパや米国の専門農協の姿と重なり合う。多くの先進国で、農業協同組合は信用事業を兼営しない協同経済事業体、いわゆる専門農協である。その意味で、今回の法改正が目指す大局的な方向は、欧米型専門農協への移行と言ってもいいのかもしれない。そうだとすれば、今回の農協法改正はいわゆる「日本型総合農協」からの脱却を、法制度として方向付けたまさに歴史的な大改正と言うことになるだろう。

## 「引き算」の法改正に未来はあるか

だが、ものごとはそう単純ではない。欧米型専門農協をモデルとする日本農協のメタモルフォーゼは、現段階の日本農業と農村が抱える問題の解決につながるものなのだろうか。編者にはとうていそのようには考えられない。そう考える理由の第1は、法改正がめざす農協の将来像が、何らかの当面する問題への解決策として用意されているのではなく、現在の農協からの単なる「引き算」によって描かれていることである。改正農協法が描く農協の未来像は、いわゆる日本型総合農協から農業者の運動組織的性格を「引き算」し、さらに信用事業を「引き算」して描かれるものである。現在の農協がもつそれらのバイタルな部分を差し引いて、結果として残る経済専門農協に大きな期待は抱けないのではないか。

現在日本農業は、大きな世代交代期にある。その時に求められているのは、新たな農業の担い手を支え、勇気づける協同組織であり、運動組織だと思う。そのために必要なのは、むしろ小規模な協同組織の育成や支援など、「足し算」的な支援であると考える。改正農協法では、農業協同組合の株式会社への転換をはじめ、生協、一般社団法人、医療法人などへの転換など、いわばいくつもの「出口」が用意された。そこには、農業者の協同、地域生活者の協同を促進して、農業者の地位を改善して課題解決を目指そうという思想や姿勢はまったく見受けられない。

しかし、そうした農協への姿勢は、農業競争力強化法に表れた市場主義的、新自由主義的思想から言えば当然のことなのであろう。そこでは、農業問題や農村問題は市場を通じて解決されるはずだから、行政による介入や協同組織による対応などは不要だとする思想が透けて見える。だが、市場を支配する巨大流通企業と農業者の間の隔絶的な規模格差を考えても、また東京と地方との経済格差の拡大と地方での急速な人口減少を考えても、そのような楽観論はなり立たないと考えるのが、現実を直視する常人の思考であろう。市場競争の中で問題が解決できるというのは、もはや古くさい観念論でしかないし、政策の放棄といってもよい。

さらに言えば、強者である寡占的大企業への規制を目的とするはずの独占禁止法が、零細な農業者の自主的な協同を狙い撃ちするという異常な状況にも注目しておく必要があろう。

第2の理由は、他の農業政策や社会政策との関連が何ら考慮されていないことである。1999年の食料・農業・農村基本法は、農業政策の守備範囲を食料問題から農村問題へと拡張し、中山間地域への対応が一つの焦点となった。また、2014年には安倍政権のもとで地方創生をスローガンに、まち・ひと・しごと創生法が制定された。日本社会が抱える地域問題がクローズアップされる中で、地域に大きな存在感をもつ農協の力を課題解決に向けてどう引き出して活かすかの視点が必要ではないだろうか。農業者組織であるとともに地域組織でもある農協を地域の創生に活かす積極的な姿勢があってもいいのではないか。

第3の理由は、中央会の「廃止」提言に象徴される農業者組織への敵視の姿勢である。農協中央会は、農民組合がきわめて弱い日本において、農業委員会系統とともに農業者の利益代表組織でもあった。農業委員会系統が実際には農業者の基盤組織を欠いている状況下で、農業者の利益を守り、その地位向上のために、農業者組織として農協が担ってきた役割は大きい。農業者組織のあり方については、当事者も含めて本格的な議論が必要な問題である。そうした議論を欠いたままの強引な制度改正は、後世に禍根を残すことになるのではないだろうか。

## 農協のあり方をめぐる議論を

検討しなければならないもう一つの点は、制度環境変化へのＪＡグループの対応についてである。信用事業分離と准組合員利用制限が制度問題として目前に迫る状況下で、マイナス金利政策の下での信用事業の収益性低下がＪＡ経営を圧迫する状況にある。制度環境変化への対応とともに、経営問題への対応もＪＡグループに問われている。

西日本のいくつかの県では、1県1ＪＡが検討されその実現に向けた努力が行われている。これも環境変化への対応の1形態であろう。また、正組合員資格の見直しや准組合員の運営参加方式の具体化も試みられている。こうしたＪＡグループの対応について、その動向と意義について解明することは極めて重要な課題である。

経済事業、信用事業、共済事業の現状と制度環境変化のもとでの今後の対応方向を検討するとともに、いわば農協法の外に押し出された全国農協中央会と、連合会に「格下げ」された都道府県中央会のあり方も大きな課題である。さらに、正組合員と准組合員に二分されている農協組合員の実態を把握することや、正・准組合員の区分を超えた組合員活動が示唆する新たな協同組合としての発展にも注目したい。

また、「農業所得の増大」は、農協攻撃の本来の狙いを隠す「錦の御旗」として掲げられた感が強いが、農業者組合員の間には、これを機会にＪＡが変わるのではないかとの期待も強い。そうした期待に応えるためのＪＡの組織、事業の改革方向を示すことも重要である。

さらには、今後の農協の制度環境がどうあるべきかについての検討も必要であろう。今回の農協法改正は、強引なやり方だったとはいえ、議会による審議を経て成立したもの、いわば人間が作ったものである。制度に対応するのも重要であるが、法制度をどう改革していくかも重要な視点であろう。もちろん、制度環境の改革はＪＡグループの現状維持や経営的な安定を目的とするものではなくて、世代交代に直面する農業者と地域農業にとって役に立ち、また人口減少に直面する農村地域社会の創生に役立つものでなければならないだろう。法制度の改革が容易でないことは確かだろうが、ＪＡのあるべき姿とそのための制度環境についての議論は、将来に向けて不可欠であろう。

本書は、（一社）農業開発研修センターの設立50周年を記念して企画されたものである。本書の各章は同センターと関わりのある研究者を中心に執筆されたものである。上記のような課題に、必ずしも全面的に答えきれているわけではないが、政府主導の農協改革に対して、創設者の桑原正信先生が例えられた「上り列車」として、必要な問題提起を行うものであると自負している。農協とその制度環境の将来像を考える上で、議論の素材になることを願う次第である。

# 第Ⅰ部　農協とその改革の歩み

# 第1章

# 農協制度の歴史と現在

田代洋一

## はじめに

「歴史を振り返りながら現在進みつつある農協制度改革の位置と意義、望ましい農協制度の方向をさぐる」ことが、本章に与えられた課題である。そのために表1－1の略年表で歴史を四期に分け、各期の特徴を節ごとにみていき、法制度展開における連続・断絶関係から現在の農協「改革」を検証し、今後の農協のあり方を考える。なお叙述は総合農協に限定する。

## 第1節　戦後農協の形成期――1954年まで――

### 1　農協法の制定

GHQは、農地改革に関する覚書（1945年12月）で「非農民的勢力の支配を脱し、日本農民の経済的、文化

表 1-1　農協に関する略年表

| | |
|---|---|
| Ⅰ　戦後農協の形成期 | |
| 1947 | 農業協同組合法 |
| 1950 | 行政庁の年 1 回検査、財務処理基準令（単協余裕金 2/3 以上信連へ、信連余裕金 1/2 以上中金へ） |
| 1951 | 再建整備法（利子補給、増資奨励金）、回転出資金制度、模範定款例改正（理事・監事責任の明確化） |
| 1958 | 整備促進法（→整促体制、共販三原則） |
| 1959 | 法改正（中央会制度、中央会監査制度、総合農協の地域独占、農協の設立・合併等に対する行政裁量の拡大） |
| Ⅱ　戦後農協の成長期 | |
| 1961 | 農業基本法、加工原料乳不足払い制度、農協合併助成法（正組 1000 戸、市町村を下回らない）、農業近代化資金 |
| 1962 | 営農団地構想 |
| 1963 | 全中、農協合併方針（行政区域との一致、作目別専門組織の整備） |
| 1966 | 中四国大規模農協の全国連直接加入決議 |
| 1970 | 「総合農政推進の基本方針」、生産調整協力を決定、法改正（自治体・銀行へ貸付可、農用地等供給事業、農地等処分事業）生活基本構想、全中「合併指導」（2 千～ 6 千戸、職員 100 名以上、市町村未満を合併対象） |
| 1973 | 農協金融関係 4 法（農協金融機能の大幅拡充、宅地等供給事業、信連の株式取得可）、全国 A コープチェーン、農水産業協同組合貯金保険法 |
| 1974 | 米出庫拒否、米価運動の「行き過ぎ」から密室協議へ |
| 1982 | 全国大会、地域農業振興計画、土地利用調整、地域営農集団、コスト 2 割削減、学経理事の登用、総人員抑制 |
| 1986 | 玉置総務庁長官の農協攻撃、農政審報告・生産調整の「生産者・生産者団体の主体的責任」 |
| 1987 | 政府米価 30 年ぶりの引下げ |
| 1988 | 要求米価大会から「いのちの祭りシンポジウム」へ、全国大会…21 世紀までに 1000 農協、事業・組織二段 |
| 1989 | 決算監査の導入（96 年法改正） |

| | |
|---|---|
| 1990 | 大蔵省、不動産貸付総量規制、農協系統外金融機関に不動産業・建設業・ノンバンクの融資実行状況報告 |
| 1991 | 全国大会…合併構想の早期実現、自己責任経営、金融制度調査会（農協の地域金融機関としての位置づけ） |
| Ⅲ　戦後農協の再編期 | |
| 1992 | 法改正（地域金融機関化、理事会制・代表理事制、中金の規制緩和）、新しい食料・農業・農村政策の方向 |
| 1995 | 住専処理法（農協系統 5300 億円贈与、6850 億円財投） |
| 1996 | 農協改革２法、統合法（信連の中金への全部事業譲渡）、法改正（代表理事等の兼職禁止、経営管理委員会制度、員外監事・常勤監事、財務諸表の証明監査、部門別損益の組合員開示）、全中、労働生産性３割アップ |
| 1998 | 政府・自民党・農協３者協議体制（農協抑え込み） |
| 1999 | 食料・農業・農村基本法（団体は再編整備） |
| 2001 | 法改正（信用事業１名を含む常勤理事３人以上）、全中が模範定款例、中央会が単協に報告要請<br>統合法→再編強化法（JA バンク法、一部事業譲渡→統合推進、９県信連統合） |
| 2002 | ペイオフ解禁、JA 全国監査機構、総合規制改革会議（信共分社化、独禁法適用除外の検証）、「食と農の再生プラン」（改革か解体か）、米政策改革大綱、経済財政諮問会議・総合規制改革会議が農協の独禁法適用除外を問題視 |
| 2003 | 農水省「農協のあり方研究会」（全農改革、部門別会社化）、全国大会（JA 改革の断行） |
| 2004 | 法改正（全中・基本方針に基づいて中央会が農協指導） |
| 2007 | 参院選で農協組織内候補（自民党）45 万票 |
| 2008 | 中金、サブプライム危機による含み損 1.6 兆円→県信連・単協への増資要請 |
| 2009 | 全国大会（もう一段の合併、県域一体化戦略） |
| Ⅳ　戦後農協の解体期 | |
| 2014 | 規制改革会議、農協改革→ 2015 年農協法改正 |
| 2016 | 規制改革推進会議、指定団体制度、生産資材問題→ 2017 年農業競争力強化支援プログラム関連８法 |
| 2018 | 農林中金、奨励金を４年で 0.1 ～ 0.2 ポイント下げ |

的向上に資する農業協同組合運動（movement）を助長し奨励する計画」の樹立を日本政府に迫った。だが「農協法を占領軍がつくる時に実際は新しくつくったんじゃない。あの機会に農業会をすげかえた。それは米の供出が重大な政策だったから」ということになった。(1) かくして現実の農協は、主穀等を全量国家管理する食管制度の「代行」機関、官製共販組織として出発した。

農協法案は八次案まであったが、農林省はその当初より農事実行組合・市町村・県・全国の四段階の「系統組織」を考えていた。とくに農事実行組合は「概ね字の区域」（≒農業集落）を地区とし、農作業の共同化、農業経営を行うものだった。しかしＧＨＱの認めるところとならず、今日の流通協同組合の設立に至った。(2)

農協法案のうち注目すべきは三次案で、市町村農協は「当該地区内に住所を有し独立の生計を営む者」を組合員に含めるが（准組合員）、表決権、選挙権、役員の選挙・被選挙権は認めないものとした。それに対してＧＨＱ覚書は准組合員（associate membership）を認め、「選挙権以外のすべての権利を与えること」とした。

１９４７年11月に公布された農協法は「農民の協同組織の発達を促進」することを目的とし（第一条）、事業としては、貸付、貯金、物資供給、農作業の共同化、土地改良等、生産物の運搬・加工・販売、農村工業、共済、生活文化、農業技術・教育・情報、団体協約等をこの順に掲げた。

また第七条で、独禁法適用除外を受けるための「独禁法二四条各号に掲げる要件を備える組合とみなす」とした。二四条各号とは「小規模の事業者又は消費者の相互扶助を目的」「任意に設立、加入脱退が自由」「平等の議決権」「利益配分の限度が法律・定款で規定」というものであり、議決権のない准組合員が存在する農協は厳密にはこれに該当しないが、「みなし規定」でその点をクリアした。

## 2　中央会の設立

発足した戦後農協とその連合会は、直後に経営困難に陥り、農漁業協同組合再建整備法（一九五一年）、「農林漁業協同組合連合会整備促進法」（58年）で利子補給や増資奨励金の対象となった。

これは二つの禍根を残した。一つは、自主団体としての農協が「政府に補助金をくれということになった。そのために再建整備法もできた。そうなった以上はなんの遠慮もないのだから堂々と検査すべきものと考える」[3]という強い行政介入を招いた。法的には行政庁の年一回検査、財務処理基準令、模範定款例等である。

二つは、助成対象たることの要件に、無条件委託、全利用、共同計算といった「共販三原則」等を核とする「整促体制」の整備をあげることにより、行政をバックとした連合会本位の整促体制ができあがった。それは一次組織（単協）が自らを補完するものとして自主的に二次組織（連合会）を構築していく協同組合本来のあり方から大きく外れるものだった。

1954年農協法改正で中央会が設立された（以下、農協法改正はたんに「法改正」とする）[4]。そこには二つの背景がある。一つは、第一次（1952~54年）農業団体再編問題である。戦前来、農業団体として産業組合系統と帝国農会系統が対立してきたが、その一応の決着として、農協中央会と全国農業会議所が設立された。

二つは、先の政府助成に頼らざるを得ない戦後農協の脆弱性である。すなわち、「組合の本来の自主的自律的性格からして、国の財政援助に頼ることはけっして好ましくない」が、組合が置かれている状況からして「ある程度の他律的な支柱を与えることは、やむを得」ず、「あくまで自主的な組織体系の枠内にありながら、しかも、国の方針に呼応して組合の指導を総合的かつ公共的に行うことができる指導組織を設立する必要があ」った。そこで中央会が「会員以外の組合も含むすべての組合の健全な発達を図ることを目的とする」「公共的色彩の強い特殊な非営利法人」として創設された[5]。故に立案当事者からも、中央会は「農協法に含まれているとはいえ、農業協同組合ではない」とみなされていた[6]。このことが、今日の農協「改革」でやり玉にあがることになる。

また信用事業を行う組合（総合農協）については54年局長通達で、地域農民の過半数を占める場合は他の組合の設立を不認可処分とする地域独占性が付与された。

### 3　戦後農協の原型

以上により戦後農協の骨格が形成された。すなわち、①4種事業兼営の総合性[7]、②集落基盤の全戸参加、③准組合員を包摂しながら独禁法適用除外を受ける地域組合性とその地域独占性、④食管代行機関（官製共販組織）としての財政依存性、⑤中央会という「公共団体」の指導を受ける行政依存性、である。①は総合農協、②③は「地域ぐるみ組織」、④⑤は行財政依存組織にまとめられる。

## 第2節　戦後農協の成長期――1955～1985年――

### 1　経済成長と農協

戦後農協は高度経済成長とともに事業的に「発展」した。表1－2にみるように、各事業とも、低成長期に入ってもなお右肩上がりだった。展開期は前半は成長期、後半は成長鈍化期といえる。

総合農協数は1950年からの10年間に3分の1に減り、急速に淘汰された。表1－3では准組合員比率は1割から3割に上昇したが、なお3割にとどまっていた。貯貸率も高度経済成長期には5割前後に達し、85年でもなお30％強だった。表1－4に貯金の源泉、表1－5に貸出先を引用したが、高度経済成長期には農業者の相互金融の性格を残していた。それは80年代には崩壊に向かうが、なお3割程度は相互金融の面影を残していた。

### 表 1－2　総合農協の事業額の伸び率

（期首＝100）

| 期間 | 販売 | 購買 | 貯金 | 長期共済保有額 |
|---|---|---|---|---|
| 1960 ～ 65 | 207.1 | 218.3 | 306.0 | 373.4 |
| 1965 ～ 70 | 169.7 | 202.8 | 263.8 | 301.9 |
| 1970 ～ 75 | 214.2 | 244.7 | 256.8 | 389.9 |
| 1975 ～ 80 | 121.8 | 155.0 | 175.8 | 284.7 |
| 1980 ～ 85 | 121.7 | 111.2 | 144.8 | 173.7 |
| 1985 ～ 90 | 95.8 | 99.6 | 144.2 | 140.9 |
| 1990 ～ 95 | 92.0 | 97.7 | 120.3 | 124.8 |
| 1995 ～ 2000 | 82.4 | 81.8 | 106.1 | 104.5 |
| 2000 ～ 05 | 91.2 | 82.9 | 109.7 | 92.4 |
| 2005 ～ 10 | 93.6 | 86.5 | 108.9 | 86.3 |
| 2010 ～ 15 | 107.1 | 87.3 | 111.4 | 88.0 |

注 1）農水省「総合農協統計表」による。

### 表 1－3　総合農協の変遷

| 年度 | 農協数 | 農協数の5年減少率 | 准組合員比率 | 貯貸率 | 総純収益＝100とした部門比率 | | | |
|---|---|---|---|---|---|---|---|---|
| | | | | | 信用事業 | 共済事業 | 購買事業 | 販売事業 |
| 1955 | 12,985 | 2.5 | 10.0 | | | | | |
| 1960 | 12,221 | 5.9 | 11.6 | 44.7 | 208.8 | 17.2 | 32.2 | △20.5 |
| 1965 | 9,135 | 25.3 | 14.0 | 45.2 | 153.6 | 8.4 | 1.0 | △23.2 |
| 1970 | 6,185 | 32.3 | 19.1 | 52.9 | 190.8 | 24.3 | △ 30.9 | △27.4 |
| 1975 | 4,942 | 20.1 | 25.6 | 51.1 | 143.6 | 37.6 | △ 28.3 | △15.3 |
| 1980 | 4,546 | 8.0 | 28.5 | 41.2 | 120.5 | 68.8 | △ 25.7 | △ 9.0 |
| 1985 | 4,303 | 5.4 | 31.8 | 31.7 | 96.5 | 59.4 | △ 21.7 | △13.2 |
| 1990 | 3,688 | 14.3 | 35.6 | 25.2 | 98.3 | 71.8 | △ 29.4 | △18.2 |
| 1995 | 2,635 | 28.6 | 39.8 | 28.2 | 77.8 | 126.4 | △ 36.8 | △22.1 |
| 2000 | 1,618 | 38.6 | 42.4 | 30.5 | 119.6 | 191.3 | △101.9 | △37.8 |
| 2005 | 929 | 42.6 | 45.6 | 27.0 | 95.4 | 105.1 | △ 19.5 | |
| 2010 | 754 | 18.8 | 51.3 | 27.7 | 107.0 | 69.8 | △ 16.1 | |
| 2015 | 708 | 6.1 | 57.3 | 23.4 | 96.5 | 55.8 | △ 5.7 | |

注 1）農水省「総合農協統計表」による。総純収益の構成は、『新・農業協同組合制度史』第 7 巻のデータより作成。
65 年は 66 年、75 年は 76 年、85 年は 86 年、90 年 91 年、95 年は 96 年の数値。

表 1－4　農協貯金増減額の源泉別内訳の推移

| | 1970 | 1980 | 1990 | 2000 | 2005 |
|---|---|---|---|---|---|
| 農業収入 | 40.8 | 27.3 | 16.2 | 5.9 | 0.9 |
| 農外収入 | 32.7 | 51.0 | 42.1 | 42.7 | 65.6 |
| 元加利息 | — | — | — | 3.1 | 0.8 |
| 土地代金 | 26.5 | 21.7 | 32.3 | 16.1 | 10.8 |
| 他金融機関から預替え | — | — | 9.3 | 32.2 | 21.9 |
| 合計 | 100.0 | 100.0 | 100.0 | 100.0 | 100.0 |

資料：（財）農村金融研究会、農林中金、農林中金総研調べ。
注 1）1968、1970 年は 9 月末、それ以降は年度末。
2）調査機関ごとに調査方法、項目等が異なるため、厳密に連続するものではない。
3）「他機関からの預替え」「元加利息」は途中から新設されたため、それ以前とは連続しない。
4）木原久「JA バンクシステムと農協信用事業の展開方向」（注 16）より引用。

表 1－5　農協貸出金残高の資金使途別・組合員資格別内訳

（単位：%）

| 年次 | 資金使途別 | | | | | 合計 | 組合員資格別 | | |
|---|---|---|---|---|---|---|---|---|---|
| | 農業 | 生活住宅 | 農外事業 | 負債整理 | その他 | | 正組合員 | 准組合員 | 員外者 |
| 1970. 9 | 47.0 | 21.8 | 20.7 | 2.5 | 8.0 | 100.0 | 78.7 | 17.6 | 3.7 |
| 1975年度末 | 26.5 | 28.2 | 24.2 | 1.7 | 19.4 | 100.0 | 63.7 | 26.2 | 10.1 |
| 1980 | 27.5 | 31.4 | 20.9 | 3.1 | 17.1 | 100.0 | 63.7 | 25.7 | 10.6 |
| 1985 | 26.9 | 31.9 | 18.8 | 4.9 | 17.5 | 100.0 | 62.8 | 24.6 | 12.5 |
| 1989 | 21.6 | 41.1 | 13.2 | 4.0 | 20.1 | 100.0 | 60.8 | 25.6 | 13.6 |

注 1）農林中金調査部、農林中金総合研究所。ただし 1970. 9 は農村金融研究会
注 2）『新・農業協同組合制度史』第 1 巻 430 頁より一部を引用。

## 2　基本法農政と農協

戦後農協は直ちに「1955年体制」に組み込まれ、その重要な一翼を担った。

農業基本法の立案者たちは、ヨーロッパ流のコーポラティズム（団体が内部に強い統制力を発揮しつつ政府と政策協議していく体制）と比較して、日本では「本来『農民指導の組織』であるはずの農業団体が国や都道府県などの政策主体の代行機関ないし末端機関的色彩をもち『農民支配の組織』と化しているのではないか」として、「農業政策の分担機関として都道府県や市町村を重視し、農業団体をむしろ補完的副次的に考える」立場をとった[8]が、実際の基本法農政は事業面で農協を重視し、また「生産工程についての協業」の具体化として農事組合法人制度を創設した（62年）。

基本法農政は現実には生産費・所得補償方式による政府米価の決定を軸に動いたが、1955年体制下では自民党農林族の関与が強く、農協は政権（党）に「米価と票の取引」を迫る圧力団体に化し、経済成長下の所得再配分システムの一翼を担っていくことになった。

しかし国家予算面では「市町村という本格的な行政組織を通した行政主導型の農林水産行政が急激に重要になってきて、団体を使った予算がだんだんと少なくなってきたことから、農業協同組合などの役割も変わってき」た[9]。

具体的には基本法農政は市町村を事業主体とする農業構造改善事業を軸に進められ、それに対して農協は「営農団地構想」を対置した[10]。「それは、国の構造改善事業のような、補助金その他の行政的支援のない、系統農協の自主的な農家経済防衛運動であった」。68年からのモデル営農団地の設定をみると、稲作については集団栽培等の取り組みがみられるが、折からの選択的拡大に沿った畜産・園芸の産地形成が主である。具体的には複数農協による広域団地形成、営農指導員の作目専任担当制、高能率機械・施設の共同利用等に取り組む。また国の第二次構造改善事業も取り入れていくようになる。

経済成長がもたらした大衆消費社会化のなかで、農業者も「生産者であると同時に消費者」であり、農協は「組合員の生活の防衛・向上をはかる」べきとする生活基本構想が70年全国大会で決定され、農協は「准組合員を積極的に迎え入れ」、地域協同組合化を志向し、生活事業の積極的展開がなされた。

## ３　農協合併

表1－2にみるように、1960～75年の高度成長期は農協合併の第一次高揚期でもある。1953年町村合併法に基づく「町村合併基本方針」には、55年を期して一町村一農協とする構想がもられていた。農協は当初は必ずしも合併に積極的ではなかったが、政府は「適正かつ能率的に事業経営を行うことができる農業協同組合を広範に育成」する農協合併助成法（61年）を制定して合併を促した。全中は65年「農協系統組織の整備方針」で市町村ないしは数ヵ町村との一致、地域組織・作目別組織の整備を掲げた。農政は事業適正規模、農協系統は営農団地規模を追求していたと言える。

その成果を第一次高揚期末期（69、70年）でみると、60年に比べて500戸未満は63％から36％へ半減し、町村未満も52％から23％へ大きく減ったが、標準の2千戸以上は14％にとどまった[11]。合併は系統組織再編（72年全購連・全販連合併）、中四国大規模農協協議会を先頭に単協の全国連直接加入問題を引き起こしていき（77年実現）、また都市農協のあり方も問題とされるようになった。

## ４　農協の変貌

1960年代末からのコメ過剰の構造化は農協の価格交渉力を弱め、自主流通米の導入は農協の米販売責任を強め、農協は食管制度堅持を建前として生産調整政策への「協力」を余儀なくされ、全国一律減反に率先取り組むようになる。この時から農協は、国家にとって主食確保の社会的安定装置から、生産調整の末端遂行組織に転じた。また低成長期に入り農協の購販売事業の伸び率は半減する。

米過剰に並ぶのは資金過剰である。農業金融は農林漁業金融公庫の設立、61年農業近代化資金の導入によりその貸付を住宅、耐久消費財分野に移していくが、表1－4によっても70年代、とくに半ば以降は貯金源泉も貸付先も農外が7割を超すようになり、余裕金（農協資金過剰）が累積し、貯貸率は段階的に落ちていく。定期貯金という貯蓄性貯金が急増し、高金利を求めるようになり、農協金融は余裕金運用依存の地域金融機関化していく。戦後農協を一貫して収益面で支えてきたのは信用事業だが、その性格が変質した。

70年前後から、高度経済成長期の競争制限的な金融行政に代わり、預金者保護のうえで（73年農水産業協同組合貯金保険法）、金融規制緩和策がとられていき、70年法改正は「農協法制定以来初めてといっていいほどの大幅な規制緩和を農協信用事業にもたらした」[12]。すなわち地方公共団体・銀行への貸付可、それらの員外利用規制外し、信連の組合員貸付可、組合員・員外者への貸付上限の引き上げ、株式投資信託への余裕金運用可（72年）、さらに73年法改正で手形割引、内国為替取引等の事業拡大、貸付範囲・基準の拡大、信連の株式取得可などである。総じて農協信用事業の「他業態（信用金庫、信用組合）並み化」といえる。

また70年改正で農地等処分事業（宅地販売）、73年改正で宅地等供給事業（住宅販売・貸付）ができるようになった。73年は金融引き締め下で准組貸付が一挙に進んだ（表1－4）。

こうして、准組合員と貯金量を増やし、その多くを県信連に預け、そこからの奨励金で経済事業や営農指導事業の赤字を補てんして経営を維持するという高度成長期JAビジネスモデルが構築されたが、今日、奨励金の引下げからその持続性が厳しく問われている。

# 第3節　戦後農協の再編期――1986～2012年――

## 1　グローバル化時代の農協再編

80年代前半、日米経済摩擦が激化し、アメリカは牛肉・オレンジ自由化から残存輸入制限13品目、そしてコメ自由化を要求するに至った。80年に日経調は「食管制度の抜本的改正」（部分管理化）を打ち出し、81年に第二臨調が3K赤字（国鉄、米、健保）退治に乗り出した。

80年代後半、米流通では自主流通米が政府米を上回るに至り、それに伴って政府は米需給（生産調整）の責任を農協にいよいよ重く転嫁し、農政審も生産調整における「生産者・生産者団体の主体的責任」を強調した。86年、農協系統は選挙で自民党に票を投じた見返りに米価据え置きをもとめて実現し、中曽根首相の意を受けた玉置総務長官の「農協の経営優先」批判を招き、マスコミも農協攻撃の大合唱になった[13]。農協内でも政府米価より良質米奨励金に重きを置く東日本米作地帯の動きが強まった。

86年にガット・ウルグアイラウンド（UR）が始まり、93年にミニマムアクセス米の輸入をもって決着した。農協陣営はコメ自由化阻止の戦いに敗れ、政府自民党との三者協議体制に封じ込められていく。さらにWTO体制移行に伴う食管法の廃止と食糧法の制定は、官製共販体制としての農協の終焉を意味し、生産出荷団体として生産調整の主役たることを法定された。

米の自由化と並んで金融自由化（金利自由化、業際規制緩和、内外市場分断の緩和）も84年日米ドル委員会等を通じて本格化した。表1－2にみるように、農協の事業は、信用事業を除き右肩下がりに転じた。准組合員比率は3割を超し、貯貸率は30%を切った。表1－4にみるように、農協貯金の源泉に占める農業収入は1割台に落ち、農業資金貸出しも2割（2000年には1割）に落ちた。もはや農業者の相互金融の面影はなく、地域金融機関化した。

しかし地域金融機関としての道も険しかった。高度成長を経て企業が銀行融資依存ではなく直接金融に傾斜するに従い、銀行が個人金融にシフトするようなり、単協の個人金融も圧迫された。そこで単協は信連への預け金への依存を強めたが、信連は単協以上に運用力に欠け、農林中金への預け金を増やす傾向にあった。

単協の信用事業は収益力が低下し、表1－2にみるように純収益に対する寄与度を大幅に落とし、95～05年にかけて稼ぎ頭の地位を共済事業に譲った。系統信用事業が激しく揺すぶられたのが今期の最大の特徴である。

## 2　農協のＪＡバンク化

85～91年の金融制度調査会の審議で農協の地域金融機関としての位置づけが明確化され、92年に2回の改正で具体化された。それは「農協法制定後最大の法律改正[14]」とも言われ、業務規制緩和（証券・信託業務、外国為替取引など）と健全性確保のための規制強化（自己資本比率6％以上、信用事業規程、経営内容のディスクロージャー等）がなされた。また理事会と代表理事も法定化された。同年より農協は「ＪＡ」の愛称を用いることとしたが、それは端的に「農協のＪＡバンク化」だった。

この時期に既に住専問題が表面化しつつあった。住専は71年以降に母体行によって複雑な仕組みの住宅ローン貸付を扱う子会社として設立されたが、母体行自らが住宅ローン分野に乗り出すに及んで融資先を不動産業にシフトさせるようになった。それに対して大蔵省は90年に、地価高騰を抑えるため不動産貸付の総量規制を行い、銀行の不動産業・建設業・ノンバンクの三業種融資への報告を求めたが、大蔵・農水省通達の方には三業種規制の項が抜けていた。そこで住専の資金需要が信連に集中し、住専七社への農協系統の貸付割合は90年3月25％から95年3月には42％にまで膨れ上がった。

その住専がバブル崩壊に伴う地価暴落で破綻したことから住専問題が表面化し、系統金融はその直撃を受けた[15]。この問題は95年末に農協系統が5800億円の贈与、国が6850億円の公的資金の投与をするなどして処理されたが、農林中金と24県信連が赤字に陥った。

住専処理で農協系統は国に大きな「借り」を作り、96年に一連の法改正がなされた。①自己資本比率に基づく早期是正措置、②農林中金と信連の「統合法」（合併、事業の全部譲渡）、③代表理事・常勤役員の兼業禁止、④選択肢としての経営管理委員会制度の導入、⑤自己資本・内部留保の充実、⑥員外監事・常勤監事の必置、⑦部門別損益の組合員提示等が定められた。以上は今日の農協の原型をつくるものといえる。

④の経営管理委員会は、業務の基本方針の決定、重要財産の処分、理事の選任を行うが、日常的業務執行は行わず、理事会に委ねるものである。従来の理事会の中にあった経営機能と監視機能を、経営プロ（理事会）による迅速経営と、組織代表（経営管理委員会）による監視機能に分離するもので、「経営者支配」に道を開くものだった。

⑦の部門別損益計算は、農協の自己管理に必要なことだが、それを盾に部門別独立採算、部門分割（信共分離）が押し付けられることにもなった。

しかし以上の措置は住専のような構造問題に対処し得るものではなかった。そこで2000年全国大会でＪＡバンクの構築が決議され、農水省も「ひとつの金融機関」化を提起し、2001年に統合法の再編強化法（ＪＡバンク法）への改正となり、統合法の全部譲渡に加え一部譲渡も可能になり、02年に9信連の一部譲渡（08年に全部譲渡へ）となった。これが今日の単協信用事業の譲渡・代理店化の根拠法である。

同法に基づきＪＡバンク基本方針が定められ、破綻未然防止（改善しなければ強制脱退）と一体的事業推進を柱とするＪＡバンクシステムが構築された[16]。それは農協のＪＡバンク化、そして系統信用事業のフランチャイズシステム化といえる。

### ３　農協合併

85年総審は金融自由化対応として合併推進をうたい、その目標を３０００戸、３００億円以上に引き揚げた。88年全国大会は21世紀までに１０００農協化、組織二段化を目標に掲げた。農協合併助成法は3年ごとに更新され、表１－２によっても90～05年は第二次の農協合併の高揚期であり、農協数は05年には85年の２割にまで減った。90年代には自治体の平成合併が強力に推し進められるようになったが、92年には農協数が市町村数を上回るに至った。

96年に全中はＪＡ改革本部を立ち上げた。その第一の柱は「県連と全国連の統合スキーム」であり（２０００年までに経済・信用事業の統合、簿価承継、不良債権非継承、処遇は現状維持）、第２の柱は人員5万人削減、労働生産性30％アップ、支所・施設統廃合の合理化路線である。96年に農政審も信用事業を中心とする農協系統の改革の方向を打ち出し（前述の九六年法改正へ）、その筆頭に広域合併と組織二段化を掲げた。

要するに平成合併は、事業連の全国・県域統合と単協合併の両方にまたがり、何よりも信用事業主軸の合併であり、かつ合理化合併である。前述の経営管理委員会の導入も一面では広域合併農協のガバナンスを意図したものだった。今期の合併の象徴として、世紀の変わり目に、奈良、香川、沖縄県に1県1ＪＡが登場するに至った。その動きは現在の農協「改革」の中で再燃している[17]。

## 4　新自由主義的な農協「改革」へ

1999年に米が関税化され、新基本法が制定された。農協は、農業基本法は政策遂行上それなりの位置を与えたが、新基本法では「団体の効率的な再編整備」の対象でしかなかった。

21世紀に入り小泉「構造改革」の下に農協「改革」も組み込まれた。経済財政諮問会議・総合規制改革会議、農水省「『食』と『農』の再生プラン」、農水省「農協のあり方研究会報告」からの攻撃が相次ぎ、03年の全国大会も「JA改革の断行」で呼応した[18]。

他方では米生産調整研究会、米政策改革大綱で国が生産調整政策から撤退し、2008年までに「農業者・農業団体が主役とするシステム」をつくることとされた。生産調整政策は農政が農協を必要とする最後の政策であり、生産調整政策の終わりは農政にとって農協の賞味期限切れを意味し、「改革か解体か」（武部農相）を突き付けられた。

「あり方研」は、①とくに経済事業に焦点を絞り、「競争に勝ち抜く」「信用事業・経済事業の収益による補てんがなくてもなりたつように、経済事業等について大胆な合理化・効率化」、全農改革は「農協改革の試金石」であり、「自らの販売関連事業は代金決済・需給情報提供などの機能に特化」、②「全中が強力なリーダーシップを発揮」すべき、③「安易に行政が農協系統に行政代行業務を行わせることがないようにしていく」、④「現行制度の問題点が具体的に明らかになった場合は、制度の見直しを検討」、というものである。これらは基本的に次節でみる安倍政権下の農協「改革」攻撃につながっていくものだが、②の全中の指導力への期待のみが異なる。

その後、米政策をめぐって混乱が相次ぎ、09年の政権交代においても農協は自民党の集票基盤として民主党政権から冷遇され、米戸別所得補償は農協等を経ずに政府が農業者に直接支払することになった。

## 第4節　戦後農協をめぐる対抗関係――２０１３年以降――

政権再交代後の安倍政権は、「減反廃止」、ＴＰＰ交渉参加、農業・農協「改革」からスタートした。その農協法改正や農業競争力強化プログラム関連８法等の詳細は別稿に譲り[19]、それらを、これまでに見てきた戦後農協法制展開との連続面と断絶面の関係から整理し[20]、今後の農協制度のあり方を検討する。

### １　信用事業の譲渡・代理店化

規制改革会議答申（２０１４年）は「単協はその行う信用事業に関して、不要なリスクや事務負担の軽減を図るため、ＪＡバンク法に規定されている方式……の活用の推進を図る」とし、規制改革推進会議・農業ＷＧ（２０１６年11月）は「信用事業を営む地域農協を、３年後を目途に半減させる」とした。「ＪＡバンク法に規定されている方式」とは、前述の01年改正等による事業の全部または一部譲渡である。

しかしながら単協の事業譲渡は例外を除き実施されることはなかった。それに対し、安倍一強体制という政治状況、異次元金融緩和によるゼロ金利体制下でのメガバンクのリストラ、地銀統合等が進むなかで、既に仕掛けてあった時限爆弾（信用事業の譲渡）のボタンを押そうというのが今回の農協「改革」の最大の狙いである。

連続・断絶という点では、21世紀に入り本格化する農協の新自由主義的改編、総合農協解体という方向では「連続」であり、それ以前には、信共分離論は根強くあったもの制度化はなかったという意味では今次の農協「改革」自体が戦後史から断絶している。まさに「戦後レジームからの脱却」である。

## 2　農協の事業目的の変更

農協が「農民の協同組織」たることは「農民」を「農業者」に変えただけで一貫して変わりない。にもかかわらず法制展開は高度成長期以降の農協が信用・共済事業を拡大して地域金融機関化し、あるいは農地処分事業、宅地供給事業等を展開して地域協同組合化していくことを一度も止めたことがないどころか、バックアップしてきた。この、建前としての職能組合の堅持と事業展開におけるとめどない現実追随との間の鋭い乖離が、農協法制史の全てである。

しかるにその点が２０１５年法改正で反転した。すなわち原始農協法の「営利を目的としてその事業を行ってはならない」という非営利規定を削除し、「農業所得の増大に最大限の配慮」「農畜産物の販売その他の事業において、事業の的確な遂行により高い収益性を実現し、事業から生じた利益をもって……事業の成長発展を図るための投資又は事業利用分量配当に充てるように務めなければならない」とした。「農業所得の増大」という職能組合純化、非営利規定から収益追求への転換である。

しかし、そこには21世紀の農協「改革」からの継承関係もある。２００１年法改正では、第1節で述べた事業の順序を変えた。それまでは信用事業がトップで技術・経営指導は十番目だったが、「農業の経営及び技術向上に関する指導」がトップに据えられ、信用事業はその次に落とされた。

また「あり方研報告」は、非営利規定に関連して、農協は「競争に勝ち抜いて、ある程度の利益を確保し、経営体質の強化や将来の経営展開に向けた投資に充当することが必要」としている。21世紀に入り新自由主義的な「改革」が始まっており、その継承でもある。

## 3　全中の一般社団法人化と公認会計士監査への移行

中央会は「各単協の自由な経営を制約」（規制改革会議）するものとして、それを規定した農協法第3章はばっさり削除され、県中は連合会化し、全中は一般社団法人化して農協系統から外れることになった。それに伴い、全中は指導・建議・会計監査の機能をはく奪され、農協監査は公認会計士監査に移行することになった。

これらは、これまでの法制度展開からは断絶している。確かに発足当初の公共的性格の位置づけは本来の農協組織から逸脱しているが、それは農政の必要によるものであり、その後の全中は農協系統のナショナルセンターとして活動範囲を拡大し、戦後日本社会に定着していった。

前述のように農協が信用事業を兼営することにはＧＨＱや金融界から異論があったが、総合農協をみとめる代わりに金融事業を営む連合会は単営とされ、規範定款例で連合会の兼営は禁じられた。この多頭竜の形は系統農協になじまず、各種連合会を束ねる機能・組織が内在的に必要になる。それが農政の必要と相まって「中央会」という形をとったといえる。

１９９０年代の信用事業改革においても、21世紀初頭の経済事業改革においても「中央会のリーダーシップの発揮」が強く求められた。「あり方研」は「信用事業について、農林中金が農協金融自主ルールを策定してこれに基づきＪＡ等を指導するＪＡバンクシステムを確立したように、経済事業改革においても、ＪＡグループが一体となって取り組めるよう、全中が中心となってＪＡグループに対する指導方針（経済事業版自主ルール）を策定・公表し、これに基づいて指導すべき」としていた。

農協改革のなかで、全中のこのような機能の必要性は高まりこそすれ、否定されるものではない。少なくとも協同組合たる以上は、その機能を全うするために連合会を設立する権利を有し、協同組合を法認する以上、法と言えども連合会設立の権利を奪うことはできない（公共団体性を払拭した全中の全国連合会化）。

このような中央会の位置づけにおける断絶はなぜ起こったか。２０１５年2月、安倍首相は施政方針演説のトップで、「60年ぶりの農協改革を断行します。農協法に基づく中央会制度を廃止し、全国中央会は一般社団法人に移行します。農協も会計士による監査を義務付けます」とした。要するに彼の関心は「70年ぶり」の農協法改正ではなく、「60年ぶり」の全中廃止の一点にある。ＴＰＰ反対運動を展開した全中、佐賀県知事選で官邸擁立候補を下した（とされる）県中「憎し」が故の断絶である。

同様の断絶は農協の財務諸表監査の否定、公認会計士監査への移行についてもいえる。政権交代前の末期自民党政権（２００７年）においても、「中央会における農協指導と監督というのは車の両輪となって有効に機能していると評価をいたしているところでございます。そのため、公認会計士監査のような指導と結びつかない外部監査は、指導と一体となって機能している全中監査に、これを置き換えるというようなことはできないものだ」と大臣答弁している。[21] 公認会計士監査の導入は、それまでの法制度展開と明らかに断絶している。

しかしながら法改正された以上は、附則で明記された「会計監査設置組合の実質的な負担が増加することのないようにすること」（附則50条3）を具体的に手当てし、合併した組合の地区本部の内部会計や減損会計について可能な限り配慮することが求められる。また単協が同一の基準で検査されることが望ましい。

なお、「断絶」の典型としては准組合員問題がある。前述のように准組合員制度は戦前から一貫しており、農協事業における比重をいよいよ高めているが、農政がそれを正面から取り上げて制度検討することはなかった。それが、今次の農協「改革」においては、信用事業の代理店化強制の切り札として検討対象にされた。この准組問題は次項で扱う。

また理事等の認定農業者等への限定、組合の新設分割、株式会社等への組織変更可も断絶にあたるが、ここでは省略する。前者は職能組合化の一環であり、後者は規制改革会議等を通じる財界の協同組合否定論に基づく。

## 4　農的地域協同組合への転換――准組合員利用規制との関連で

前項で触れた准組合員制度の最大の問題は独禁法との関係である。第1節で述べたように独禁法の適用除外を受ける組合たるためには、組合員に平等の議決権を与える必要がある。その延長上で考えれば、事業利用において組合員を平等に扱わない准組利用規制は法の精神に反する。

しかるに農協法は准組合員に議決権と選挙権を与えていない。にもかかわらず農協が独禁法適用除外を受けるのは、第1節で述べたようにひとえに「みなし規定」による。しかしそもそも「みなし規定」が成立し得たのは、准組の員数、出資、利用が限定的という認識や予想があったからだろう。その点については規制改革会議が指摘するとおり「准組合員の増加…農協法の制定当時に想定された姿とは大きく異なる」ことを率直に認める必要がある。

そこから対応は二つに分かれる。一つは、だから准組の利用を規制しろという農協「改革」の方向である。しかしそれはこれまでの法制度展開から断絶しており、理念的には独禁法の「議決権平等」から延長される利用面の平等性に欠け、現実的には多くの総合農協の経営を困難に陥れる。

そこでいま一つの方向は准組合員に正組合員に準じた共益権を与える方向である。民主主義の観点からも、前述の「みなし規定」の実態的根拠を確保するためにも、それしか道はない。具体的には総数の4分の1未満までの議決権を准組合員に与えるべきと考える。4分の1は、出席数の2分の1で会議が成り立ち、その2分の1で議決されるので、1／2×1／2＝1／4までなら農業者支配を脅かすことにはならないからである。

そのことにより農協は純粋な「農業者の協同組織」から、食料自給率や農業の多面的機能の確保に賛成する地域住民に開かれた「農的地域協同組合」になる。これが、これまでの実態や法制度の展開と断絶せず、その継承の上に農協のあり方を模索する方向と考える。(22)

准組合員に法的・実質的に発言権を与えれば、彼らの合意なしに信用・共済事業の収益を経済・営農指導事業等の赤字補てんに充ててきた「高度成長期ＪＡビジネスモデル」は不可能になる。

農林中金は２０１９年度から４年かけて県信連等への奨励金を平均して現在の０・６％程度から１～２ポイント引き下げるとしている。２ポイントなら奨励金収入は３分の２に減少し、それが単協への奨励金に反映するとすれば、先のビジネスモデルの継続は困難になる。

准組合員の合意のもとに農協経営を持続可能にするには、経済事業の赤字をできる限り圧縮し、営農指導事業の目的を明確に食料自給率の向上、農業の多面的機能の維持、都市農業・中山間地域農業の確保等においたＪＡビジネスモデルへの転換が不可避である。

いかなる道も、地域密着組織（業態）としての農協が地域・組合員から遠ざかったら終わりで、集落（農家組合、生産組合等）という土台からの再建が不可欠である[23]。

注

（１）東畑四郎『昭和農政談』家の光協会、１９８０年、第４章。
（２）小倉武一・打越顕太郎編『農協法の成立過程』協同組合経営研究所、１９６１年。
（３）東畑、前掲書２８２頁。
（４）明田作『農業協同組合法』（経済法令研究会、２０１０年）の参考資料2に改正履歴がまとめられている。
（５）農林法規研究委員農会編『林法規解説全集』農政編2』大成出版社、２００６年版、１２７２頁。
（６）満川元親『戦後農業団体発展史』明文書房、１９７２年、２９４頁。
（７）当初のＧＨＱや大蔵省には信用事業分離論が強く、占領末期にもＧＨＱ顧問による同勧告がなされ、第二次団体再編問題時には平野三郎から同じく分離論が唱えられた。
（８）農林漁業基本問題調査事務局監修『農業の基本問題と基本対策）解説版』農林統計協会、48、53頁。

(9) 東畑、前掲書、247頁。
(10) 農業協同組合制度史編纂委員会編『新・農業協同組合制度史』第1巻、協同組合経営研究所、1996年、第2章第4節。
(11) 同前、第7章。
(12) 同前、404頁。
(13) 拙著『日本に農業はいらないか』大月書店、1987年、I。
(14) 『新・農業協同組合制度史』第3巻、協同組合経営研究所、1997年、386頁。
(15) 同前、第9章第2節、佐伯尚美『住専と農協』農林統計協会、1997年。
(16) 木原久「JAバンクシステムと農協信用事業の展開方向」拙編著『協同組合としての農協』筑波書房、2007年。
(17) 拙著『農協改革と平成合併』筑波書房、2018年。
(18) 拙著『農政「改革」の構図』筑波書房、2003年、第8章。
(19) 拙著『戦後レジームからの脱却農政』筑波書房、2014年、同『農協・農委「解体」攻撃をめぐる7つの論点』筑波書房ブックレット、2014年、同『農協改革・ポストTPP・地域』筑波書房、2017年、同「農業競争力強化プログラム関連法が狙うもの」『経済』2017年10月号。
(20) 拙稿「農業競争力強化関連8法成立の歴史的位置」『歴史と経済』240号、2018年7月。
(21) 全中『新農業協同組合中央会監査制度史（資料編）』2013年、316頁。
(22) 拙稿「協同組合としての農協の方向」拙編著『協同組合としての農協』（前掲）。
(23) 拙著『農協改革と平成合併』筑波書房、2018年、第4章、拙稿「農中奨励金利率の引下げと農協の理念・ビジネスモデルの転換」『農業・農協問題研究』2018年11月。

# 第2章

# 農協の多面的性格と農協の進路

増田佳昭

## はじめに

２０１５年農協法改正は、中央会の廃止、全農の株式会社化など株式会社への組織変更、認定農業者等を中心とする理事構成、信用事業分離、准組合員の利用制限など幅広い分野に及んだ。こうした農協攻革の意義を理解するためには、これまでの農協をめぐる制度改変をふりかえりながら、やや長期的なパースペクティブで今回の法改正を位置づけてみる必要があるだろう。

本章では、しばしば三面複合体と呼ばれる農協の多面的性格に着目しながら、農協の制度的特性とその変化、今後の見通しについて論じてみたい。以下では、主に農協の行政代行機関としての性格と金融機関としての性格に着目して、日本における農業協同組合制度の類型的整理を行い、その歴史的変化をふり返りつつ、今後の方向を考察する。

# 第1節　農協の多面的性格と農業協同組合の理念的諸類型

## 1　「三面複合体」と「制度としての農協」

農協の多面的性格に早くから鋭い指摘をしたのが、石川英夫である。石川は「農協の三つの顔」と題された1958年の論稿で[1]、農協は①経済事業体、②農民の組織体、③経済行政の下部組織という「三つの顔」をもつとした。まず、農協の正面の顔は「経済組織体」の顔である。米の集荷販売において農協は圧倒的な地位を占め、生産資材購買や貯金においても大きなウエイトをもつ。第2の顔は「農民の組織体」としての顔である。農協は三段階の系統組織をもち、「農民組合がとるに足らない存在と化した現在、農協は全国農民の唯一の系統組織」の地位を占めている。さらに第3の顔として農協は「農政の下部組織」の顔をもつ。食糧管理特別会計から農協に集荷奨励金や保管料等が支払われ、政府の食糧行政の下請的役割を果たしているだけでなく、肥料購買などでも有力企業や金融機関の下請け機関として農村に対する経済的パイプの役割を担わされている。石川は、農協をこのような三つの多面的性格をもつ団体とみたのである。

こうした三つの顔はその後「農協の三面複合体的性格」と呼ばれるようになった。たとえば太田原・武内は、農協の三つの顔として「組合員農家の組織した協同経済組織体としての顔」、「行政補完組織としての顔」、「圧力団体としての顔」をあげている。そして「三面複合体的性格の克服すなわち真の第1の顔の確立」こそが農協が進むべき道であり、それを「苦渋に充ちながらも自らに課してゆく自己への挑戦」が必要だと、行政補完組織と圧力団体からの脱却を求めた[2]。

ただ同著第1章で太田原は、「総合主義」、「属地主義（ゾーニング）」、「網羅主義」そして「行政依存型ないし行政補完型」を「日本的総合農協」の特質ととらえ、それを「制度としての農協」と呼んで、むしろ積極的な評価を与えた。制度というものは「ある社会がそれなくしては成り立たないしくみ」であり、日本の農協は「そのような意味でわが国の戦後社会を支える制度の一つにほかならなかった」のであって、制度としての農協の存在を素直に認めて、「積極的に農協制度の維持・発展をはかり、その農民的、国民的立場からの運用に努力すること」が必要との立場を表明した。(3) 同著には、三面複合体的性格からの「脱却論」と、その「国民的活用論」とが同居していたわけだが、日本の農協制度理解に大きな一石を投じたものであった。

太田原はその後、「制度としての農協」は「終焉」を遂げたとみる。1994年に食管法が廃止され、1999年の食料・農業・農村基本法から農協の文字が消えて法律上の農協の位置づけが消えた。2003年に発表された農水省の「農協のあり方研究会」報告は行政側からの農協への「絶縁宣言」だとみるのである。(4) また近著でも、「制度としての農協」について再論し、「『制度としての農協』のくびきから解放され、協同組合本来の姿を発揮する生き生きとした明日の農協を展望することが可能となっている」と、あらためてその脱却に前向きの評価を与えている。(5)

## 2 「農業協同組合」の類型区分

「三面複合体論」「日本型総合農協」は、総合農協がもつ多面的な性格を切り分けて、分析するという点で、有効であると考える。またそれは、2015年農協法改正の歴史的位置を考える上でも、また今後のあるべき農協制度を考える上でも、重要な視角であろう。

しかしそれらは、主に、協同組合としての側面と、行政と密接な関連をもつ農業団体としての側面に着目している。だが、現在の総合農協を考えれば、それに加えて80年代以降ウエイトを増してきた「金融機関としての側面」に注目することが必要だろう。金融機関規制が強まり、信用事業分離が問われる現段階の農協は、協同組合、農業団体、金融機関の側面をもつ「三面複合体」ととらえた方が妥当なのではないだろうか。

図は、農業協同組合というものを理念的に分類したものである。まず農業協同組合は、農業者の組織であるという意味での「農業団体」と、経済事業体としての「協同組合」という二つの集合の積（重なり合い）によって定義できる。すなわち前者は石川のいう「三つの顔」のうちの第2、第3の顔、後者は第1の顔である。

前者の農業団体については、行政代行の有無によって「行政代行型」と「自立型」に二分することができる。農業団体は行政と密接な関係をもって行政を代行したり下請けしたりする場合があるが、そうではなくて農民組合やロビー団体などのように、業界団体として自らの要求

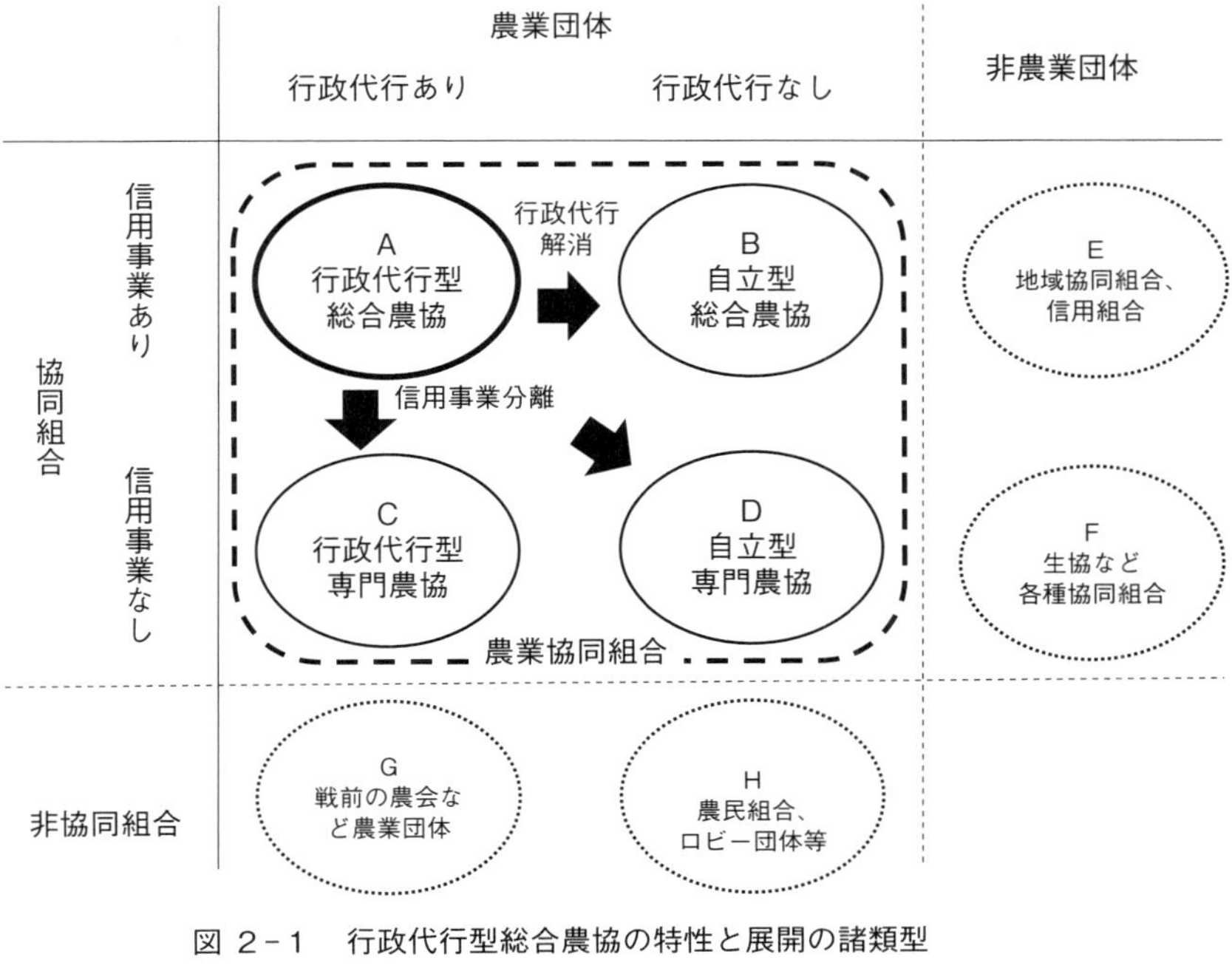


図 2－1　行政代行型総合農協の特性と展開の諸類型

実現のために活動する組織も存在する。

さらに後者の経済事業体としての協同組合は、信用事業を営むかどうかで「総合農協」と「専門農協」に二分できる。ここでは、信用事業を行う農協を「総合農協」（正確に言うなら信用事業兼営農協）、信用事業を行わない農協を「専門農協」（同じく信用事業非兼営農協）と呼んでいる。(6) 現代的に言えば金融機関である農協とそうでない農協との区分である。

## 3 農業協同組合諸類型と農協法制

さて、日本における農業協同組合法は、図上の点線の四角によって囲まれた部分を対象に法制化されているとみることができる。農業者を対象に組織する農業団体でありかつ協同組合事業体を法的に措置していることになる。この農業協同組合の枠の外側には、右方に協同組合ではあるが農業団体でない「非農業団体」を、下方には農業団体であるが協同組合でない「非協同組合」が存在する。

点線四角枠内の農業協同組合は、行政代行の有無、信用事業兼営の有無によって四つのタイプに分かれる。すなわち、信用事業を兼営し行政代行も行う「A：行政代行型総合農協」、信用事業を兼営するが行政代行はしない「B：自立型総合農協」、行政代行を行うが信用事業を兼営しない「C：行政代行型専門農協」、行政代行を行わず信用事業も兼営しない「D：自立型専門農協」である。さらにその右側に、組合員を農業者に限定しない協同組合が位置し、信用事業を行う協同組合として「E：地域協同組合、信用組合」、信用事業を行わない協同組合「F：生協など各種協同組合」を想定できる。また、下方の非協同組合には、行政代行を行う場合として「G：戦前の農会など」が、行わない場合として「H：農民組合、ロビー団体など」がある。

戦後の総合農協は、基本的には図の左上に位置する「A：行政代行型総合農協」に相当する。２０１４年以来の政府主導の農協改革が指向する方向は、現在の総合農協から信用事業を分離しようとするものであり、信用事業を分離した場合は下方の「C：行政代行型専門農協」に移行することになる。また、行政代行機能を完全に分離すれば、農協本体は「D：自立型専門農協」に移行することになる。

## 4　農業協同組合定義の変遷とゆらぎ

このような戦後農協法における農業協同組合の枠組みは、歴史的にみれば必ずしも絶対的なものではない。戦前の産業組合は組合員の職業を限定せず制度上農業団体としての性格を持っていなかったから、図上の上２行のタイプ（ＡからＦ）に相当する協同組合として法制化されていたといえる。また、戦前の農会は半官半民の非協同組合の農業団体であり、行政代行を行うという意味でＧに位置づけられる。農業会は、１９４１年の農業団体統合によって産業組合と農会などが統合して成立するのだが、協同組合と農業団体の性格を併せもつ組織として図のＡに位置することになった。

戦後農協は、農業会をほぼ引き継いでＡの行政代行型総合農協として発足した。その後、１９５０年前後に農協のあり方をめぐって「経済純化論」と「総合論」の対立が生じた。純化論は、農協は協同組合として経済事業を中心に純化すべきとするもので、いわばＢの自立型総合農協を志向するものであった。後者はかつて農会系統が担当していた農業技術指導、農政活動も含めて「総合的」に事業を行うべきと主張し、Ａの行政代行型総合農協を志向するものであった。「経済純化論」は旧産業組合中央会系統のものであり、「総合論」は旧帝国農会系統の伝統的な考えによるものであった。(7)

さらに、１９５６年に当時の河野農相のもとで農協から信用事業を切り離し、農協とは別に新しい農業指導団体をつくることを構想した「平野私案(8)」が農協界をゆるがした。それは、農協から行政代行機能だけでなく、信用事業をも分離するという意味で、農協本体のDの自立型専門農協への移行を求めるものであったといえる。

また、高度経済成長期には、金融事業を肥大化させた都市農協への対応をめぐって、いわゆる職能組合論者と地域組合論者との間で地域協同組合論争が行われた。地域組合論者は正・准組合員区分の廃止など農協の「地域協同組合化」を主張した。図上の位置でいえば、農業団体としての性格を放棄して、Eの信用事業兼営協同組合を目指そうとするものであったと言えるだろう。

このように、日本の総合農協が抱える多面性のルーツは、農会と産業組合の統合による農業会の発足にあり、その意味で、日本の総合農協制度は戦時体制を引きずっているといえるだろう。それとともに、戦後の早い時期から農業団体のあり方、農協のあり方について議論がなされてきた。しかし、農協法についていえば、今日に至るまで、第1条の農業「生産力の増進」目的と正組合員の「農民」（のちに農業者）限定の見直しはされず、農業団体と協同組合の奇妙な同居が引き続いている。2015年改正における中央会制度の見直しや准組合員規制については、本来、農業団体のあり方に関する基本的な検討とそれを踏まえた第1条の改正が必要だったと考えるが、そうした視点からの十分な検討がなされたとはとうてい思えない。

## 第2節　行政代行機関的性格の形成と展開

本節では、行政代行機関と金融機関としての農協の性格がどう変遷してきたかを、1980年代以降の農協批判の歴史と重ね合わせてあとづけてみたい。戦後において両者の性格がどのように評価され、どのように方向づけられたかをみることは、現段階での議論にも参考になるだろう。表は、80年代以降の各種審議会や検討会、規制改革関連会議等において、農協がどのように取り扱われたかをみたものである。それらを参考にしながら、農協制度をめぐる議論と制度改革の経緯をみておく。

## 1　行政代行機関としての形成

農業行政の代行は、基本的には農協が戦前の農業会から引き継いだ顔である。農協のルーツは戦前の産業組合とされることが多いが、けっしてそうではない。戦後農協の直接の前身である農業会は、1941年の農業団体法で農会系統と産業組合系統の二大農業団体を中心に各種農業団体を糾合して成立したものである。[9]

農会は、総ての地主、農民を網羅的に組織し、行政組織に対応した系統段階制をもち、補助金と会員の賦課金によって運営される半官半民組織であった。農会は農業の指導、奨励、農業者の福利増進、農業に関する研究・調査などを行い、他方で行政に対する建議権を有していた。農会は、指導業務等の行政業務を下請けないし代行する農業団体であったといえる。[10]全農民の「網羅性」、行政組織に対応した「系統段階制」、機能面での「行政補完」などの戦後農協に連なる特徴は、この時期の系統農会が有していた性格である。

他方、産業組合は「組合員の産業または経済の発達」をはかるために、一定の経済事業を協同的に経営することを目的とする（産業組合法第1条）。組合は事業の種類によって信用組合、販売組合、購買組合、利用組合の4種に分かれる。組合を設立するためには地方長官の設立許可を得なければならなかったが、定款による自治を認め（第9条）、組合員の加入脱退は自由であった（第10条、第50条）。行政庁との関係はその監督を受ける（第59条）こととされたが、基本的には協同組合すなわち協同経済事業体としての性格を持つ団体であった。

しかし、産業組合の性格が大きく変化するのが、1930年代後半の農村経済更生運動と産組拡充運動の時期である。政府の行う農業・農村政策における経済政策のウエイトが高まって、産業組合が農村における金融機関、価格政策の実務担当機関として重用されるようになる。石川のいう第1の顔である経済事業体が、第3の顔である行政代行機関の性格を併せ持つようになるのである。

さらに戦時統制下の農業団体統合によって農会と産業組合は統合されることで、農会がもつ農民組織の顔と行政代行機関の顔、産業組合がもつ経済事業体の顔と行政代行機関の顔が、「国策に即応」つまり戦時下の行政代行を主軸に統合されて農業会が生まれ、戦後農協に引き継がれることになるのである。(11)

だが、農協による行政代行は、国の農業政策の変化、市場環境や農業構造の変化の影響を強く受ける。戦前の歴史を見てもわかるように、農業団体や協同組合による行政代行は、国の政策変化に振り回されることになりがちである。行政の側から「便利使い」されたり「離縁状」を突きつけられたり、逆に農協側がすり寄ったりと、その関係はむしろ流動的だとみておく必要があろう。

## 2　1980年代の農協行政監察と圧力団体批判

### 不足から過剰へ

戦後農協は、発足以来、食管制度において米集荷業者と位置づけられ食料政策の代行ないし下請機関と位置づけられていた。61年には農業基本法が制定されたが、米政策は食糧管理法の下で価格政策が重視され、基本的には増産政策がとられた。しかし60年代後半の大豊作によって米過剰が顕在化、政府は68年に米生産調整を試験的に導入、71年からは「稲作転換対策」(71～75年度)、「水田総合利用対策」(76～77年度)、「水田利用再編対策」(78～86年度)に取り組んだ。米需給が緩むなかで、食糧管理制度においても1969年に自主流通米制度が発足、81年には食糧管理法が改正されて自由流通が公認されることになる。しかしその後も政府の持ち越し在庫量に象徴される米過剰は、70年代末から80年代初めにかけて再び発生し、政治問題化することになった過剰の発生は国民食料確保の必要性を薄れさせるとともに、行政代行機関としての農協の必要性をも薄れさせるものであった。過剰局面において農協の行政代行機能が問われるようになったのがこの時期である。

### 農協の80年代対策と農協行政監察

１９７９年10月の全国農協大会で決議された「１９８０年代日本農業の課題と農協の対策」（略称「農協の80年代対策」）は、①水田利用再編対策への本格的とりくみ、②主要作物の総合的需給調整、③集落を単位とした土地利用権調整、④地域農業振興計画の策定から成っており、当時でも話題になった「80万㌶の生産調整」に象徴されるように、農協組織による農産物需給調整への本格的取り組みを打ち出したものであった。

農協の食料統制側面での行政代行機能の代わりに、過剰局面において需給調整機能を農協が代行しようとするのが「農協の80年代対策」であったといえる。また、農協による農地流動化など農業構造政策にも農協が係わることとして、農政全般の代行機能を農協が担当しようとしたものとも言える[12]。

この頃他方では、１９８４年には日米牛肉・オレンジ交渉の決着、１９８６年にはガット・ウルグアイラウンドが始まって農産物市場開放圧力が強まっていた。また、１９８５年には円高容認のプラザ合意、日本経済の内需依存への転換を求める86年の「前川レポート」（「国際協調のための経済構造調整研究会報告書」）などの動きがあった。国内では、78年の財界、労働組合の農政批判をはじめ国産農産物割高論が喧伝されて国内農業への風当たりが強まっていた。

こうした状況下で、１９８６年に中曽根内閣玉置総務長官が、「農協は営利活動や金融活動に走って、本来の営農活動がおろそかになっている」と、農協を批判し、総務庁による行政監察が行われた。行政監察の直接的な背景は、86年産米価が逆転据置決定されたことにある。それをごり押ししたのが自民党農林族だったといわれる。小野寺は「このゴリ押しこそは、顕在化しつつあった農業・農政批判を一挙に凝縮させ、「ノーキョー」に向けて噴出させることになった」[13]という。

行政監察結果は88年6月に発表されたが、農協に対する農水省の指導について勧告するかたちで、①組合員との結びつき強化、②事業利用メリットの組合員への還元、③健全で効率的な組合運営、④指導監督の実施状況の確認など、通り一遍のもので、具体的な制度改革にはつながっていない。

しかし、行政監察による農協批判は、食管制度による食糧統制から生産調整へと農協の行政代行の移行期における現象として興味深い。当時、食料政策の行政代行と農村での集票力を基盤に政治圧力をかける自民党農林族に対して、アメリカからの市場開放圧力と需給緩和による行政依存の低下を背景に、農協に対する揺さぶりをかけたのが農協行政監察だとみることができるだろう。

## 3　農政サイドからの離縁状——行政代行機関としての位置づけ見直し

### 農政の路線転換と農協の位置づけ変化

1986年にスタートしたガット・ウルグアイラウンドは、93年12月に決着をみた。農業政策も92年に農水省が「新しい食料・農業・農村政策の方向」(新政策)を発表し、それをもとに認定農業者制度の創設、農業経営の法人化、中山間地域対策などが始まる。また、米の生産調整は「経営体の主体的判断」によるものとし、米管理についても「市場原理、競争条件の一層の導入」をすることとした。1994年12月には食管法の廃止と新食糧法が国会で議決された。政府による米の直接管理は廃止されたが、逆に「民間団体」すなわち農協に重い責任が負わされるかたちであった。これを「政府食管」に対して「農協食管」と特徴づけるものもあった[14]。政府の側は、米生産調整も含めて、食糧管理を民間に委ねる方向を明確にしたのだが、需給調整にかかる政府と民間との役割分担は引き続き紆余曲折を経ることになる。

1999年には食料・農業・農村基本法が制定されたが、旧農業基本法で条文中に明記されていた農協の役割は完全に姿を消し、農協を他の農業団体と同等に扱う姿勢が明確になった。

2000年代になると、農協に対する批判も新しい段階を迎える。2001年には郵政民営化を掲げる小泉内閣が発足、経済財政諮問会議や総合規制改革会議など、国政の重要事項の決定に官邸主導の審議会が大きな力を持つようになった（表2―1参照）。第1次小泉内閣の農水大臣だった武部勤は、2002年5月の経済財政諮問会議で、農協について「改革か解体か」と発言、同年11月には総合規制改革会議の「有識者委員」が「農協系統に過度に依存した行政運営の改革」、「農協系統事業の抜本的見直し」、「協同組織に対する独占禁止法の制度の検証」などを提言、2002年12月の答申には「信用共済事業の分社化、事業譲渡が可能になる措置」などの金融関係課題と並んで、「農協に対する行政関与」が取り上げられた。

2003年3月の農水省「農協のあり方についての研究会報告書」は、農協の組織、事業全般にわたって改革を提示しているが、その中には「行政代行業務の是正」として、これまで安易に行政が農協系統に行政代行的業務を行わせないことが明記された。また、「補助金等の施策面での公正の確保」として、JAとJA以外の生産者団体との同等性確保が書かれている。太田原が指摘するように、2000年前後のこの時期から、脱農協依存、他団体とのイコールフッティングを掲げて、農水省は農協の行政代行に依存しない方向を明確に打ち出した。その意味で、同報告書は行政から農協への「離縁状」との表現も妥当だろう(15)。

### 農政不適合を指弾する農協批判論の登場

この頃には、次第に農業構造の変化が進展して、規模を拡大して専業的に農業経営を発展させる農業者と兼業農家や離農者との分化傾向が明らかになってきた。そのために、農協の存在が「零細な生産構造から脱却できな

## 表 2-1　農協改革に関する各種報告書等の提言

| | | |
|---|---|---|
| 農政審議会 | 1996 年 8 月<br>農政審議会<br>「信用事業を中心とする農協系統の事業・組織の改革の方向」 | ・地域金融機関としての重要性、農業者の協同組織形態での信用事業、総合事業を確認<br>・単位農協の広域合併<br>・組織 2 段（早急に信連と農林中金の統合を図ることが必要）<br>・経営の合理化・効率化（労働生産性 30%向上、職員数 5 万人削減）<br>・実務家による業務執行<br>・監督委員会または管理委員会の設置<br>・員外監事、外部監査の必要性、一定規模以上の農協等に中央会監査の義務付け |
| 農水省検討会 | 2000 年 11 月<br>農協改革の方向－「農協系統の事業・組織に関する検討会」報告書 | ・地域農業振興機能の再構築、生産資材供給システムの見直し、生活関連事業の見直し、消費者等との連携の強化<br>・新たな農協金融システム（ＪＡバンクシステム）の構築<br>・農協系統金融機関の自主ルール策定によるセーフティネット形成、実効性ある破綻防止システム<br>・農林中金に農協金融中央本部設置、自主ルール策定、違反者除名等<br>・組合員資格等の見直し（農業法人の正組合員加入、農業生産法人の有限会社への転換、ゾーニング規制の原則廃止）<br>・業務執行体制の強化（常勤理事は 3 人以上、うち 1 名は信用事業専任、理事の 3 分の 2 以上を正組合員とする資格要件廃止）<br>・連合会に経営管理委員会義務付け<br>・経営管理委員会に代表理事の選任権付与<br>・組織再編の推進（必要の応じて合併・事業譲渡、子会社活用による組織再編）<br>・中央会の機能強化（全中・県中監査士の一元的活用、監査の独立性確保）<br>・農協系統に関する行政のあり方（農協系統の自己責任経営体制を前提とする行政に移行） |
| | 2003 年 3 月<br>農協改革の基本方向－「農協のあり方についての研究会」報告書 | ・国内農産物の販売の拡大<br>・生産資材コストの削減（仕入れ価格の引き下げ、全農の適切な事業運営）<br>・生活関連事業の見直し（競争力のなくなった生活関連事業等の抜本的見直し）<br>・経済事業等の収支均衡（信用･教師亜事業の収益がなくても成り立つ経済事業、赤字部門の廃止、分社化<br>・中央会のリーダーシップの発揮（経済事業等について全中中心に指導指針、指導、経営体制についての自主ルールを策定して農協を強力に指導）<br>・全国的なＪＡ改革実践運動<br>・全農改革の断行（農協改革の試金石）<br>・行政代行的業務の是正（コメ政策の改革等をふまえ安易に農協系統に行政代行的業務を行わせない、補助金等申請業務をＪＡが代行する場合は農業者から手数料を徴収）<br>・補助金等の施策面での公正の確保（ＪＡとＪＡ以外の生産者団体の同等確保）<br>・独禁法違反のチェック体制の強化（系統利用の強制等不公正な取引方法を厳しくチェック、制度の見直しも） |
| 総合規制改革会議<br>2001.4～2004.3<br>森、第 1 次小泉内閣 | 2002 年 11 月<br>有識者委員<br>「農業構造改革の加速化について」 | ・農協は独占的地位により新規参入を抑制、零細な生産構造から脱却できない一つの要因<br>・農協系統に過度に依存した農政の体質を改め、イコールフッティングを<br>・過度に農協に依存した行政運営の改革<br>・経済事業等、広範な農協系統事業の抜本的見直し<br>・協同組織に対する独占禁止法の制度の検証 |
| | 2002 年 12 月<br>第 2 次答申 | ・農協の巨大組織化、零細な生産構造、これまでの事業運営、行政関与について抜本的見直しが必要<br>・農協の事業運営の見直し（組合員制度の実態、員外利用率の状況等を調査、是正指導）<br>・農協系統事業の見直し（信用・共済事業なして成り立ち担い手にメリットを還元する運営体制、そのために区分経理徹底、信用共済事業の分社化、事業譲渡が可能になる措置<br>・農協に対する行政関与（補助事業等農協を通じた行政運営を網羅的に検証して適正化） |

| | | |
|---|---|---|
| | | ・公正な競争条件の確保（独占禁止法違反の取り締まり強化、多様な組合設立が容易となる条件整備） |
| | 2003 年？月<br>第 3 次答申 | ・情報開示の促進（主要施設の収支明細を総会に）<br>・准組合員制度の運用の適正化（准組合員向け事業の拡大で正組合員のメリットにつながらない運用の可能性、准組合員制度の適切な運用のための措置を検討）<br>・農協子会社の規制の適正化（適切な指導・監督・監査の在り方を検討、措置）<br>・非ＪＡ型農協設立の促進 |
| 規制改革・民間開放推進会議<br>2004.4 ～ 2007.1<br>第 2 次小泉、第 3 次小泉内閣 | 2005 年 12 月<br>第 2 次答申 | ・全農等の経済事業改革の推進<br>・部門別損益の開示の促進<br>・全中監査の第三者性の強化<br>・農協の不公正な取引方法等への対応強化<br>・農業に関する補助金の情報提供体制の整備<br>・新規参入促進に係る実態把握等のための体制整備（農協各事業について新規参入が妨げられないよう対応） |
| | 2006 年 12 月<br>第 3 次答申 | ・農協の内部管理態勢の強化（とくにコンプライアンス体制）<br>・農協の不公正な取引方法等への対応強化<br>・農協経営の透明化に向けたディスクロージャーの改善<br>・中央会監査の在り方についての検討<br>・農業分野における銀行等の民間金融機関の参入促進 |
| 規制改革会議<br>2007.1 ～ 2010.3<br>第 1 次安倍、福田、麻生、鳩山内閣 | 2007 年 5 月<br>第 1 次答申 | ・組合員に対する的確な情報開示の実施 |
| | 2008 年 12 月<br>第 3 次答申 | ・信用事業を行う農協における情報開示の強化及び信用事業を対象とした金融庁検査の実施（事業別の情報開示、貯金者保護に向けた情報開示の充実、金融庁検査の実施）<br>・員内・員外取引の区分（員外利用規制の指導の徹底）<br>・全中監査の一層の質の向上<br>・常勤理事の兼職・県庁制限の適正化 |
| 行政刷新会議<br>2009.9 ～<br>2012.12<br>鳩山、菅、野田内閣 | 2010 年 6 月<br>規制・制度改革に関する分科会<br>第 1 次報告書 | ・農協に対する金融庁検査・公認会計士監査の実施<br>・農地を所有している非農家の組合員資格保有という農協法の理念に違反している状況の解消<br>・新規農協設立の弾力化（地区重複農協設立協議の廃止）<br>・農協等の役員の国会議員等への就任禁止 |
| | 2011 年 7 月<br>第 2 次報告書 | ・農協の農業関係事業部門の自立等による農業経営支援機能の強化（農業関係事業部門の計画的自立化） |
| 規制改革会議<br>2013.1 ～ 2016.7<br>第 2 次安倍内閣 | 2014 年 6 月<br>第 2 次答申<br>（2014 年 5 月の農業ＷＧ「農業改革に関する意見」とほぼ同内容） | ・中央会制度から新たな制度への移行<br>・全農等の事業・組織の見直し（株式会社化、経済界等との連携）<br>・単協の活性化・健全化（信用事業譲渡・代理店化）<br>・理事会の見直し（理事の過半を認定農業者及び農産物販売や経営のプロに）<br>・組織形態の弾力化（分割・再編、株式会社、生協、社会医療法人等へ、農林中金・信連・全共連は農協出資の株式会社化）<br>・組合員の在り方（准組合員の利用制限）<br>・他団体とのイコールフッティング（他の農業団体と同等の扱い、安易に行政代行を依頼しない） |
| 規制改革推進会議<br>2017.7 ～<br>第 3 次安倍内閣 | 2016 年 11 月<br>農業 WG「農協改革に関する意見」 | ・全農の購買事業の見直し（斡旋機能に限定、1 年以内に新しい組織に転換）<br>・農産物販売事業の見直し（全量買取販売へ）<br>・全農等の在り方（選挙で会長を選出、着実な進展が見られない場合は第二全農設立推進）<br>・地域農協の信用事業の負担軽減等（信用事業を営む農協を 3 年後をめどに半減）<br>・農業者の自由な経営展開の確保等（農協利用の強制を取り締まり、農業者と農協のイコールフッティングを確保するため法律・補助金等を総点検） |
| | 2017 年 5 月<br>第 1 次答申 | ・農協改革の着実な推進 |

い一つの要因」（前出有識者委員提言）といった主張や、農協の正組合員戸数と農林業センサスの農家戸数との差をとりあげて「偽装農家」論を声高に主張するものも現れた[16]。また、農協は1人1票制で運営されるので多数派である兼業農家の利益が重視されて大規模農家の意向が反映しないなどの「兼業農家多数派論」からの批判もこの頃からである。

だが、「農協が零細な生産構造を温存した」、あるいは「兼業農家が多数派なのはけしからん」などの主張は、農協はつねに政府の農業政策に従属すべきだというのに等しい。さらにいえば、農協は農政の下請け機関であるべきだと主張しているのと同じである。一方で為政者が「農協に依存しない行政」を掲げる半面で、こうした批判者たちは、「農協は農政の方向に従わない」と批判の論陣を張るのである。論理的には大いに矛盾している。

## 4　米生産調整をめぐる行政と農協

確かに、表2－2のように、農地利用調整制度（農地利用集積円滑化事業、中間管理機構による流動化）、農業近代化資金、生産調整目標の配分において、農協の「独占」は排除されているようにみえる。だが、かといって、行政の脱農協化が円滑に進んだかというと、そうではない。そのことは、米生産調整のその後の展開に如実に表れている。

２００２年12月には、「米政策改革大綱」が、翌年4月には「米政策改革基本要綱」が出されて米政策が大きく変化する。そのポイントは、米需給調整を「農業者・農業団体が主役のシステム」に移行することである。また法制度的位置づけがあいまいであった生産調整を食糧法の中に位置づけるとともに、地域の関係者が一体となって地域水田農業ビジョンを策定・実践することで生産調整も行う新システムが構想された。新システムでは、生産調整は基本的に農業者・農業団体の責任であるとされた。また国や地方（都道府県、市町村）はその主体

表 2-2　各種制度、事業における農協の位置づけ

| 名称 | 根拠法令等 | 制度、事業等の概要 | 事業実施主体 | 手続き | イコールフッティングの状況 |
| --- | --- | --- | --- | --- | --- |
| 農地利用集積円滑化事業 | 農業経営基盤強化促進法 | 農地等の所有者から委任を受けて、その者を代理し、農地等について売渡しや貸付け等を行う事業 | 市町村、農業協同組合、一般社団法人、一般財団法人 | 実施規定の市町村の承認 | 確保されている |
| 農地中間管理機構による農地流動化 | 農地中間管理事業の推進に関する法律 | 気候は、①農地を借り受け、②必要な場合は条件整備も行ったうえで、③地域の担い手に対して農地利用の最適化を配慮して転貸するが、この事業の実施に際して、機構は事業の一部（決定行為等を除く）を委託できる | 委託先の限定はない | 委託にあたって都道府県知事の承認 | 確保されている |
| 農業近代化資金 | 農業近代化資金融通法 | 国または都道府県が農協等民間金融機関に利子補給措置を講ずることにより、長期かつ低利の農業近代化資金を融通 | 農業協同組合、農業協同組合連合会、農林中央金庫、銀行、商工組合中央金庫、信用金庫、信用金庫連合会、信用協同組合、信用協同組合連合会 | 国または都道府県と利子補給契約を締結 | 確保されている |
| 生産調整（生産数量目標の配分） | 需要に応じた米生産の推進に関する要領 | 米の生産数量目標は、国から都道府県→市町村→地域農業再生協議会（→生産調整方針作成者）→生産者に提供される仕組み | 生産調整方針作成者：農業協同組合、農業者、生産法人、集荷業者等 | 基本的に生産調整方針作成者を通じて生産者に生産数量目標を通知 | 確保されている |
| 指定乳製品の生産および指定食肉、鶏卵等の保管又は販売に関する計画認定制度 | 畜産物の価格安定に関する法律 | ①加工原料乳の価格の回復・維持を目的に、生産者団体が定める計画を農水大臣が認定。乳業者への命令あり<br>②指定食肉、鶏卵の価格の回復・維持を目的に生産者団体が定める計画を農水大臣が認定、生産者団体の申出に応じて（独）農畜産業振興機構が買い入れ | 制度の対象となる生産者団体：<br>生産者が直接又は間接の構成員となっている農協又は農協連合会 | 計画を定め、農林水産大臣の認定を受ける | 確保されていない |

資料）農政審議会企画部会（2014 年 7 月 22 日）に提出された「団体の再編整備に関する資料」（28-29 頁）を一部簡略化。

的な取り組みを「支援」することとされた。市町村における配分ルールの決定主体は農業者等が参加する「水田農業推進協議会」で、国は情報提供をするというわけである。

しかし、07年度には出来秋の米価が大きく下落したこと等をきっかけに、米政策が大きく見直されることになった。07年10月には「米緊急対策」が決定されて、34万トンの緊急買い上げや全農による飼料米処理への助成、さらには国による生産目標配分未達成の県に対するペナルティが復活した。米需給調整について、再び政府関与が強まったのである。(17)

その後の米需給調整政策は、政策の見直しが繰り返され、生産調整の政策的位置づけや今後の方向性が見えにくくなり、農業者の経営判断を難しくしている。(18) 政策の見直しが繰り返されざるを得なかった理由は、零細で多数の生産者がひしめく農業における需給調整の難しさのゆえである。(19)「生産調整は生産者の責任」として国の役割を「情報提供」に限定する方式には、おそらく無理があるだろう。現場の「水田農業推進協議会」や「農業再生協議会」はそれなりに機能していると思われるが、それが機能するのは、地域において農業者を網羅的に掌握している農協の存在があるからである。

２０１８年度からは、生産調整目標を配分せず、再び生産者や集荷業者、団体の自主的な判断によって需要に応じた生産販売を行う方式に移行した。その考え方は、生産調整からの農政の「フェイドアウト」といってもいい。その場合、農協は生産調整を押し付けられるだけであって、行政の「代行」でさえなくなるであろう。国による関与が本当に不要なのか、また地域における生産調整の実施体制をどう形成するのかは、依然残る課題であろう。

## 第3節　金融機関としての性格の形成と展開

１９９０年当初の産業組合法においては、信用事業と販売、購買など経済事業との兼営は認められていなかった。しかし、１９０６年の第1次改正において兼営が認められるようになり、戦後農協法制定時に分離論が議論された経緯はあるが、それ以来一貫して信用事業兼営が認められている。その意味では、金融機関としての顔は、産業組合以来ともいえるが、ここであらためて取り上げるのは、80年代以降の金融機関規制の動きの中で、農協に金融機関の顔が明示的に付け加わったことによる。

### 1　金融環境の変化と金融行政の転換

その背景には、金融環境と金融行政の変化が存在する。第２次大戦後の日本においては、競争制限的な規制によって、政府が資金配分と金利体系を管理して経済復興を支援する金融制度が構築された。いわゆる「護送船団方式」と呼ばれるが、その特徴は、銀行と証券の分離、長短金融の分離、預金業務と信託業務の分離、中小企業専門金融機関制度、外国為替業務の特定化などで金融機関を分離し、大蔵省がさまざまな詳細な規制によって金融業界を直接的に管理・指導するものであった[20]。

しかし、１９８０年代になると金融自由化が進められて規制体系も大幅に変容する。１９８４年には日米円・ドル委員会が設置されて、金融の自由化・円の国際化が幅広く提言された。１９８５年から金利規制の縮小が始まり、93年に定期預金金利、94年に流動性預金金利が完全に自由化される。また１９９８年には外国為替取引も完全自由化された。また、１９９２年にはいわゆる金融制度改革関連法が成立し、銀行、証券会社、信託銀行は業態別子会社の設立を通じて本体業務以外の銀行・証券・信託業務に参入することが可能となった。金融機関間の競争も激化することになった。

金利規制緩和、業際規制緩和を中心とする金融自由化が進められた一方で、日本経済は80年代後半から90年代初めにかけてバブル経済を経験するのだが、その反動として住専問題や証券会社、銀行の倒産など金融システムの脆弱性が顕在化する。これに対して、金融機関に対する監督が著しく強化されることになった。

１９９８年には金融監督庁が発足、のちに２０００年に金融庁に改組された。１９９９年には「預金等受入金融機関に係る金融検査マニュアルについて」と題する通達が発出され、それ以降金融検査マニュアルに基づく金融機関への検査、指導がなされるようになる。また、２０００年には、「金融商品の販売等に関する法律」が制定され、幅広い金融商品を横断的に規制対象として、取引ルールを定め、金融商品販売業者の説明責任義務を明確にした。旧来の護送船団型の金融行政から、検査を基本とする金融行政に移行し、それぞれの金融機関が責任を重く問われるようになったのである。さらに、２０００年には、それまで都道府県の区域内を地区とする信用組合に対する検査権限が地方（都道府県知事）から国に移管された。

## ２　住専問題と金融システムの一員としての農協金融

### 住専問題

１９８０年代末から90年代初頭にかけて、日本はバブル経済とその崩壊で大きな変動を被る。バブル期において、日本経済は空前の好景気に湧き、農協もその恩恵に浴することになる。しかし、92年にバブルが崩壊すると、その負の遺産である住宅金融専門会社問題（住専問題）が農協系統を襲うことになる。住宅金融専門会社は、当時の大蔵省が主導して銀行等の金融機関が共同出資して設立した個人向けローンを扱う住宅金融専門の金融機関である。バブル崩壊直前に大蔵省は不動産向け融資の伸び率を融資全体の伸び率以下に抑える「総量規制」を行って資金供給を縮小させたが、住宅金融専門会社はその対象とされず、また農協系金融機関は規制の対象外とされたために、バブル末期には農協系統の住専への貸出金は急増した。そのため、農協グループとくに信連が大きな住専向け残高を残すことになった。

住専問題が顕在化したのは1995年であった。住専処理は、最終的に大手銀行等の「母体行」の責任を一定認める「修正母体行主義」で決着するが、系統農協が負担困難だった6850億円を公的資金によって負担することとしたため、それを契機に農協批判が噴出した。[21]

住専問題を踏まえて、95年8月には農政審議会農協部会報告「信用事業を中心とする農協系統の事業・組織の改革の方向」が急きょとりまとめられた（前出表2－1参照）。報告は、「住専問題を契機に、農協系統は金融機関として十全でない面があったのではないかとの強い指摘」、「様々な面での反省と改革努力が必要」と系統農協金融に対する危機感を強くにじませている。そして、地域金融機関としての役割の確認、農業者の協同組織形態で金融事業を営むことの必要性とともに、「系統信用事業のあり方について、総合農協の事業から信用事業を分離すべきとの考え方もあるが」、「引き続き信用事業を総合事業の一環として位置づけることに意義がある」と総合事業形態の存続を明記していた。

そして、当時系統農協が進めていた単位農協の広域合併とともに、組織2段とくに信連と農林中金の統合について法的措置に踏み込んで方向づけているのが特徴である。また、代表理事・常務理事の兼職・兼業禁止規定の導入、実務家の理事への登用、経営管理委員会制度の導入などが業務執行体制強化として提言された。

2000年11月には、農水省に設置された「農協系統の事業・組織に関する検討会」報告（タイトル「農協改革の方向」）がとりまとめられ、より詳細に金融機関としての農協のあり方が提言された。「農協改革の方向」の特徴は、新たな農協金融システムとして「ＪＡバンクシステム」の構築を掲げたことにある。具体的には、農協系統金融機関が自主ルールを策定して独自のセーフティネットを形成して、実効性のある破綻防止システムを作ろうというものだった。

そこで中心的な役割が期待されたのが農林中央金庫であった。農林中金に農協金融中央本部を設置して自主ルールを設けることとし、違反者への除名措置も盛り込まれた。さらに、金融機関としての業務執行体制強化が強調された。信用事業を営む農協には常勤理事3名以上うち1名は信用事業専任とすることが求められた。また、連合会への経営管理委員会の義務づけが提案されたのもこの報告においてである。

農水省のこうした対応は、住専問題の苦い経験に基づいて、「農協発の金融危機を起こさない」との決意を内外に示すものだった。ＪＡバンクシステムとして強制力ある自主ルールによる統一的な統制、そしてＪＡ、信連の業務執行体制強化によって金融環境変化を乗り切ろうとするものだったと言えよう。

同報告書では組織形態について明確にふれていないが、96年の農政審議会報告における「地域金融機関」、「農業者の協同組織形態での信用事業」、「総合事業形態」は、半ば否定されたとみてよい。というのは、ＪＡバンクシステムは全国バンクシステムとして「地域金融機関」としての性格を弱めるものである。また農林中金に置かれる農協金融中央本部は、農協信用事業における司令塔であり、信用事業を他の事業部門から「組織内分離」する志向を持つものだったと言えるからである。

### 3　求められ続けた金融機関としての体制整備

その後、農協の金融機関的側面にかかる制度改革提言は、ほぼ部門別損益の開示、金融庁検査、全中監査の三点に絞られる。２００５年12月の規制改革・民間開放推進会議第２次答申では、「部門別損益の開示の促進」、

「全中監査の第三者性の強化」が、同じく2006年の第3次答申ではコンプライアンス体制など「農協の内部管理態勢の強化」と「ディスクロージャーの改善」、「中央会監査の在り方」が取り上げられた。

2008年12月の規制改革会議第2次答申が「信用事業における情報開示」、「金融庁検査の実施」、「全中監査の一層の質の向上」が取り上げられた。民主党政権下の2010年6月の行政刷新会議・規制・制度改革に関する分科会第1次報告書でも「農協に対する金融庁検査」を盛り込んだが、それにとどまらず「公認会計士監査の実施」がはじめて取り上げられた。興味深いのは2011年7月の行政刷新会議の第2次報告書には「農協の農業関係事業部門の自立等による農業経営支援機能の強化」として、農業事業部門の自立すなわち信用事業の逆分離を意味する内容が入っている。

## 第4節　2015年農協法改正の歴史的位置

2014年の規制改革会議第2次答申は、中央会制度から新たな制度への移行、全農の株式会社化、信用事業譲渡・代理店化、理事構成の見直し、分割再編や株式会社化さらには生協化も含む組織形態の弾力化、准組合員の利用制限など、幅広い内容を盛り込んだ。その内容のかなりの部分が、2015年農協法改正で実現されることになった。

今回の「農協改革」は、農協をどのような方向に導こうとするものなのだろうか。前出の図2―1に戻れば、中央会の新たな制度への移行とくに全中の一般社団法人化は、全中を協同組合法制の外部に追いやった形である。図上では、点線四角枠の外側にあるGの協同組合でない行政代行的農業団体、あるいはHの自立的な農業団体に位置づけようとするものである。ただ、単協や都道府県連合会との密接な関係がなければ行政代行は困難だから、むしろHの農民組合やロビー団体に近くなるかもしれない。また、ロビー団体としての役割には、農業団体としてのそれと協同組合としてのそれがありうるが、単協、都道府県連合会の積極的な結集がなければいずれの機能も十分に果たせないだろう。厳しい立場に置かれたことは確かであるが、農業者、農協のナショナルセンター、ローカルセンターとしての再確認が問われるだろう。

信用事業分離については、農林中央金庫、信連、共済連の株式会社化の方向が出され、単協からの信用事業分離が方向づけられた。信用事業が分離されれば、農協本体は信用事業なしのCの行政代行型専門農協またはDの自立型専門農協に移行することになる。ただ、農水省は、「信用事業分離はJAの選択」としているから、総てのJAに信用事業分離を強制するものではなさそうである。とすれば、信用事業兼営農協と信用事業分離農協とが併存することになるだろう。

この点で参考になるのが、ドイツにおけるライファイゼン協同組合の動向である。もともとライファイゼン協同組合は、日本の産業組合法制のモデルになったように組合員を限定しておらず、信用事業と経済事業の兼営を認めていた。しかし、農業構造が変化する中で、農業者が減少し、経済事業のウエイトが低下するにしたがって経済事業部門を連合会に移管したり、別会社に移管したりして協同組合本体から分離し、ほとんどの単協が「ライファイゼンバンク」として信用事業単営組合となった。それは政府による強制ではなく、組合による自主的な選択の結果であった。金融環境だけでなく農業構造や経済事業環境が変動する中では、より合理的な選択が求められる。しかしその選択はあくまでも組合員と単協の自主性に委ねられるべきであろう。

問題は、行政代行機関としての性格である。政府は農協の行政依存からの脱却として、行政代行機関としての性格をなくすことを目標にしている。だとすれば、農協への農業団体としての規制強化は筋違いというものである。もしも、行政がその受け皿として地域に自前の組織を形成できるのなら話は別だが、おそらく、そうした組織は農業者の自主的、自治的組織としてしか形成できないのではないか。もし農水省がそうした組織づくりに本格的に乗り出すとしたら、戦前の農会と同様におそらく膨大な財政支出が必要となるだろう。これまたおそらくだが、結果的に行政は農村における既存組織や新たな自主的自治的組織に行政代行を依存せざるを得ないのではないか。そのような農業者団体づくりは、既存組織との調整の中でしかできないのではないだろうか。

注

（1）石川英夫「農協の三つの顔」。
（2）武内哲夫・太田原高昭『明日の農協――理念と事業をつなぐもの』、22～23頁。
（3）武内・太田原前掲書、56～58頁。
（4）日本の総合農協の歴史と、「制度としての農協」の終焉については、太田原「日本型農協は自立できるか――「あり方研報告」と農協大会議案の歴史的検証――」、太田原「低成長期における農業協同組合――制度としての農協の盛衰」、太田原「国際化時代の農業協同組合」に詳しい。
（5）太田原『新・明日の農協――歴史と現場から』、2～3頁。
（6）総合農協と専門農協の定義は必ずしも明確でない。語感からいえば総合農協は複数品目ないし複数事業を、専門農協は単一品目ないし単一事業を取り扱う農協を意味しそうであるが、統計上等の定義は異なる。農水省は信用事業を営む農協を総合農協とし、それ以外をひとくくりにして専門農協として取り扱っている。詳しくは若林「専門農協論序説――専門農協の定義と論点について――」参照。
（7）協同組合経営研究所『協同組合制度史』、591～594頁。
（8）平野私案は系統農協、農村選出議員の猛反発を受けて頓挫する。石川「農協の三つの顔」、137頁。ちなみに、緑風会の片柳眞吉議員は、平野私案の信用事業分離は「鳥の翼を奪うにひとしい重大な問題」と参院本会議で発言している（第24回国会参議院本会議、1956年2月2日、参院会議録情報）。

(9) 戦前から戦後にかけての農業団体の推移については、拙稿「歴史的にみた日本の総合農協の特質——法制度における行政との関係を中心に」参照。また、資料としては協同組合経営研究所「農業協同組合制度史」第1巻、第2巻など参照。

(10) 農会は、一般に指導奨励団体といわれるように、国の監督権と補助金の二大テコによって裏付けられた補助行政機関的な生産指導団体であった。協同組合経営研究所、前掲書、586頁。

(11) この点は、法律における目的規定によく表れている。農会法第1条の目的規定は「農業の改良発達を図る」、同じく農業会を規定する農業団体法のそれは「農業の整備発達を図りかつ会員の農業および経済の発達に必要なる事業を行うこと」、そして農協法のそれは「農業生産力の増進と農民の経済的社会的地位の向上」である。「農業の改良発達」、「農業の整備発達」、「農業生産力の増進」はいずれも農政上の目的であり、行政代行につながる規定である。

(12) 太田原「低成長期における農業協同組合——制度としての農協の盛衰」、49頁。

(13) 小野寺「選択の岐路に立つ農協——農協行政監察結果の読み方」、22〜29頁。

(14) たとえば、佐伯尚美編『日本農業年報42　政府食管から農協食管へ——新食糧法を問う』など。

(15) 太田原の一連の論稿、藤谷「JA運動の進路と対応戦略をめぐる諸問題」など、あり方研究会報告を農協への「離縁状」とみる。ただ、2000年の農水省検討会（農協系統の事業・組織に関する検討会）の座長を務めた岸康彦は、岸「自己責任と分担・協力で行政との新たな関係を」で、生産調整をめぐる農協の役割にふれて「行政との一体」と農協の「主体的」係わりとの境界線をどこに引くのかと、現場での「離縁」がそう簡単でないことを指摘している。

(16) 神門「「農協すなわちJA」の呪縛に終止符を」、山下一仁『農協の大罪』など。

(17) 米政策大綱以降の米生産調整の水位については、小針「米政策の推移——米政策大綱からの15年をふり返る——」に詳しい。

(18) 小針前掲書、45頁。

(19) 吉田俊幸は、この年の過剰作付の原因を、食糧法において生産調整実施への強制力がなくなったこと、生産調整に参加しなくても生産調整による米価の維持や値上がりメリットを享受できることにあると指摘している。吉田「迷走する米政策『改革』の推移と政策課題」。

(20) 重田「戦後の金融改革の流れ」による。

(21) 住専問題については、佐伯『住専と農協』に詳しい。

文献――――――

石川英夫「農協の三つの顔」、『中央公論』73巻5号(1958年5月号)、1958年。

石田正昭「信用・共済事業分離論と総合性」『農業と経済』77巻8号、2011年。

太田原高昭「日本型農協は自立できるか――「あり方研報告」と農協大会議案の歴史的検証――」、『農林金融』2003年8月号、2003年。

――「低成長期における農業協同組合――制度としての農協の盛衰」、『北海学園大学経済論集』第52巻2/3合併号、2003年。

――「国際化時代の農業協同組合」、『北海学園大学経済論集』第55巻4号、2008年。

――『新・明日の農協――歴史と現場から』、農文協、2016年。

小野寺義幸「選択の岐路に立つ農協――農協行政監察結果の読み方」、『農業と経済』54巻11号、1988年。

岸 康彦「自己責任と分担・協力で行政との新たな関係を」、『農業と経済』69巻6号、2003年。

協同組合経営研究所『協同組合制度史』第2巻、1967年。

神門善久「「農協すなわちJA」の呪縛に終止符を」、『農業と経済』69巻6号、2003年。

――『日本の食と農』、NTT出版、2006年。

小島慶三「憂うべき農業批判と農協行政監察」、『農業と経済』54巻11号、1988年。

小針美和「米政策の推移――米政策大綱からの15年をふり返る――」、『農林金融』2018年1月号、2018年。

佐伯尚美編『日本農業年報42 政府食管から農協食管へ――新食糧法を問う』、農林統計協会、1995年。

佐伯尚美『住専と農協』、農林統計協会、1997年。

重田正美「戦後の金融改革の流れ」、『国立国会図書館調査資料2008・6・経済分野における規制改革の影響と対策』2009年。

武内哲夫・太田原高昭『明日の農協――理念と事業をつなぐもの』、農文協、1986年。

藤谷築次「ＪＡ運動の進路と対応戦略をめぐる諸問題」、『農業と経済』70巻9号、２００４年。

増田佳昭「今、なぜ「農協のあり方」か」、『農業と経済』69巻6号、２００３年。

――「農業部門自立論とＪＡの総合性」、『農業と経済』77巻8号、２０１１年。

――「歴史的にみた日本の総合農協の特質――法制度における行政との関係を中心に」、『農業と経済』83巻7号、２０１７年。

山下一仁『農協の大罪』、宝島新書、２０００年。

吉田俊幸「迷走する米政策「改革」の推移と政策課題」、『土地と農業』№46、２０１６年。

若林剛志「専門農協論序説――専門農協の定義と論点について――」、『農林金融』２０１２年2月号、２０１２年。

第3章

# 農協制度の目的と総合農協の像

北川太一

## 第1節　はじめに

２０１５年の農協法改正では、「農業所得の増大」が前面に掲げられ、このことによって総合農協は職能組合の方向に舵を切ることになったとされる。しかし、その内容は、必ずしも農協が協同組合であることが前提とされていないという点で〝農業専門事業体〟の方向に舵を切った、と表現するのが適切であろう。周知のように今回の法改正の契機になったのは、２０１４年5月に規制改革会議（農業ワーキンググループ）によって示された『農業改革に関する意見』である。そこでは、「競争力ある農業、魅力ある農業を創り、農業の成長産業化を実現する」ことを目的として農協制度の見直しが提言され、その大部分が今回の農協法改正に反映されたことになる。

実は、こうした農協に対する強い改革要請、とりわけ農協の組織や事業方式に対して解体的な改革を求める動きは今に始まったことではなく、それは１９８０年代にまで遡ることができる。当時は、「国際化農政」推進のもとで財界を中心とした各方面からの農業・農政改革に関する提言圧力が流布していた時代であるが、その嚆矢となったのが「ＮＩＲＡ提言」（総合研究開発機構『農業自立戦略の研究』）であり、これからの「農業政策」として七つの提言がなされ、その一つに「農業協同組合の再検討」が位置づけられた。そこでは、農協間の競争こそが農家の利益を最大にするという認識に立ち、次のような農協の制度、事業、組織への転換を求めている。(1)

①農家が加入する農協を自由に選択できるようにすれば、農協の事業・経営能力の向上が期待できることから、農協のゾーニング規制を撤廃する。

②農協購買事業における独占的性格を排除し、農協とアグリビジネス企業とが競合する市場を形成する。

③協同組合原則は農家が均質である場合に成立するものであって、農家の階層分化が進んだ段階では原則に基づいて農協を運営することは適切ではない。したがって、専業的農家を組織した専門農協と、兼業農家も含めた地域住民を対象に組織する地域農協を併存させる。

ここからわかるように、これからの日本農業を国際競争力を備えた成長・輸出型産業として展望し、それを実現するための農協制度が必要であると主張したのである。この点は、今回の一連の議論が、農業の「活力創造」「成長産業化」のための手段として農協改革を位置づけて、農協から総合性を取り外そうとしていることと状況は同じである。

このように「総合農協の像」のあり方を規定するのは、種別の協同組合法制を前提とする限りは、日本農業の将来とりわけ担い手の構造をどう展望するのか、より具体的には①農業政策を産業政策の観点のみに位置づけて、企業的経営も含めた少数精鋭型の担い手による農業構造を展望するのか、そうではなく②農業・農村が有する多面的な役割を重視し、多種多様な担い手の存在を認めた構造を展望するのか、どちらに立脚するのかである。

本章では、明示的には検討はしないが②の立場を念頭に置きながら、総合農協の像について考えてみたい。協同思想なき「農協改革」論に抗するためには、JAグループがめざしている「食と農を基軸とした地域に根ざした協同組合」の具体像を農協関係者が真剣に考え、展望し、自ら実践していくことが重要であり、この点について検討するためにはやや遠回りではあるけれども、これまでの議論の経過を検証していくことも有効であると考えられる。

そこで以下では、総合農協の将来像をめぐって、「生活基本構想」と「地域協同組合論」を取り上げて、改めて今日的に内包している論点を確認する（第2節）。次に、総合農協存立の論理と条件について若干の事例も交えて考察する（第3節）。以上を踏まえたうえで、今後JAグループが「食と農を基軸とした地域の協同組合」を展望するうえで重要課題となるであろう「地域の活性化」の問題を取り上げて、JAグループの対応課題について述べたい（第4節）[2]。

## 第2節　総合農協の将来像をめぐって――「生活基本構想」と「地域協同組合論」――

### 1　地域協同組合化を展望した「生活基本構想」

日本農業の構造改革を柱とした成長産業論、あるいはこうした方向に寄与するための農業専門事業体化論に対して、これまで系統農協組織（ＪＡグループ）は決して無策であったわけではない。むしろ早い時期から家族経営を基盤とする農家を正組合員として、農産物の販売や農業生産資材の購買といった営農経済分野だけではなく、生活購買、信用、共済、福祉など複数の事業を営む総合農協の特性を活かすべく、組合員のくらしに関わる利益を守り、より良い地域社会をつくるという協同組合の理念を実行するための方針を提起してきた。

その一つが、１９７０年（第12回全国農協大会）に提起された「生活基本構想」（正式名称は「農村生活の課題と農協の対策」）である。当時の背景として、経済の高度成長に伴う都市化・混住化の進展、生活ニーズへの期待が高まると同時に、１９６０年代から積極的に取り組まれた生活指導員の養成と農協婦人部（当時）による健康管理や生活設計、文化娯楽などを内容とする農村生活改善に関する活動の展開がみられたことがある。

生活基本構想では、これからの総合農協の方向性として、職能性のみを重視して正組合員農家を対象にした営農関連事業のみを行うのではなく、地域住民の准組合員化を促しながら生活面の事業・活動を積極的に展開することが提起された。具体的には、①農業者を生産者と同時に消費・生活者として位置づけ、②農協の事業活動は、組合員家庭の生活設計と無関係に行われるものではないとの考えから、購買、信用、共済も含めて「生活」と捉えた。

さらに注目すべきは、農協が「農村地域社会建設」に取り組むことを明確にした点である。すなわち、「これまでも農協は、単に農業者だけの組織たるにとどまらず、地域に住む人びとも希望するものはメンバーに加え地域の相互扶助による経済的社会的中核体の役割を果たしてきたが、人間連帯のゆたかな郷土建設の必要性がますます高まっていく時代において、農協は、これまでの歴史的な実績をふまえ、その建設の核となって運動を展開していくべきである」（傍点筆者）とされ、地域住民の積極的な准組合員加入促進を提起し、農協と地域社会との関係を示しながら地域協同組合の方向性を明確にしたのである。

実は、これに先立って系統農協組織では、1967年の第11回全国農協大会において「農業基本構想」(正式名称は「日本農業の課題と農協の対応」)を決議した。そこでは農業の近代化と高い生産性の実現を目的とする当時の基本法農政に対して、こうした政策を過度に推し進めることは自立経営農家の育成という選別政策につながりかねないという理由から、国による画一的な政策に対する懸念を表明していた。生活基本構想の制定により、営農面と生活面の事業・活動という車の両輪が揃ったわけで、それはまさに協同組合はくらしに根ざした組織であるという考え方をベースにして、地域住民(准組合員)も重要なメンバーと位置づけながら営農と生活の活動にバランス良く取り組み、相互に関係を有して好影響を及ぼし合うことが重要であるという認識に立つものであった。

ただし、こうした営農と生活とがリンクした当時の方針が、当初の理念どおり実践されたかと言えば必ずしもそうではない。1990年代以降、農協の事業・経営改革の課題に重点を置いた取り組みが進められたために、また介護保険制度導入を契機とする福祉事業の本格的展開に力が注がれたために生活基本構想以来掲げてきた生活面での取り組み方針が後退し、その具体像を詰めるまでには至らなかった。

## 2 「地域協同組合化論争」——その背景と主要論点——

次に取り上げるのが、いわゆる「地域協同組合化論争」である。これは、1970年頃から起こった日本の総合農協の将来方向をめぐる議論の対立である。具体的には、あくまで農協を「農民」(現在は「農業者」)の協同組織であると規定した農協法第1条の理念を重視して、「職能組合」としての性格を堅持すべきであるとする論(職能組合論)と、これからの総合農協は、職能性から脱却して地域住民までも組織した「地域組合」に転化すべきであり、そのためには地域協同住民の積極的な准組合員加入を促し、最終的には正・准組合員の区別を廃止すべきであるとする主張（地域協同組合論）との間で繰り広げられた論争である。

この論争にはいくつかの背景がある。一つは、法制度面の問題である。しばしば指摘されるように、農協法第1条が「農民（当時）の協同組織」であるという職能的性格を定めながらも准組合員制度を認め営農面以外の事業の兼営を認めるなど、地域協同組合的な性格を定めるといった、職能性と地域性が混在する矛盾を内包していたことである。

二つは、実体面の問題である。１９６０年代後半頃から、大都市圏を中心にいわゆる「都市農協」問題が発生した。そこでは、正組合員農家の資格喪失、准組合員の増加、兼業や土地売却代金収入による貯金量の増大、営農関連事業の相対的縮小がみられた。こうした性格を有する都市農協の広がりによって、農協の性格を職能組合として規定することが難しくなったのである。

三つは、運動面（系統組織としての方針）における問題であり、前述した「生活基本構想」の策定が、農協の地域協同組合化への舵を大きく切ったことである。

さて、論争の代表的論者は、佐伯尚美氏（職能組合論）と鈴木博氏（地域協同組合論）であったが、[3]ここでは現代的に総合農協が抱える課題との関連で、佐伯が地域協同組合論に提示した論点に注目してみたい。それは、概ね次の3点に整理することができよう。

第1は、農協の結合原理（利害の共通性）をどこに求めるのか、という点である。そもそも、地域社会における異質な成員を組織することができる結合原理は存在するのか。居住地域を同じとする地域原理が、職能原理に取って代わることができるのか。さらには、異質な成員間の利害調整をどのようにはかるのか、という指摘である。

第2は、農協が総合事業として展開する各事業部門、特に非営農面の事業において、一般企業との競争に伍する可能性があるのか、という点である。非営農面の事業は、そのほとんどが一般企業との競争に直面しており、それに対応すべく事業ごとの専門性を求めていくならば、はたして農協は総合的な形態を維持できるのか、という指摘である。

第3は、農業者の結集組織としての有利性が、実際に維持できるのかという点である。とりわけ、少数者とならざるを得ない農業者の利益を農協運営に反映させていくこと、さらには、農業政策の遂行機関としての役割、それに伴う利便性を農協が確保できるのか、という指摘である。

### 3 「地域協同組合化論争」その後

論争は、実体としての総合農協が地域協同組合化の方向を進み、それを「不可避」とする考えも出るなど次第に収束していった。1980年代以降、農協の運動方針として「経営刷新」や合併問題等が重要なテーマになったこともあり、地域協同組合化の議論は影をひそめてしまったといえる。

地域協同組合化の論陣を張った鈴木は、後年、次のように論争を総括している。(4) そもそも、職能組合とは同業組合（同業者の共通の利益を守る事業のみを行う組合）のことであり、地域協同組合論は、「協同組合は同業組合ではない」ということを強く主張したに過ぎない。すなわち、農協は相互扶助の精神に基づいて活動や事業を行うための団体であり、業種・職種は違っても共通の目標に向かって地域社会におけるさまざまな協同活動や協同事業に関わるものである。したがって、「地域」そのものに特別な意味があるわけではない。さらに鈴木は、職能組合論は、経済的利害の同一性をもっぱら職能原理（組合員資格の限定）のみに押しつけたものであって、異なった職能・業種には「協同」が成り立たないとしたところに誤りがあるとし、改めて正・准組合員制度を撤廃し、すべての組合員に運営参加権を与えるべきとした。

こうして収束をみた論争であったが、現実の農協が准組合員比率を高めるとともに、協同組合間協同や非営利協同セクターとの連携が強調され新しい取り組み事例が生まれてくる中で、総合農協の将来展望に関する問題提起を行ったのが河野直践氏である。(5)

河野は、佐伯と鈴木によって行われた論争を踏まえて、現実的な協同組合セクターの展開方向を「産消混合型協同組織」という形態に活路を見出した。特に、現行の協同組合制度が消費者や生産者といった立場の同一性やメンバー利用度の均質性を想定していることに疑問を呈し、各地の事例にも基づきながら、①産消混合型の生協、②産消混合型の株式会社、③産消混合型の同人的会社、④労働者協同組合による農家・消費者の包摂、という四つの将来像を析出した。そして、総合農協も含めた協同組合を展望する基本視点として、①生産者と消費者との双方を組合員とする、②必要に応じて消費者組織や生産者組織も組合員になれるようにする、③事業従事者(労働者)も組合員になれるようにする、④組織内部での農産物の生産と消費および余剰分の組織外への販売を可能とする、といった諸点をあげた。さらに河野は、職能組合論は「視野狭窄」であるとする一方で、鈴木による地域協同組合論も「地域」を超えた人々の協同活動の必要性やその展開を位置づけることが困難になるという限界を指摘し、農協の産消混合型協同組合化、もしくは協同組合一般法の新規制定を積極的に検討すべきであると主張した。

このように河野は、早い時期から「生産者と消費者とが協力しあうしくみ」を実現する協同組織として「産消混合型協同組織」を積極的に位置づけることを提起し、地域の生産者(正組合員)と住民(准組合員)という問題設定を超えて、消費者や都市住民との協働の姿を展望したのである。(6)

## 4　現代的含意

以上みてきたように、「生活基本構想」の内容と「地域協同組合化論争」がその後の経過も含めて提示した諸論点は、現在ＪＡグループが総合農協の将来像として措定している「食と農を基軸として地域に根ざした協同組合」を考えるうえで重要な示唆を与えてくれる。特に、生活基本構想は、地域住民を准組合員として迎え入れることにより、くらしや地域社会の発展に貢献する機能を果たし、農協の地域協同組合としての性格を強めていこうとするものであった。しかし、上述の佐伯による論点提示があったにもかかわらず、農協においては、信用、共済をはじめとする事業量の伸長を目的とした准組合員の加入促進、２０００年代に入ってからは、員外利用制限問題への対応を目的とした准組合員の加入促進に結びついたことは否めない事実であろう。佐伯が示した点に即して言えば、第２の点（一般企業との競争）に対応するべく地域住民の准組合員化（顧客化）を促してきたが、第１の点（異質な成員を組織することができる結合原理）と第３の点（農業者の利益確保）に対する対応が不十分であったとみることができる。

ＪＡグループが「食と農を基軸とした地域に根ざした協同組合」をめざすのであれば、ＪＡ事業で結びついた准組合員を積極的に位置づけ、河野らが展望した食と農（産地と消費者）が融合した協同組合像を実現するための事業や活動のしくみを明らかにすべきであろう。その際にまず問われることは、総合事業から生み出される強みの発揮とその実現条件であると考えられる。そこで次節では、この点について検討していきたい。

## 第3節　農協の総合力発揮の論理とその条件

### 1　総合力発揮の論理

総合農協の強み、すなわち農協の総合力とは、農協が複数の事業を兼営していることから生じる経済的効果であるとされてきた。このことを経済学では「範囲の経済効果」と呼ぶことがある。例えば、一つの企業経営において複数の製品を同時に生産・販売した場合、それぞれの製品を別々に生産・販売する場合よりも費用が削減されること、つまり複数の製品を同時に生産・販売することにより両者に共通でかかる費用が削減されることをいう(7)。

これを総合農協にあてはめて考えた場合、典型的な例は農畜産物の販売事業を通じてその販売代金が組合員の貯金口座に振り込まれることにより、信用事業における貯金の吸収コストや購買事業における未収金回収のためのコストが節約できることである。こうした効果の発揮のためには営農指導事業の有効な実施があると考えられ、この点は、信用や共済事業も含めた生活関連事業と生活指導事業との関係についても同様である。こうした総合農協における範囲の経済効果、すなわち総合力発揮の条件として長年存在していたのがコメに代表される食糧管理法（食管法）に基づく事業方式である。

しかし現代の農協においては、上述の複数事業の兼営による共通的なコストの削減という意味での総合力発揮は困難になりつつある。食管法廃止に代表される伝統的な事業方式の後退（撤廃）、農協内部における事業部門ごとの組織の縦割り化の進展と事業別に専門化する連合会の存在、さらには２０００年以降強く要請されてきた事業部門別の採算性確立やコンプライアンス重視のもとで強まりつつある事業組織の閉鎖性の進展などは、伝統的に考えられてきた総合力発揮の条件を根底から崩壊させつつあると言っても過言ではない。

もちろん、総合農協の存在は今日的にも重要な意味を持つ。2015年秋に開催された第27回JA大会の決議にも示されているように、農協が多くの領域にわたって事業や活動を展開しながら組合員や地域住民にサービスを提供していることは、企業や行政では実現できない地域のくらしを維持するための「生活インフラ機能」を果たしていることには間違いない。ただし、それはあくまで必要条件である。つまり、総合農協という形態そのものが農協の存在意義を持続的に高めていくわけではない。求められているのは、農協関係者が意識的に総合力発揮に向けた条件づくりを行うことである。

実は、上述した「範囲の経済効果」は、複数の事業が完全に実施されることによって生じる「相補効果」(コンプリメント効果)と呼ばれるものであるが、これとは別に、経営に関する情報・技術さらには人材といった資源が複数の事業において多重に利用されることによって経営諸資源の有効利用がはかられる経済効果がある。これを「相乗効果」(もしくは「シナジー効果」)、あるいは「範囲の経済効果」と区別して「連結の経済効果」と呼ぶことがある。(8)

このことを総合農協にあてはめると、組合員が一つの事業を利用することを通して他の事業に関する情報を獲得して関心を持ち理解を深め、実際に利用に至ることがある。例えば、農産物直売所の利用者が地域の農業や食の問題に関心を持つようになり、直売所施設を利用して食農教育活動が展開されることである。つまり、「範囲の経済効果」(相補効果)が、主として共通費用の削減というインプットの側面に重点が置かれているのに対して、「相乗効果」(シナジー効果)あるいは「連結の経済効果」の考え方は、アウトプット、すなわち利用者(組合員)の満足度の向上(広い意味での利益の獲得)に重点が置かれた考え方である。

このように考えると、農協がいわゆる「効率性基準」(事業の展開に際して投入したコストに対してどの程度成果が得られたか）に偏ることなく「有効性基準」（事業の展開を通して広い意味での組合員の経済的利益がどれだけ満たされたか）も視野に入れた経営を行うことが重要であり、農協の総合力発揮の今日的課題を「連結の経済効果」の発揮であると捉えたうえで、そのための条件を整えることに創意工夫が必要である。特に、農協の正組合員が大規模農家、零細兼業農家さらには土地持ち非農家へと分化し、「地域農業の応援団」や「地域振興の主人公」として位置づけるべき准組合員の利用実態の多くが特定の事業のみに限定されているという状況を考えれば、情報・技術・人材をはじめとする経営資源の共有に基づく複数事業利用への深掘りが急務の課題である。それでは、こうした課題に取り組むために求められていることは何か。以下、若干の事例をもとにして考えてみたい。

## 2　総合力発揮のための条件――「事業ネットワーク戦略」を通じた組合員満足度の向上――

協同組合が発揮すべき総合力を「連結の経済効果」（シナジー効果）であると捉えたうえで、「事業ネットワーク戦略」を核とした経営を展開しているのが福井県民生協である。[9] こうした当生協の考え方は、県の経営品質知事賞を受賞した２００５年に策定された第７次中期計画において具現化され、その後「食の安全とくらしの安心で組合員へのお役立ち」と「組合員の満足と、地域社会のために」を基本理念とし、「組合員の満足と地域社会のために『食と福祉と助け合い』の事業と活動のネットワークによる『シナジー効果』を発揮し、健康長寿で安全・安心な福井づくりに組合員と職員の協同の力で高い意思を持って挑戦し続ける」（第８次中期計画：２０１０年～14年）と定められた。

この背景には、組合員に対して無店舗（宅配）、店舗、共済、福祉をそれぞれ事業別に組合員の満足度向上をめざすのでは総合力の発揮が不十分ではないかという関係者間での認識の共有があり、従来の考え方が修正された。すなわち、組合員（その家族も含めて）の複数事業の利用を促すためにライフスタイルを十分に把握し考慮に入れたうえで、それに応じた事業対応（組合員に対する「お役立ち」）をはっきりと明示した（図3－1参照）。そこでは、生協事業の特色である食の分野を基盤としながら、無店舗（宅配）事業や店舗事業を使って組合員の食を支援し、組合員のライフスタイルに応じて、子育て支援事業、共済事業、介護事業を展開する。その際、単に事業分量やその場限りの満足度（図の縦軸）のみを目標にするのではなく、一般企業にはない協同組合事業の特色を〝組合員の生涯にわたるくらしを応援する事業〟と明確化し、年代（図の横軸）を掛け合わせた面積を広げていくことを重視することによって「連結の経済効果」（シナジー効果）の発揮をめざしているのである。

こうした効果発揮のための条件としてまず必要なことは、組合員とその家族に関するくらしの情報・ニーズを的確に把握し、これらの蓄積（データベース化）をはかることである。そのうえでさらに求められることは、組合員が協同組合の事業や活動およびその背後にある理念に共感して双方に信頼の関係が構築されることである。

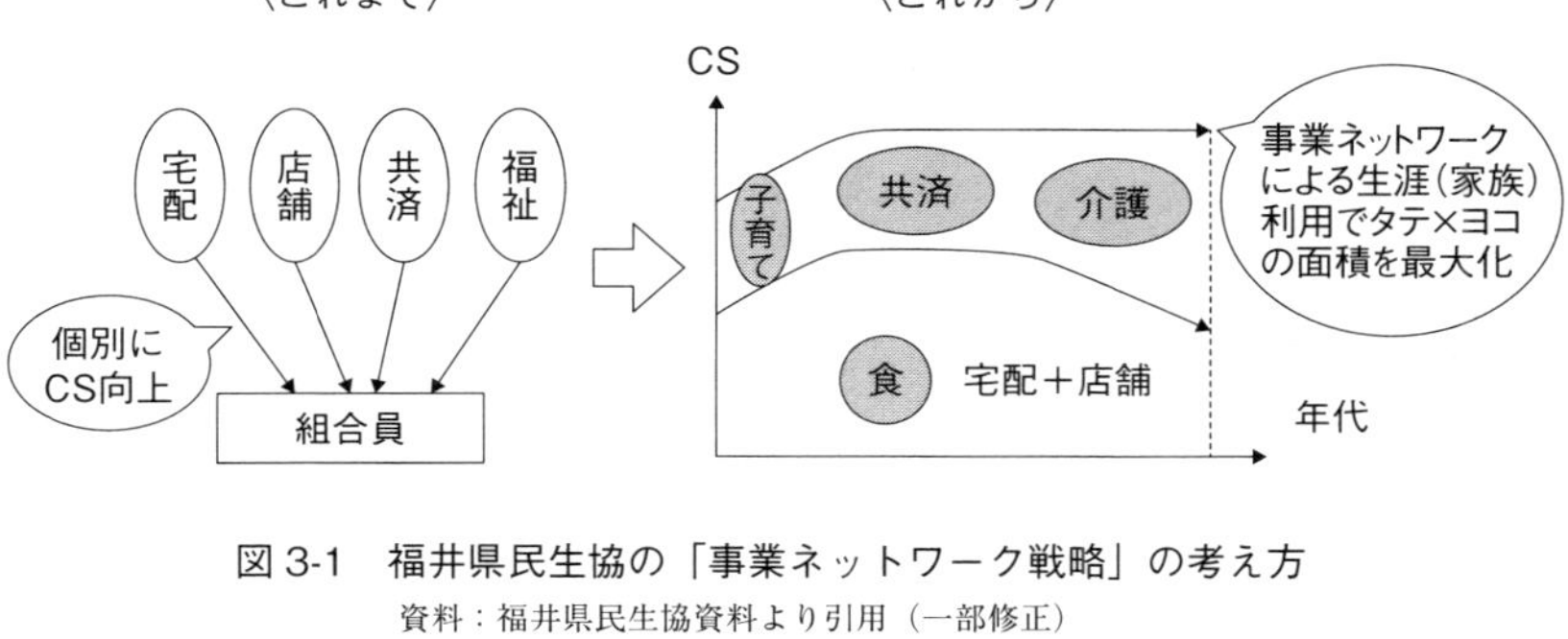


図 3-1　福井県民生協の「事業ネットワーク戦略」の考え方

資料：福井県民生協資料より引用（一部修正）

## 第4節　ＪＡグループの対応方向――総合農協として「地域の活性化」にどう取り組むか――

農協批判の潮流に抗し、農協が協同組合としての役割を果たしていくためには、これまでＪＡグループが掲げてきた方針や理念を今一度確認しながら、日本の農業およびそれにかかわる食料問題と地域・くらしの将来ビジョンを相互に関連づけながら明確にし、具体性のある実行方策とそれに貢献するために農協がめざすべき姿をリアルに描き、それを地道に実践していくことに尽きるであろう。

この点に関連して第27回ＪＡ全国大会の決議では、「農業者の所得増大」と「農業生産の拡大」が「自己改革の最重点課題」として位置づけられ、すべての農協が取り組むべき課題とされ、それは今回の大会においても引き継がれる予定である。しかしながら、これからのＪＡグループがめざすべき姿が「食と農を基軸として地域に根ざした協同組合」であるならば、大会決議において「農業者の所得増大」と「農業生産の拡大」と並んで「基本目標」の一つとされている「地域の活性化」も、当然すべての農協が取り組むべき課題である。なぜならば、「自己改革」がめざす方向が「農業者所得の増大」や「農業生産の拡大」に特化し専門的で高度な営農企画機能と営農経済事業の展開のみを求めていくならば、ＪＡグループは農業専門事業体としての機能を強化しなければならなくなる。それはとりもなおさず、地域の農協が農業専門的な性格に向かうことになり、それが准組合員不要論、ひいては総合農協解体論にもつながりかねないからである。その意味で、農協が総合農協としての役割を果たすためには地域の活性化にどこまで取り組めるかが試金石となる。

地域の活性化とはやや曖昧な概念であるが、自然環境・地域資源の保全と持続的な活用を前提としながら、ヒト、モノ、カネ、情報等が地域の中で関わり合い、つながり合うしくみを創りながら、地域の維持・発展をめざす取り組みである。農協にあてはめて考えれば、農協が歴史的に培ってきた人材、地域の特産物や施設、事業実施のノウハウ等を活かし、組合員や地域住民が有するニーズ・情報を適確に把握しながら「安心して暮らせる豊かな地域社会」を築く（「JA綱領」二つ目の主文）ことと捉えることができる。

そこで、第27回大会の決議においては「『地域の活性化』への貢献」として多くの内容が盛り込まれているが、それらは①総合事業を通じた生活インフラ機能の発揮、②「JAくらしの活動」を通じた地域コミュニティの活性化、③「地方創生」への積極的な参画の3点にほぼ集約される。①については、言うまでもなく農協は、営農経済に加えて生活購買、信用、共済、福祉等さまざまな事業を各地で展開しており、これらの事業は農家正組合員だけではなく地域住民が必要としているものも多い。この点で農協は、民間企業や行政にはできない地域・くらしの維持機能を果たしており、このことが総合農協の存立条件となっている。ただし、先に述べたように、これはあくまで必要条件であり、農協関係者が意識的に地域のくらし維持機能の発揮に向けた条件づくりを行うことが重要である。

この条件づくりこそが、②の「くらしの活動」の展開であるといえよう。そもそも、それまでの「生活活動」から「くらしの活動」の展開へと舵を切った背景には、21世紀に入っていわゆる「構造改革政策」の歪が生じた結果、「老後の心配」「医療・福祉」「食料」と並んで「地域格差」問題に不安を感じる国民が増えているという点にあった（JA全中『JAくらしの活動～必要性と取り組み～』２００８年8月発行）。そこでは、組合員や地域住民（およびその家族）をめぐる生活問題解決に向けた活動にとどまるのではなく、地域において組合員や地域住民間の世代や属性を超えたつながりを創り、くらしの課題を解決する活動を農協が応援・促進していくことを目的としてくらしの活動が定められた。したがって、地域における組合員等による自主的な協同活動を、農協が持つ人材・施設やノウハウなど有形・無形の経営資源や既存の事業を通して応援していくことが重要である。あるいは逆に、准組合員に典型的な特定の事業利用者に対して活動参加を促し、農協はもとより地域農業や食への理解者を増やしていくことも必要である。すなわち、くらしの活動の展開を通して、事業利用者や活動参加者の満足度を向上させる（広い意味での利益を獲得する）「連結の経済効果」（シナジー効果）発揮のための条件づくりを行うことが求められている。

このように考えると、農協によるくらしの活動を核とした地域活性化の取り組みは、一部の担当者が該当する活動を毎年消化すればよいというものではない。すべての職員が、組合員や地域住民に協同組合としての農協の考え方、それに基づく農協の活動等に関する情報を提供すると同時に組合員が有するくらしに関わるニーズを把握して、しかるべき事業や活動分野につないでいくことが必要であり、このことによって農協に対する理解や共感を得ながら組合員の満足度を高め、事業や活動の深化をはかることが重要になる。

注

（1）叶芳和『農業先進国型産業論　日本の農業革命を展望する』、日本経済評論社（1982年）262～263頁。なお、こうした一連の「農協批判」の経過については、拙著『いまＪＡの存在価値を考える「農協批判」を問う』家の光協会、2010年も参照。

（2）本章は、次の拙稿をベースにしている。あわせて参照されたい。北川太一「総合農協の意義と存立条件を改めて問う」『協同組合研究誌　にじ』2016臨時増刊号（2016年9月）、北川太一「総合農協の役割発揮と将来展望を考える――総合農協の『地域協同組合化』をめぐる議論をもとに――」『協同組合研究誌　にじ』2017臨時増刊号（2017年9月）。

（3）代表的な論稿として、佐伯尚美「地域組合化論を批判する」『地上』第25巻第2号（1971年2月）、鈴木博「都市農協問題と『地域』協同組合論――『地域組合論』批判の検討を中心に――」『農林金融』第26巻第8号（1973年8月）がある。以下の記述も、主としてこれらの論稿に基づいている。

（4）鈴木博「地域協同組合化論争の終焉」『長崎県立大学論集』第30巻第4号（1997年3月）を要約した。

（5）以下では、河野直践「現代日本農業論・協同組合論における『産消混合型協同組合論』問題——鈴木博『地域協同組合論』の先にあるもの——『長崎県立大学論集』第30巻第4号（1997年3月）の記述によった。

（6）河野の一連の主張とも関連して、本野一郎は、「農業＋食料＋自然環境」を包摂した考え方としての「たべもの」を前面に出し、そこに多くの人々が結集できるような「たべもの協同組合」の構築に農協はチャレンジすべきであると主張した。本野『いのちの秩序　農の力——たべもの協同組合への道』コモンズ（2006年）、第3章。

（7）この点については、北川太一・柴垣裕司編著『農業協同組合論（第3版）』ＪＡ全中（2018年）63～64頁を参照。

（8）例えば、宮澤健一『制度と情報の経済学』有斐閣（1988年）第3章を参照。

（9）こうした福井県民生協の取り組みについては、拙稿「協同組合による地域再生への関与と参加問題」『協同組合研究誌　にじ』No.637（2012年春号）などを参照。

# 第Ⅱ部　事業のあり方と組合員

第4章

# 農協の経済事業と連合会組織のあり方

小池恒男・津田　将

## はじめに

本章では、プラザ合意からWTO発足の10年間に準備され、その後に本格化した「上からの2段階制への移行」、そしてその後を追って本格化しつつある1県1農協という形で進む「下からの2段階制への移行」の二つの流れを確認する（第1節）。

第2節では、規制改革推進会議の「農業・農協に関する意見」、『農林水産業・地域の活力創造プラン』の提起する「全農改革」の全農の株式会社化、生産資材購買の縮小、国際水準への価格引き下げ、販売事業は直接販売、買取販売に、子会社化の推進、輸出体制の強化等々の一律の改革の提起の内容を明らかにする。第3節では、組織の再編・統合のもと全農のガバナンスがどうなっているのかについて検討する。第4節では、グループ会社、持株会社（ホールディングス）など、先陣を切ってさまざまな自己改革を実践してきたＪＡさがを事例に、ＪＡさがが取り組む加工事業および子会社化の取り組みについてみる。

第5節では、全農及び農協グループの農業関連事業にかかわる自己改革の課題と今後の展開方向について提起する。

## 第1節　組織の再編・統合の動きをどうとらえるか

1985年のプラザ合意から1995年のWTO発足の10年間は、「日本の高度経済成長→日米貿易問題の激化→日米2国間調整→冷戦の終結→グローバル化の急進」という戦後農政の大きな流れの節目になった10年間であった。

そのなかにあって、1988年の第18回全国農協大会が「3段階制の見直しを含む組織・事業システムの革新」をうたい、1991年の第19回全国農協大会で「農協の組織・事業・経営は画一的3段階制から、原則として〝農協―統合連合会〟の2段階制へ」を決議して、はじめて2段階制への移行を組織決定した点を確認しておきたい。

その後2003年に、農協のあり方についての研究会『農協改革の基本方向――「農協のあり方についての研究会」報告書――』（3月）が出され、それを受けてのJA全中（全国連検討チーム）『経済事業改革の指針（協議案）』（4月）が出された。その『全農バージョン』（事業改革委員会策定）において以下の記述がなされた。

「平成15年4月には35都府県本部との統合が実現し、統合連合の姿がほぼ見通せる段階になった。そこで、合併JAに対し、統合効果の発揮・統合メリットの還元を可能とすべく、統合連合のあり方について抜本的に見直す時期に至っている」。そして、

一　全国本部・都府県本部の一体的運営を強化し、全会的な基本方針に基づく重点化した事業展開と経営体質の強化を追求する

二　事業の広域化・県域一体化や会社化による実質的な事業2段階を実現する

という二つの今後の方向を打ち出して、事業2段階制の実現を強調した。

そしてさらにその後、WTOの発足（1995年）に象徴される本格化するグローバル経済体制のもとで、全農と経済連の統合（1998年）、共済連と全共連の一斉統合（2000年）、県信連の農林中金との統合（2002年）と、県連合会の経営基盤の弱体化にともなう上からの組織の再編・統合、二段階制への移行の動きが顕在化した。その経過を以下の年表で確認しておきたい。

《グローバル化経済と農協系統組織の再編・統合、二段階制への移行のプロセス》

1985（S60）年　プラザ合意なる

1986（S61）年　『国際協調のための経済構造調整研究会報告』。いわゆる「前川レポート」の提出（7月）

1987（S62）年　日本国民1人当たりGDP（名目国内総生産）アメリカ抜く、アメリカでの日本脅威論強まる

1988（S63）年　第18回全国農協大会「21世紀を展望する農協の基本戦略」で農協組織整備の画期的な方針を打ち出す。4072農協（1988年3月末）を21世紀までに1000農協に、大会文書で初めて「3段階制の見直しを含む組織・事業システムの革新」をうたう（12月）

1989（H01）年　円高・内需拡大好況によるバブル景気（3月）
・ベルリンの壁、崩壊（11月）
・マルタで米ソ首脳会談（ブッシュ大統領、ゴルバチョフソ連書記長）、「米ソ関係は新しい時代に入り、冷戦は終結した」と宣言した（12月）
1989（H01）～1990（H02）年　日米構造協議、1990年6月最終報告のとりまとめ
1991（H03）年　牛肉、オレンジ自由化
・ゴルバチョフ大統領、ソ連共産党の解体を勧告（ソ連解体）
・第19回全国農協大会「農協・21世紀への挑戦と改革」で農協の組織・事業・経営は画一的3段階制から、原則として「農協―統合連合会」の二段階制へ、を決議（9月）
1992（H04）年　農水省、「新しい食料・農業・農村政策の方向」を決定（いわゆる「新政策」）（6月）
1993（H05）年　新政策関連三法案（農業経営基盤強化促進法―利用増進法の廃止、農地制度・政策の構造政策化、「効率的かつ安定的な農業経営」の法定化、認定農業者制度の創設、特定農業法人制度の創設、農協による経営の容認、法人化要件の緩和）、特定農山村活性化法等（6月）
1994（H05）年　政治改革4法案成立、小選挙区制の導入（1月）
・UR農業合意、細川首相、記者会見で米の部分開放受け入れを表明（12月）
1995（H07）年　WTO発足（1月）
・ミニマムアクセス米の受け入れ、米の自由化
1997（H09）年　金融危機
1998（H10）年　全農と3経済連（宮城、鳥取、島根）が合併。その後、同様の県本部は34都府県に広がっ

て現在に至っている。

1999（H11）年　全国初の1県1農協、JAならけん発足。その後、同様の1県1農協は4県に広がって現在に至っている（他に準1県1農協として佐賀）。

2000（H12）年　47都道府県、共済連と全共連が一斉統合（4月1日）

2001（H13）年　信用事業再編強化法（JAバンク法）の制定

2002（H14）年　宮城県信連、多額の不良債権を抱え経営危機に直面。主な事業を農林中金に統合して、農林中金宮城県本部となる（10月15日）。その後、同様の県本部は9県に広がって現在に至っている。

2003（H15）年　農協のあり方についての研究会『農協改革の基本方向──「農協のあり方についての研究会」報告書──』（3月）

一方、1県1農協は1999年奈良、2000年香川、2002年沖縄、2007年佐賀と続いた後、2013年3月に日銀によって打ち出された「量的・質的金融緩和」、2016年2月のマイナス金利の導入、2017年9月の各農協への手数料率の提示、2018年に入っての各県信連等への還元利率の3年で0・6%程度から0・4%程度への引き下げ（奨励金の圧縮）等々の流れの中で顕在化している農協の経営基盤の弱体化に根差した、新たな下からの2段階制への移行の動きの強まりということになるであろう（2015年島根）。

つまり長い目で見れば、上からの、そして下からの組織の再編・統合、2段階制への移行という大きなプレートの動き（地殻変動）の中にあるということになるであろう。

## 第2節　規制改革推進会議の「農業・農協に関する意見」、『農林水産業・地域の活力創造プラン』にみる「全農改革」の確認

範囲の経済、規模の経済、あるいはまた集権化、分権化をめぐっての角逐に直面して複雑をきわめてはいるが、農協改革はこれまでにおいても時間をかけて、弾力的な組織再編、組織改革を着実に進められてきた。改革は柔軟で弾力的でないと組織・事業を殺してしまうことになりかねないが、最悪のことながら周知のように「農協改革」は一律の改革を迫っている。その一例を規制推進会議の「農業・農協に関する意見」や、『農林水産業・地域の活力創造プラン』の「全農改革」について、主として以下の四つの文書に基づいて確認しておきたい。

（1）2014（H26）年05月14日の規制改革会議農業ワーキング・グループの「農業改革に関する意見」

（2）2014（H26）年06月24日、『農林水産業・地域の活力創造プラン』の改訂（第一次）、付加された別紙2「農協・農業委員会等に関する改革の推進について」

（3）2016（H28）年11月11日、規制改革推進会議農業ワーキング・グループの「農協改革に関する意見」

（4）2016（H28）年11月29日、『農林水産業・地域の活力創造プラン』の改訂（第二次）、別紙「農業競争力強化プログラム」

これらの四つの文書から「農協改革」の主なポイントは表4－1のように整理、要約される。要点1の全農の株式会社については、農業ワーキング・グループの「農業改革に関する意見」はずばり「グローバル市場にお

表 2-1 「農協改革」の具体的な内容

| 要点 | 農業WGの「農業に関する意見」「農協に関する意見」 | 『農林水産業・地域の活力創造プラン』第1次改訂、第2次改訂 |
|---|---|---|
| 1　全農の株式会社化 | ずばり株式会社化 | 前向きに検討 |
| 2　生産資材購買 | 1年以内に「共同購入の窓口」に徹する組織に転換.それを | 国際水準への価格の引き下げ |
| 3　販売事業 | 1年以内に委託販売を廃止して、全量を買取販売に転換 | 中間流通業者への販売から、実需者・消費者への直接販売中心にシフト、委託販売から買取販売への転換 |
| 4　子会社化（農協グループの拡大） | 流通関連企業の買収を推進 | 流通関連企業の買収 |
| 5　農産物の輸出 | 輸出先の国ごとに商社と連携して、合弁会社の設立、業務 | 国ごとに商社等と連携した販売体制を構築 |

資料：4つの文書に基づいて筆者が作表

ける競争に参加するため、全農を株式会社に転換し、バリューチェーンの中で大きな付加価値を獲得できる組織としての再構築を図る」と言い切っている。これに対して『創造プラン（第一次改訂）』は「独占禁止法の適用除外がなくなることによる問題の有無等を精査して問題がない場合には、株式会社化を前向きに検討する」としている。

要点2の生産資材購買については、農業ワーキング・グループの「農協改革に関する意見」は、「従来の生産資材購買事業に係る体制を1年以内に新しい組織（共同購入の窓口に徹する組織）へと転換し、人員の配置転換や関連部門の生産資材メーカー等への譲渡・売却を進める。購買事業を担ってきた人材は、今後、注力すべき農産物販売事業の強化のために充てる」として、この事業から実質的に撤退することを提起している。これに対して『創造プラン（第二次改訂）』は、生産資材価格の「国際水準への引き下げを目指す」としている。

要点3の販売事業については、農業ワーキング・グループの「農協改革に関する意見」はずばり、「1年以内に委託販売を廃止し、全量を買取販売に転換すべき」と言い切っている。これに対して『創造プラン（第二次改訂）』は、「中間流通業者への販売中心から、実需者・消費者への直接販売中心にシフト」「委託販売から買取販売へ転換」としている。

要点4の子会社化（農協グループの拡大）については、農業ワーキング・グループの「農協改革に関する意見」は、「農林中金と密に連携して、実需者・消費者への安定した販売ルートを確立している流通関連企業の買収を推進すべきである」としている。これに対して『創造プラン（第二次改訂）』は、「必要に応じ、販売ルートを確立している流通関連企業を買収」としている。

要点5の農産物の輸出については、農業ワーキング・グループの「農協改革に関する意見」は、「輸出先の国ごとに商社と連携して実践的な販売体制を構築すべき（合弁会社の設立、業務提携）」としている。これに対して『創造プラン（第二次改訂）』は、ほぼ同じく、「国ごとに、商社等と連携した販売体制を構築」としている。

最後に、改革推進への取り組みをめぐっての評価として、農業ワーキング・グループの「農協改革に関する意見」は、「改革の着実な推進がみられない場合には、真に農業者のためになる新組織（第二全農）の設立の推進に向けて国はさらなる措置を講ずべき」としている。これに対して『創造プラン（第二次改訂）』は、「農協改革集中推進期間に十分な成果が出るよう年次計画を立てて取り組む」としている。

## 第3節　全農の組織と事業にかかわるガバナンスはどうなっているか

本節では、組織の再編・統合のもと全農のガバナンス、それと密接に関連する農業関連事業をめぐるガバナンスがどうなっているかについて検討する。

### 1　組織の再編・統合の経過と現状

はじめに、全農の組織の再編・統合の経過について確認しておきたい。その経過は以下の資料4－1に示す

## 資料4-1　全農と経済連の合併ならびに県本部廃止の経過

| | |
|---|---|
| 1998年10月 | 宮城、鳥取、島根、全農県本部に統合（3） |
| 1999年10月 | 奈良県経済連を奈良県農業協同組合（ＪＡならけん）が事業継承（合併には含めない） |
| 2000年04月 | 東京、山口、徳島、全農都県本部に統合（3、累積6） |
| 2001年03月 | 青森、山形、庄内、栃木、千葉、山梨、長野、新潟、富山、石川、岐阜、三重、滋賀、京都、大阪、兵庫、岡山、広島、高知、福岡、長崎、全農都府県本部に統合（21、累積27） |
| 10月 | 香川県農業協同組合（ＪＡかがわ県）、香川県経済連の事業を継承（合併には含めない）。2000年04月に県下の2農協を除く43農協が合併。2003年にはＪＡ高松市が、2013年04月にはＪＡ香川豊南が合併して名実ともに1県1農協となる。香川県農業協同組合（ＪＡ香川県）（合併には含めない） |
| 2002年04月 | 岩手、秋田、茨城、群馬、埼玉、大分、全農県本部に統合（6、累積33）・沖縄県農業協同組合（ＪＡおきなわ）、県下の27の全農協を統合して発足）、沖縄県農協が沖縄県経済連の事業を継承（合併には含めない） |
| 2003年04月 | 福島、神奈川、全農県本部に統合（2、累積35） |
| 2004年04月 | 愛媛、全農県本部に統合（1、累積36） |
| 2007年10月 | 佐賀県経済連をＪＡさがが事業継承（合併には含めない。残りの3農協に対する経済連の機能を保持） |
| 2008年04月 | 山形県本部と庄内本部が統合（累積35） |
| 2015年03月 | ＪＡしまね発足にともない島根県本部を廃止（累積34）（合併には含めない） |

資料：全国農業協同組合連合会『全農レポート2017』2017年10月、他

とおりである。資料から明らかなように、組織の再編・統合の動きは大きくは、各県の経済連の全農への統合（合併）、道県地域経済連、経済連事業の1県1農協への事業継承の三つの流れということになるが、その都道府県別に整理してみているのが表4－2である。これによれば、全農・県本部が34都府県、道県地域経済連が8道県、県農協が5県となっていて、これが農協グループの農業関連事業にみる系統組織の3形態である。これを三つの類型ということで整理しているのが表4－3であり、これを図示しているのが図4－1である。いずれも基本的には、類型Ⅰ「全農・県本部」（34都府県）、類型Ⅱ「道県8地域経済連」（8道県）、類型Ⅲ「県農協」（5県）の3類型である。

類型の亜種としてあげた類型Ⅰの大分は、大分県農協が他の4農協に比べて突出して大きく、しかも名称が県農協になっているが、佐賀県農協とは異なり、経済連事業を継承しているわけではなく、大分県経済連を存置していて、これに対する関係は大分県農協と他の4農協とは対等であり、異なるところはない。

### 表4－2　全農都府県本部、道県地域経済連、県農協の都道府県構成（三者構成一覧）

| | 全農都府県本部 | 道県地域経済連 | 県農協 | 合計 |
|---|---|---|---|---|
| 都道府県 | 青森、岩手、宮城、秋田、山形、福島、<br>茨城、栃木、群馬、埼玉、千葉、東京、<br>神奈川、山梨、長野<br>新潟、富山、石川、岐阜。三重、滋賀、<br>京都、大阪<br>兵庫、鳥取、岡山、広島、山口、徳島、<br>愛媛<br>高知、福岡、長崎、大分<br>（34都府県本部） | ホクレン、静岡、愛知、福井<br>和歌山、熊本、宮崎<br>鹿児島<br>（８道県地域経済連） | 奈良、島根<br>香川、（佐賀）<br>沖縄<br>（５県農協） | （47） |

資料：全農『全農レポート2016』『同2017』
注１）佐賀の（）は、県農協が未合併の３農協に対する経済連機能の保持を示している。

### 表4－3　農協の農業関連事業にみる系統組織の３形態と段階制

| 分類 | 類　型　名 | | 段階制 | 計 |
|---|---|---|---|---|
| 類型０ | 原型 | | ３段階 | |
| 類型Ⅰ | 全農と33都府県経済連の統合（全農・県本部） | 33 | ２段階 | 34 |
| Ⅰ´ | 類型Ⅰの亜種（統合連合会）　大分 | 1 | | |
| 類型Ⅱ | 道県地域経済連 | 8 | ３段階 | 8 |
| 類型Ⅲ | 県農協（奈良、沖縄、香川） | 3 | ２段階<br>＊<br>＊ | 5 |
| Ⅲ´ | 類型Ⅲの亜種１　佐賀 | 1 | | |
| Ⅲ´´ | 類型Ⅲの亜種１　島根 | 1 | | |
| 合　計 | | | | 47 |

注１）「佐賀県経済連を県農協「ＪＡさが」が事業継承。ただし、残りの３農協に対する経済連の機能を県農協が保持）。そういう意味において部分的に３段階を残している点に留意。
２）島根は全農県本部に広域機能と物流を残し、営農・販売・生産資材購買の一部を県農協に事業継承している。

類型の亜種としてあげた類型Ⅲ´の佐賀は、佐賀県経済連を県農協「ＪＡさが」が事業継承。ただし、残りの3農協に対する経済連の機能を県農協が保持しており、この点においてここにあっては厳密には部分的に3段階を残しているということになる。類型の亜種としてあげた類型Ⅲ´´の島根は、全農県本部に広域機能と物流を残し、営農・販売・生産資材購買の一部を県農協に事業継承している。したがってここにあっては佐賀のケースとは異なり、事業2段階は貫かれている。

以上で明らかなように、経済事業をめぐる農協グループの組織の再編・統合の特徴は、一つには、異質の組織構成（3類型の混在）、二つには、部分的に3段階制を残しつつ進展する2段階制への移行という2点である。

図4-1　農協の経済事業にみる系統組織の三者構成
（全農・県本部－経済連－農協）と段階制

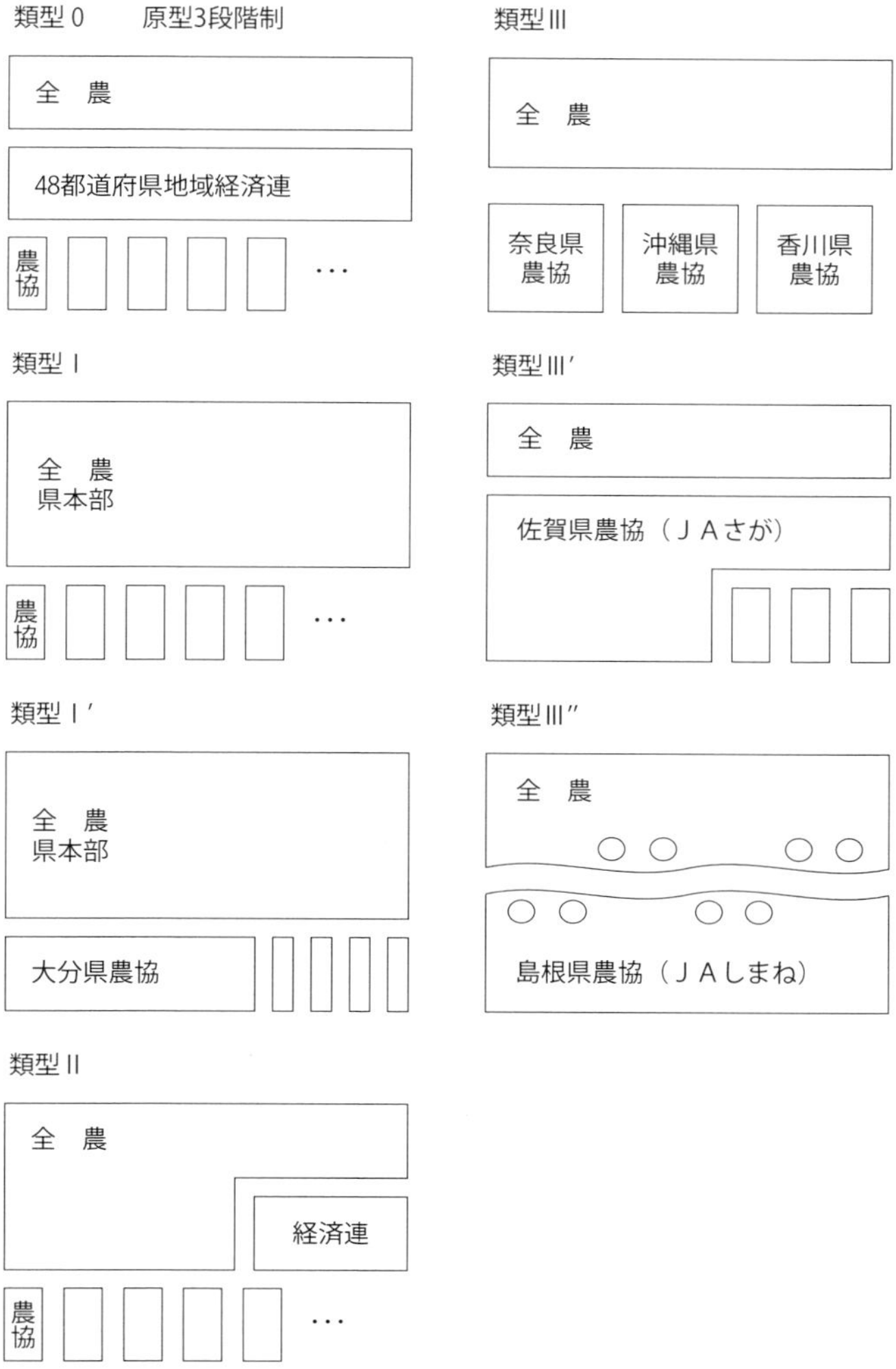

## ２　経営管理委員会にみる全農のガバナンス

規制改革推進会議の「農協改革に関する意見」（２０１６年11月）や『農林水産・地域の活性化に関する創造プラン（第二次改訂）』（２０１６年11月）の「農協改革」には、いわゆる組織・運営面におけるガバナンスについての言及がほとんどない。事業を技術的、形式的側面のみでとらえ、その技術的、形式的改変のみを論じていて、民主性と効率性の実現をめざす組織と運営のあり方を問うガバナンスについての正当な提起はない。

数少ない言及を拾ってみると、たとえば「農協改革に関する意見」には、生産資材や農産物販売の「改革を進めるため、全農は、役職員の意識改革、外部からの人材登用、組織体制の整備等を行うべきである」「全農も協同組合の組織である間は、農業者の代表が運営するという組織であることを明確にするため、全中と同様、選挙で会長を選出すべきである」との記述がある（３頁）。『創造プラン（第二次改訂）』もまた、生産資材の買い方や農産物の売り方についての「自己改革を進めるため、役職員の意識改革、外部からの人材登用、組織体制の整備を行う」と述べている（６頁）。具体的な提案は「外部からの人材登用」であるが、[1]「役職員の意識改革」「組織体制の整備」は抽象的で具体的な意味内容をともなっていない。[2]

これに対して全農の『「農林水産業・地域の活力ある創造プラン」に係る本会の対応』（２０１７年３月）で、自己改革の対応策を「会員・組合員から支持され、かけがえのない存在であり続ける組織の概要はどうあるべきか」「今後のわが国農業の持続的な発展に資するために社会に向かってどのような働きかけ方をすべきか」の二つの観点に立って策定したとしている点は大いに注目される。また、全農の『全農レポート２０１７』が初めてコーポレートガバナンスのページ（62頁）を設けた点、さらに管理機構の中に新たにガバナンス委員会を設置した点も大いに注目される。しかしこれもいまだ、十分に具体的な内容をともなったものにはなっていない。

表４－４　経営管理委員会の３類型別にみた委員の選出状況

| 年度 | 全農・県本部 | | | 道県地域経済連 | | | 県農協 | | | 員外 | 合　計 | | |
|---|---|---|---|---|---|---|---|---|---|---|---|---|---|
| | 選出 | 母数 | B/A | 選出 | 母数 | B/A | 選出 | 母数 | B/A | | 選出 | 母数 | B/A |
| 2016 | 10 | 34 | 29% | 2 | 8 | 25% | 3 | 5 | 60% | 5 | 15 | 47 | 32% |
| 2017 | 11 | 34 | 32 | 2 | 8 | 25 | 2 | 5 | 40 | 5 | 15 | 47 | 32 |

資料：表『全農レポート2017』61頁
注１）県農協の母数には佐賀を含む（パーフェクトの１県１農協は４県）

原型３段階制のもと、１９９８年に端を発した組織の再編・統合は２０１５年の島根の県農協にまで至り、18年かけて全農・県本部における34都府県と、８道府県地域経済連と５県農協という13の会員という全農の異質の組織構成、２段階制と３段階制の混在という今日の姿を形づくってきた。それが目指した内容のものであったのか、異なるものであったのかは別として、すでに第１節でみたように、１９９１年の第19回全国農協大会で組織決定した「２段階制への移行」という組織決定に鑑みれば、上からの２段階制（34都府県）、下からの２段階制（５県）と合わせて２段階制は39の都府県に及んだわけであり（83％）、そしてさらに今後もその方向で動いていくことが確実視される。そういう意味で問われるのは、この組織の再編・統合が、今日、全農が直面している行政や規制改革推進会議に振り回されずに、自主独立の組織運営、事業展開を目指す上で求められる全国の組織会員に定期的に実態を報告し、評価を求め、意見（提案）を受けて改革を進めるというより豊かなガバナンスづくりに向けての取り組み如何である。

全農の組織運営の根幹は一言でいえば、「最高意思決定機関として総代会があって、日々の業務に関しては経営管理委員会で諮って、理事会が執行する」ということであろう。その経営管理委員会の３類型別にみた委員構成は表４－４に示すとおりである。

経営管理委員会は異質の組織から選出された15名の委員によって構成されているが、選出割合は相対的に県農協で厚く、道県地域経済連で薄いという傾向にある。しかし委員構成に関して、配慮はこの異質の組織構成というところにはなく、実質的には全国にあるいくつかの地区（７ブロック）が選出母体としてより強く意識されていて、全農のみならず各事業連合会ごとの経営管理委員会等の委員をブロックの中でバランスよく選出するという手法がベースになっている。その結果を経営管理委員推薦委員会が了承、確認するという形をとっている。経営管理委員会は原則2カ月に1回、年13回の開催である。この経営管理委員会のもとに諮問機関として三つの作目別委員会（米穀事業委員会、園芸農産事業委員会、畜産事業委員会、10数名で構成）と生産資材事業委員会、生活事業委員会、総合運営委員会が置かれている。

一方理事会は、代表理事理事長1名、代表理事専務2名、常務理事7名の10名体制（規定では実数9名以上11名以内）で、開催は月2回を基本としている（２０１８年度は23回）。7人の常務理事がそれぞれ34の県本部と、10の本所事業部を担当して指導・監督している。また理事会のもとに県本部委員会、関連事業委員会が置かれている。

以上の経営管理委員会、理事会というガバナンス体制の基本的な課題としてあるのは、一つには、先に指摘した経済事業をめぐる農協グループの組織の再編・統合の特徴としてある異質の組織構成（3類型の混在）、部分的に3段階制を残しつつ進展する2段階制への移行という組織体制の改変への対応、二つには、自主独立の組織運営、事業展開を目指してのより豊かなガバナンスづくりの取り組みの二つの課題である。

## ３　下部構造におけるガバナンスはどうなっているか

全農の経営管理委員会を構成する15名の委員に、都道府県のいかなる立場の人物が送り出されているのかであるが、県本部からは各都府県本部の運営委員会会長、道県地域経済連、県農協からはそれぞれ会長が選び出されている。各都道府県の運営委員会は各農協の経営管理委員会の会長なり組合長理事によって構成されており、ここは共通して、一貫して組織代表によって構成されている。問題になるのは、上部構造（全農の経営管理委員会なり理事会）と都道府県をつなぐ運営委員会との関係、都道府県レベルの運営委員会と農協との関係、現場でつながる農協と組合員との関係、それぞれの関係のあり方である。

もう一方にある意思疎通の流れは、総代会の流れである。総代会は、各年の03月に方針についての討議を中心とする臨時総代会、7月に決算についての討議を中心とする定期総代会、原則年2回の開催である（定員230人、全国646農協の約3分の1、実出席者は120～130名）。そしてその直前に地区（ブロック）別総代会がそれぞれ開催される。上部構造、下部構造がそれぞれによって発せられ、それぞれによって受け止められるべき情報や意向は双方向にスムーズに流れなければならない。上り列車も下り列車も健全に運行されなければならない。

全農・県本部に関しては、理事会のもとに県本部委員会が置かれ、担当常務理事が県本部に対して指導・監督する体制がとられている。これに対して、八つの道県地域経済連、五つの県農協に対しては道県経済連委員会も、県農協委員会も置かれていないし、担当常務が指導するという体制もとられていない。それにもかかわらず、むしろ目詰まりは34の都府県本部のところで生じていることが多いように見受けられる（決して一律ではなく、部分的なことではあるが）。しかしこれは情報の伝わり方の問題ではなく、都府県機能の発揮の弱さ、分権化の弱さに問題があるように思われる。

もう一つの課題としてあげておきたいのは、公式のルートだけに頼らない情報流通、意見流通の活発化についての工夫である。総代会と言わずに、500人集めて全農の総会を開催する。1日目は全体集会、2日目は分科会というような総会の持ち方もあってもよいのではないか。

## 4　より良きガバナンスづくりに向けての今後の課題

すでに2項で指摘したとおり、全農のガバナンス、あるいはまたそれと密接に関連してある農業関連事業をめぐるガバナンスの基本的課題としてあるのは、一つには、経済事業をめぐる農協グループの組織の再編・統合とともに生じた異質の組織構成（3類型の混在）、部分的に3段階制を残しつつ進展する2段階制への移行という組織体制の改変への対応、二つには、自主独立の組織運営、事業展開を目指してのより良きガバナンスづくりの取り組みの二つの課題である。

自己改革における経営構造の改革の重要性が一段と強まる中、農協からの期待を込めての「もっと情報開示を」、「もっと生産現場へ」の声は一層強まっている。リレー出荷、県間調整、労働力不足に対応した広域調整、とりわけイオングループ、荷受会社、JR、野村ホールディング等々の生産現場への進出を眼の前にして、生産現場での生産力引き上げに果たす全農の役割に対する期待はますます高まっている。より高い民主性と効率性の実現を目指す組織と事業の運営のあり方を問うより良きガバナンスを求める改革こそが必要である。

## 第4節　農協の加工事業と子会社にみる販売戦略——佐賀県農業協同組合を事例に——

### 1　JAさがの概況

第3節で明らかなように、JAさがは2007年4月に8JAの合併により誕生した。なおJAさがは、2007年10月に佐賀県経済農業協同組合連合会を包括承継することにより、JAさがの合併に加わらなかったJAからつ（唐津市、玄海町）、JA伊万里（伊万里市、有田町）、JA佐賀市中央（佐賀市の一部を除く）、の未合併3JAの経済事業も担うこととなった。このJA佐賀経済連をJAさがが取り込んだことは、県経済連の持つ機能をはじめ人材確保の点において、その後のJAさがが取り組む改革の実践に向けて大きな推進力になることとなった。

合併当初のＪＡさがは、旧農協間の合意形成が得られず、旧農協単位を支部とした「支部独立採算制」を採用した。そのため、現在も業務集約と広域連携を目的とした機構改革に取り組んでいる。２０１８年4月に、ＪＡ全体の平準化を図ることを目的に、これまでの6地区を3エリアに集約し、地区間で異なる業務や組織対応の統一を通じて、ガバナンス（統制）機能の強化に向け一歩前進することとなった。また、本所も機能強化を図っており、4事業本部体制を基本に課の新設・統合を行った。管理部に「営農経済事務指導課」、共済部に「共済事務指導課」を新設した。営農部については、営農企画指導課と担い手支援課の2課を統合し「営農企画支援課」とした。園芸部については、園芸振興と指導との連携による発展をめざして、園芸企画課と園芸指導課の2課を「園芸振興課」に統合した。さらに販売力強化と輸送コスト抑制のために「青果物コントロールセンター」を新たに設置した。加えて、大消費地である首都圏の営業力を強化するために「首都圏営業部」を東京に新設した。また、肥料農薬部と農業資材部の2部署を統合し「生産資材部」へと変更し、資材店舗課と営農資材課の2課を統合し「営農資材店舗課」を新設した。

## ２　ＪＡさがの子会社化への取り組み

ＪＡさがには、２００７年の合併当初、旧ＪＡとＪＡ佐賀経済連の子会社が22社あった。子会社の再編・統合、解散により２０１７年には15社となっている（２０１８年には12社）。

これらの子会社化（以降、「グループ会社」の形成）の取り組みは、経済事業改革の一環として実施され、購買事業を中心に、当時のＪＡ佐賀経済連および旧ＪＡの事業と機能をグループ会社に業務移管した。

グループ会社15社の出自についてみると、ＪＡさがのグループ会社が4社、ＪＡ佐賀経済連が9社、合併してから新設した会社が2社となっている。グループ会社の特徴は、これらグループ会社全体の経営管理などを、本所総合企画部の「グループ会社統括課」（2017年度末現在）に担当させている点である。さらに、㈱JAフーズさが（直販事業部）等、JA本体と密接にかかわるグループ会社の事業については、本所の各事業所管部署が事業の企画・運営に参画している。なお、グループ会社の取引や商流および代金決済については、ほとんどがJAさがを通して行っている。

（1）食品加工事業

業務用としてニーズの高いカット野菜を製造・販売するJAさがのグループ会社として、富士町加工食品がある。当社は、県産農産物の使用拡大を目的に、みやき町に二つめの工場となる「みやき工場」を新設し、県産農産物の拡大を図っている。この取り組みにより、コンビニエンスストアや県内のAコープ向けの袋入りカット野菜の製造・販売事業を強め、県産野菜の拡大を通じて、農業者の所得増大に寄与している。これにともない、地元雇用が増加し、地域の活性化にも貢献することとなった。みやき工場は、キャベツやレタス、ダイコンなど1日5万6000パックのカット野菜を製造可能としており、当面、年間生産量約2500トンを目指すこととしている。

ブロイラー事業は、設立された㈱JAフーズさがに、飲料製造事業は、㈱ジェイエイビバレッジ佐賀に業務移管されている。

（2）燃料・生活購買関連事業

燃料をはじめとする生活購買関連事業の多くは、㈱JAオート佐賀、㈱JAライフサポート佐賀に業務移管されている。また段ボール事業は、㈱JA段ボールさがを新設して、そこに業務を移管している。

またＪＡ全農と連携して「生活総合宅配事業」に着手している。具体的には、夕食の材料等を届ける「食材宅配事業」と、食品や日用品等を宅配する「ＪＡくらしの宅配便」の二つを組み合わせた事業であり、三つの温度帯（常温・冷蔵・冷凍）で管理した商品を事業利用者に配送する事業である。ＪＡによるこの事業は全国で初めての取り組みであり、管内の高齢者はもとより、共働き家族など事業利用者の多様な生活環境に合わせたサービスを提供しながら、地域の健康とくらしをサポートする画期的な取り組みである。なおこれらの商品の注文方法については、インターネットや紙媒体など、事業利用者のニーズに合わせて選択でき、今後はタブレットによる訪問受注にも対応する方向で進めている。

### （３）ＪＡグループさがの子会社設立の論理

ＪＡさがのグループ会社設立の目的について確認しておきたい。グループ会社への業務移管については、ＪＡ本体の不採算部門を切り離して収支改善を図るという論理もありうる。しかしＪＡさがの場合についてみると、農業部門に限らず、生活部門に至るまで数多くのグループ会社を抱えていたため、各事業の効率性を追求して、それぞれが小回りのきいた機動力を確保することが強く求められた。

ＪＡさがのグループ会社化の論理は、単純な労務管理の論理から、２００３年の経済事業改革の一環である「不採算部門の子会社化」であり、「不採算部門を切り離して収支改善を図る」という論理に変わり、現在は、これに「県産原料仕入れ割合を拡大して付加価値を高める」という論理を付加しつつあるものといえよう。

## ３　ＪＡさがの持ち株会社設立への取り組み

ＪＡさがは、グループ会社の合併・再編により、２０１７年現在、15社となっているが、これらの合併・再編と併せて、２０１７年にこれらのグループ会社を再編する「持株会社（ホールディングス）」を設立した。

設立の目的は、ホールディングスを核とするグループ会社のもつ機能をより強化することであり、ひいてはＪＡさがの自己改革の目標である、「農業生産の拡大」、「農業者の所得増大」、「地域の活性化」の推進・発展に結びつけるというところにある。また、グループ会社の重複した業務の集約により、業務の効率化、コストの削減、さらに今後の事業環境の変化に対応できる事業基盤の強化を図ることとしている。

ＪＡさがのもつ15のグループ会社を対象に、ＪＡさがが１００％出資しているグループ会社を対象に、「ＪＡさがが食品ホールディングス（ＨＤ）」と「ＪＡさがアグリ・ライフホールディングス（ＨＤ）」の二つのホールディングスを設立した。「ＪＡさが食品ホールディングス（ＨＤ）」は、㈱ＪＡフーズさが、㈱ジェイエイビバレッジ佐賀、㈱ＪＡさが富士町加工食品の３社、「ＪＡさがアグリ・ライフホールディングス（ＨＤ）」は、㈱ＪＡ建設クリエイトさが、㈱ＪＡオート佐賀、㈱ＪＡライフサポート佐賀、㈱ＪＡ段ボールさが、㈱ＪＡセレモニーさがの５社を傘下に入れている。

ＪＡさがが持つこの二つのホールディングスの関係についてみると、「ＪＡさがアグリ・ライフホールディングス（ＨＤ）」で原材料を生産して、「ＪＡさが食品ホールディングス（ＨＤ）」に持ち込み、生産、加工および販売という生販一体の流れを強化するという関係が見えてくる。ＪＡさがは、これら二つのホールディングスの機能を発揮させることにより、自己改革で掲げている「農業者の所得増大」、「農業生産の拡大」の実現をめざしており、ここにこそ前項のＪＡさがのグループ会社化、二つのホールディングス設立の真のねらいがある。

ホールディングスの具体的な業務および果たす機能についてみると、「ＪＡさが食品ＨＤ」の機能は、主に県外へ打って出る対応となっており、①マーケット分析等に基づいた県産農畜産物の業務用・市販用商品企画・開発の推進、②宅配・通販向け商品の開発・強化と弁当事業など新規事業の取り組み、③首都圏におけるグループ

務の集約である。

会社間の横断的な営業・推進体制の構築、④原材料・資材等の仕入集約によるメリットの創出および県産原料の仕入割合の拡大、である。「JAさがアグリ・ライフHD」の機能は、主に県内の機能強化の対応となっており、

①農作業支援、②生活関連事業の持株会社での県域企画・推進体制の構築、③お客様相談室などの時間外受付業務の集約である。

## 4　まとめ

以上、要約して強調しておきたいのは、仮説的ながら、子会社化の論理が単純な労務管理の論理から、2003年の経済事業改革の嵐が吹き荒れていた当時の、「不採算部門を切り離して収支改善を図る」の「不採算部門の子会社化」の論理一色に変わり、そして現在、「地元産原料仕入れ割合を拡大して付加価値を高める」という論理がそれに付加されつつあるのではないかという点が1点。

もう1点は、JAさがの二つのホールディングス設立のねらいについてである。将来的には、(株)JAさがアグリ・ライフホールディングスで原材料を生産して、それを(株)JAさが食品ホールディングスに持ち込んで加工・販売という形にして、強固な生販一貫体制を構築することである。青果市場やJR九州等々が農業生産に進出するというような九州にみられる新たな状況に積極的に対応するためにもこうした戦略が必要である。二つのホールディングスの関係を全面的にそういう方向にもっていき、自己改革のかかげる「農業者の所得増大」、「農業生産の拡大」の実現を図るというところに真の目標を置いている。これがJAさがの子会社化、二つのホールディングス立ち上げの真のねらいではないかという点である。

# 第5節　全農の自己改革の課題と今後の展開方向

## 1　自己改革の課題

第1に、信用事業の収支悪化と経済事業の収支改善の課題である。信用事業の大幅な収益減、その圧迫を受けての農協経営における総収益の低下の現実を前にして、地域金融の可能性の徹底追求、信用事業の安定化とともに、農業関連事業の収支改善という方向に向けての経営の構造改革、ビジネスモデルの転換を図るというもう一つの道を切り開いていく必要がある。

表4－5は、部門ごとの事業利益を示している。2003年に、農協のあり方についての研究会『農協改革の基本方向――「農協のあり方についての研究会」報告書――』（3月）が出された後、部門ごとの収支への注意の喚起を促すという配慮から部門別損益計算の結果が公表されるようになった。ここから読み取れる特徴は第1に、2007年度に共済事業部門と信用事業部門の事業利益における逆転が起こったということ。第2に、農業関連事業部門、生活その他事業部門におけるマイナス部分の縮小傾向は一貫してあるということ。第3に、営農指導事業部門におけるマイナス部分はなかなか縮小しないといいうこと（2014事業年度における農業関連事業部門のマイナス部分の拡大は米価の暴落による）。第4に、改善を進めてきているが問題の構図はおおきくは変わっていない、本質的に変わっていないという点である。つまり、ここのところを革命的に変換する経営構造の転換、ビジネスモデルの転換が求められるという課題である。

第2に、バイイングパワーへの対抗力の強化とパワーバランスの実現の課題である。全中が一社化で建議機能を弱体化させるとき、全農、農協グループあげての農業関連事業にかかわる改革を通じて、バイイングパワーを

表4-5　部門別損益計算書にみる農業関連事業の動向（事業利益）

単位：万円

| 事業年度＼部門 | 合　計 | 信用事業 | 共済事業 | 農業関連事業 | 生活その他事業 | 営農指導事業 |
|---|---|---|---|---|---|---|
| 2004（H16） | 1376億1581万<br>100.0 | 1316億9539万<br>95.7 | 2061億1626万<br>149.8 | △439億6357万<br>△31.9 | △399億4058万<br>△29.0 | △1162億9107万<br>△84.5 |
| 2005（H17） | 1600億0362万<br>100.0 | 1564尾久519万<br>97.8 | 1972億4851万<br>123.3 | △425億3125万<br>△26.6 | △369億6858万<br>△23.1 | △1141億2988万<br>△71.4 |
| 2006（H18） | 1714億8238万<br>100.0 | 1730億8009万<br>100.9 | 1902億9630万<br>111.0 | △398億7929万<br>△23.3 | △368億2544万<br>△21.5 | △1151億8796万<br>△67.2 |
| 2007（H19） | 1691億7158万<br>100.0 | 2010億1999万<br>118.8 | 1653置く859万<br>97.7 | △424億8393万<br>△25.1 | △389億3614万<br>△23.0 | △1157億7748万<br>△68.4 |
| 2010（H22） | 1727億6032万<br>100.0 | 2195億2833万<br>127.1 | 1472億6548万<br>85.2 | △483億9446万<br>△28.0 | △314億6235万<br>△18.2 | △1141億7645万<br>△66.1 |
| 2011（H23） | 1892億5426万<br>100.0 | 2294億9262万<br>121.3 | 1454億4547万<br>76.9 | △447億1737万<br>△23.6 | △2612億5421万<br>△13.8 | △1148億1115万<br>△60.7 |
| 2012（H24） | 1929億2702万<br>100.0 | 2292億9213万<br>118.8 | 1440億6106万<br>74.7 | △351億4725万<br>△18.2 | △305億6270万<br>△15.8 | △1147億1598万<br>△59.5 |
| 2013（H25） | 2054億3148万<br>100.0 | 2391億1168万<br>116.4 | 1317億3458万<br>64.1 | △289億7016万<br>△11.7 | △287億7098万<br>△11.6 | △1126億7344万<br>△54.8 |
| 2014（H26） | 1859億1705万<br>100.0 | 2392億36945万<br>128.7 | 1283億0109万<br>69.0 | △385億9162万<br>△21.3 | △291億1008万<br>△15.7 | △1139億1910万<br>△61.3 |
| 2015（H27） | 1992億3036万<br>100.0 | 2317臆349万<br>116.3 | 1383億0431万<br>69.4 | △313億2061万<br>△15.7 | △261億8154万<br>△13.1 | △1133億2509万<br>△56.9 |

資料：農林水産省『総合農協統計表』各事業年度

注1）部門別損益計算書における事業利益の掲載は2005（H16）年より開始

抑え、公正な価格を実現してパワーバランスを取り戻すことができるかどうか、そこに向けて一歩でも前進させることができるかどうか。この問いに対する答えとしてあるのは、新たな成果を獲得するためには、一方において、新たなシステム、新たな制度を、そしてそれをバックアップする新たな運動を組織の内外につくり出さなければならないということであろう。

第3に、都府県本部の都府県域機能の強化の課題である。第3節で指摘したように、全農・農協グループの農業関連事業をめぐるガバナンスにおいて全農都府県本部のところに象徴的に弱さが表出しているように思われる（弱い環）。それは詰まるところは都府県域機能の弱さに起因するわけで、そこをカバーするためには、一定の分権の強化がともなわなければならないであろう。

第4に、「自己改革」にともなう人材の適正配置の課題である。この課題は第3の課題に通底しているが、もっと現場に出て、生産に乗り出せの声にどう応えるかの課題である。

第5に、より豊かなガバナンスを求めつづける課題である。「自己改革」の目標とその進捗状況を組織会員に報告し、評価を求め、意見を汲み上げ、それを改革に活かすというより良きガバナンスづくりに向けての取り組みを強めるという課題である。組織力を結集して規制推進会議の株式会社化、全量買取等の協同組合原則に反する不当な圧力を跳ね返し、共同計算をベースにした買取の可能性を追求する必要がある。

第6に、ガバナンスの生命線である情報の流れを改善する課題である。情報は双方向のものである（往復関係、上り列車と下り列車）。目詰まりを起こしやすい公式のルートだけに頼らずに、どうしたら風通しを良くすることができるか大胆な発想の転換と、失敗を覚悟の試行錯誤が求められる。

総代会を総会にするのも一つの手である（500人を集めれば成立）。1日目は全体集会、2日目は分科会というような持ち方も考えられる。

## 2　臆せず前進を

絶大な権力をもつ政府官邸の『農林水産業・地域の活力創造プラン』に対する農協グループの対応のあり方をめぐって想定される選択肢は、①ご指摘はごもっとも、積極的に対応策を追求します、②可能な限りの対応策を追求します（弾力的対応）、③協同組合等の大前提については譲れません、の三段構えの現実的な対応ではないか。現実に進んでいる全農、経済連、農協の事業改革も結局はこの三段構えで対応しているようにみえる。

一方において、改革を進めれば進めるほどに、「ほらね、やればできるでしょ」と言われて肩をがっくり落とす関係者も少なくないようである。しかし人は、人に言われてはじめて気づくことは大いにありうることであるし、気づいたことには臆することなく改革に着手すればよいのではないか。しかし問題は、人に言われてもできないこと、やるべきでないこともあるということである。さらに言えば、人に言われなくてもやらなければならないことが山ほどあるということである。

注

（1）この具体的な提案に対しては全農は直ちに応えている。任期途中の2018年04月に理事会にチーフオフィサーとして元㈱イトーヨーカ堂取締役社長を迎えている。

（2）ただ1カ所、「農協改革に関する意見」（2014年5月）にガバナンスが登場する。それは、「コンプライアンスの充実など組織運営のガバナンスについての見直しを図る」という部分である。ただし、そこには「コンプライアンスの充実のためのガバナンスの見直し」というガバナンス理解の矮小化がうかがえる。ガバナンスは、民主性と効率性の実現を目指す組織と運営のあり方を問うものであり、それを「法令順守の管理の充実」の中心に置くというのはガバナンスの矮小化というほかはない。

# 第5章

# 信用事業分離論と総合農協経営の展望

青柳　斉

## 第1節　はじめに——農協の制度的乖離——

制定時の農協法第一条は、「この法律は、農民の協同組織の発達を促進し、以て農業生産力の増進及び農民の経済的社会的地位の向上を図り、併せて国民経済の発展を期することを目的とする」という条文である。法制定の主目的は、戦後の農地改革の成果を定着・発展させるため、耕作者の経済的社会的地位の向上にあった。また、敗戦直後の食糧難を反映して、食糧増産に向けた「農業生産力の増進」が農協に期待されたといえる。

但し、農協法は別の条項で、農業者の農業協同組織としながら、非農業者の准組合員加入と信用事業兼営を認めた。法制定当時、食糧不足に対応した流通統制経済のもとで、戦時中の農業会系統による米穀等の一元集荷・配給体制を引き継ぐ必要性から、産業組合時代からの信用事業兼営が継承された。また、准組合員制度を設けた理由として、信用事業経営の安定という面から非農業者の持つ農業会資産（特に貯金）を継承する意義があったともいわれる。第一条の条文は、2001年に若干変更されたが大要は変わっていない。

その後の総合農協は、准組合員の増大と信用・共済事業の肥大化により、「農業者の協同組織」、「農業生産力の増進」及び「農業者の経済的社会的地位の向上」という第一条の規定から乖離してきた。その背景は、法制定時では想定外であった農家の兼業化と農村の混住化が著しく進展したことにある。改めてその「乖離」の現状を統計的に確認してみよう。

まず、准組合員比率は、1960年度末では16・6％にすぎず、80年度末でも28・5％であり、5割以上の都道府県では東京62・5％、神奈川59・5％、大阪54・4％の大都市部に限られていた。それが30年後の2010年度末時点では、全国平均で52・2％と過半を超える。他方、信用・共済の事業総利益構成比では、60年度に35・0％、80年度では53・7％となり、2010年度時点では66・7％に上昇している。いま、「都市農協」の徴表を信用・共済事業総利益構成比で60％以上、准組合員比率で50％以上とすると、1980年頃には東京・大阪の一部農協に限られていた状況が、いまや全国農協の過半数が都市農協化したことになる。そして現在、このような「乖離」の度合いは、当然ながら大都市域の農協で顕著である。

例えば、大阪府中心部にあって貯金高5千億円以上、組合員総数4万人以上のA農協の場合（2012年度）では、准組合員比率が89・0％で信用・共済部門は事業総利益構成比で98・9％を占める。他方、正組合員約4600戸に対して農産物販売高はわずか約2億円（1戸当たり販売高4万4千円）に過ぎない。この組合員構成と事業構成を見る限り、A農協はもはや農協法第1条の規定する「農業」協同組合ではない。このようなA農協の状況は近畿や南関東では例外的ではなくなっている。

本章では、総合農協の制度的乖離問題を背景とする信用・共済事業分離論（以下は「信用分離」論と略称）」に関して、その特徴と論拠、問題点を批判的に検討し、併せて総合農協経営の今後の在り方を展望してみたい。

# 第2節　系統農協の地域組合化路線

制度と実態との乖離問題に対する農協制度のあり方に関して、系統農協ではかなり以前から検討されてきた。特に、１９７０年の第12回全国農協大会では「生活基本構想」を掲げ、「農協による地域社会建設への取り組みは、具体的にはその機能を拡充して……希望する者は組合員として迎え、協同の輪をひろげていく」として、「農業者・非農業者を問わず、自由に協同組合を組織でき、しかも総合経営もできる一般協同組合法制の検討をすすめる」というように、地域協同組合化の路線を明確にした。但し、当時の農水省は地域組合化の拡大に否定的な方針を出したこともあって、80年代に入ると系統農協における地域協同組合化論は大きく後退する。

そして、バブル経済の80年代末から90年代初めにかけて准組合員数は急増し信用事業の伸長に寄与したが、90年代は系統農協内で組合員制度問題が明示的に取り上げられることはなかった。それが第23回大会（03年）では、「農業に対するファンづくり」として准組合員の加入促進を積極的に掲げ、員外利用規制の行政指導の強化もあって、２０００代半ば以降から再び准組合員は急増してくる。そして、第24回大会（06年）では、「現行農協法を前提に、組合員やガバナンスを見直すとともに、長期的には、組合員に関する制度の見直しについて研究」するとし、25回大会（09年）では准組合員拡大の数値目標を提示するとともに、組合員資格や組合員制度についての検討するとした。さらに、第26回大会（12年）になると、今後の農協像として「多様な組合員・地域住民等が結集して、農業づくり・地域づくり・協同運動に参加することで、組合員のニーズが実現され、課題が解決されていく姿をめざす」と提起した。

このように、２０００年代に入って系統農協は再び地域組合化路線を強めてきた。但し、組合員制度の見直しについての動きは緩慢であり、全国農協大会においては「研究」（24回大会）、「検討」（25回、26回大会）という提起に留まっており、いまだに具体的な改革方向が提示されていない。その背景には、2000年代初めに全農不祥事を契機とした農水省からの系統経済事業改革の圧力に加えて、内閣府下の行政刷新会議や規制改革会議等で、「営農活動を軽視している」という近年の農協バッシングが影響している。

ところで、制度的乖離問題への対応方向をめぐっては、研究者間及び政府や系統農協間で異なる農協組織形態が提起されている。ここで、後述の議論の展開上、検討対象の農協像を明確にしておきたい。いま、想定しうる農協の理念的諸形態について、組織・事業構成の相異により類型化すると次のような5類型が描ける。

まず、組織化の契機と組合員属性により、農業者の「職能性」（経済的利害）で組織された「職能組合型」（A）と、地域農業振興等という組織「目的」に賛同し、農業者と多数の地域住民で組織された「地域組合型」（B）とに大きく分かれる。そして、前者はさらに農業者の主作目（品目）の種類ないし組合の農外関連事業の兼営形態によって「単一品目型専門農協」（A1）及び「多品目型専門農協」（A2）と、信用・共済兼営の「職能組合型総合農協」（A3）に分かれる。他方、後者の信用・共済兼営の「地域組合型」は、地域農業振興を主目的とする「地域組合型総合農協」（B1）と、多目的な協同活動を掲げて農業関連事業も兼営する「地域総合協同組合」（B2）が想定されうる。ここで、総合農協の再編をめぐって議論されている農協像に各類型を関連づけると、下記のように整理できる。

[A1] 単一品目型専門農協…既存の専門農協（欧米型の専門農協）
[A2] 多品目型専門農協…現在の農水省が示す改革方向（後述）
[A3] 職能組合型総合農協…現行農協法第1条に適合した総合農協
[B1] 地域組合型総合農協…系統農協運動の地域組合化路線で目指されている総合農協

［B2］　地域総合協同組合…地域生協が農業関連事業を兼営するような組合像（但し、信用兼営の協同組合は現在のところ農協以外に制度的に認められていない）

なお、都市農協化している現状の総合農協では、ごく一部の組合を除いて、准組合員の増大は事業量拡大策に対応した結果にすぎず、准組合員の協同活動の少なさや意思反映制度の未整備等により、疑似「地域組合型総合農協」に留まっているといえよう。

## 第3節　佐伯氏の「信用分離」論

1970年代前半に、大都市を中心に制度と乖離してきた都市農協の展望をめぐって、主に鈴木博氏と佐伯尚美氏との間で「地域組合」論争が起こった[1]。その佐伯氏は、系統農協組織の現状分析にもとづいて一貫して「信用分離」論を提唱してきた唯一の研究者であり、総合的な観点から地域組合化論を鋭く批判してきた。

その論争の中で佐伯氏は、都市農協の展望論として信用・共済兼営の地域組合化（上記のB1、B2類型）を否定し、信用組合への転換を主張する。その主な理由は、都市農協化は金融機関化であり、現行金融制度では金融機関の他事業兼営は認められていないこと、また、農外企業との競争激化で信用・共済事業の特殊性が強く表れ、販売・購買事業を兼営する総合経営の形態は困難になるということであった[2]。この当時は、都市農協の展望をめぐる議論であって、農業関連事業の比重が高い農村農協の場合では、佐伯氏においても総合経営の形態（上記のA3類型）は是認されていたように思われる。

その後、佐伯氏の「信用分離」論は総合農協一般に拡大されていく。佐伯［4］によれば、その主な論拠を金融自由化の進展に伴う経営リスクの増大に求める。80年代末のバブル経済が崩壊し90年代に入ると、預貯金金利の自由化対象の拡大に加えて、証券・銀行業務における業態間の自由化も進展し、預貯金獲得及び資金運用をめぐる金融機関競争が激化する。そして、90年代初めには、系統農協金融において固定化債権の増大や有価証券損失、ノンバンク融資の不良債権化の問題が顕在しはじめる。

このような金融機関の経営リスク増大のなかで、弱小金融機関の信組・信金よりも「はるかに零細な農協信用事業が現行のまま存続しうるとはとうてい考えられない」として、「農協が信用事業を営むことのメリットが薄れ、逆にそのデメリットを考えねばならない時代に入ってきている」という。そして、「信用事業の漸次的・段階的切り離しと再編成は、こうした信用事業の『健全性』を守るために不可欠であるし、同時にそれは他事業の専門性発揮にもつながる」（佐伯［4］、264～265頁）という。

その再編成の方向は、総合農協から非農業部分を切り離して農業生産者の協同組合（上記のA2類型）に純化し、他方で信連・農協合併による県内一円の地域金融機関化という「一県一信用事業統合体」への改組である。但し、大型都市農協の場合は独立した信用組合への選択もありえるとする。さらに、総合農協の信用事業以外の事業は、別組織の協同組合として広域合併を進め、専業的農家層を中心とした広域専門農協化と、他方、婦人層の地域住民を中心とした広域生協化を図るべきだという（同、266～269頁）。

その際、氏の論拠は次の3点に要約できる。第1に、協同組合の組織原理は職能（経済的利害）の同一性にあり、農業組織と非農業組織は分離すべきである。第2に、兼営形態は非効率であり、専門性の高度化が図れる単営が望ましい。第3に、単協レベルでは経営者能力が低く、地域金融の担い手は信連になり、地域金融機関化は県レベルでこそ対応できるという。

以上の佐伯氏の「信用分離」論は、後述するように、最近の農水省の農協改革政策を先取りしている。

## 第4節　制度的乖離問題への農水省の対応

制度から乖離してきた農協の改革方向に関して、農水省は数年前までは明確な姿勢を提示してこなかった。まず、1966年の農林省農協問題研究会の検討では、准組合員が多い都市農協についてはその制度的な問題を認識しつつも、全国的にはまだ例外的な存在とみなした。そして、71年の農政審議会金融部会報告では、都市農協化の傾向はさらに拡大すると予想し、制度改革の必要性を指摘しつつも、都市化地域の農協であっても農業者を主体とした協同組合であるべきとして、信用事業の規制を強化するとともに無原則な准組合員の増加を認めず、「地域組合化」の方向を否定した。

さらに、77年の農協制度問題研究会報告では、都市農協化の進行をやむを得ない事実として理解するが、改めて農業関連事業の重要性を強調して、准組合員加入の促進による安易な事業伸長の傾向を批判し、また、員外利用制限緩和の必要性を否定した。当該報告においても、地域組合化の方向を否定しながら、都市農協の展望については明確な方針を提示しなかった(3)。

その後、直近の農協法改正までは、制度的乖離問題に関して再び検討することはなかった。但し、「信用分離」論に対しては、農水省は近年まで否定的な姿勢を示していた。それは、民主党政権下の規制改革政策への対応に見られる。

2010年3月に、内閣府に行政刷新会議規制・制度改革分科会が設置された。その農林・地域活性化WG（ワーキング・グループ）の第7回会議（同年12月21日）で、改革方向の「基本的考え方」が提示されたとき、当初の検討事項の中に「農協の信用・共済事業の分離」を掲げていた。

そのＷＧの当初案「信用・共済事業分離」に対して、農水省（経営局協同組織課）は次のように回答している。信用・共済の兼営形態は、農業の特殊性（経営の低収益性・零細性、自然災害リスク、資金需要の季節性）や農山村の立地条件（金融等サービス機関の不十分さ）への対応に必要であり、また、的確な営農指導や総合サービスの一元的な利用という組合員の利便性に対応している。さらに、「分離」すれば、一元的な利用ができなくなり組合員の利便性が著しく低下し、農協経営の効率性低下や事業管理コスト増を通して組合員の負担増や経営圧迫につながる、と反論している。

そして、最終的な改革案では、検討項目名を「農協からの信用・共済事業の分離」から「農協の農業経営支援機能の再生・強化」に変更し、当初案にあった「将来的に農協から信用・共済事業を分離する方針を決定すべき……」が削除されている。

以上のことから、少なくとも行政刷新会議が終了する２０１２年12月までは、農水省はこれまでどおり地域組合化論を肯定していないが、「信用分離」論にも反対であったといえる。

これに対し、先の内閣府規制改革会議「規制改革に関する第２次答申」（14年６月）においては、農協信用事業の農林中金・信連への譲渡ないし代理店化が提起された。そして、系統農協側の反対運動にも関わらず、この「答申」内容にほぼ沿った改正農協法が15年９月に公布され、16年４月に施行されることになった。そのさい、農水省の姿勢は前回の行政刷新会議の時とは全く変わって、規制改革会議の「答申」を全面的に支持しており、現与党への政権交代後、わずか２年弱の間に農水省の方針は大きく転換した。

ここで、改めて農協法改正の要点を示すと以下のとおりである。

①系統農協組織の運営において、「農業所得増大への最大限の配慮」を求める。

②農協の理事（経営管理委員）構成は、過半数以上を認定農業者等にする。

③系統農協は法人組織形態の選択として、新設分割及び株式会社や一般社団法人、消費生活協同組合、社会医療法人への組織変更（農協の生活関連事業を分離して株式会社や生協へ、全農・経済連を株式会社へ、厚生連を社会医療法人へ転換）を可能にする。

④農協中央会制度を廃止し、都道府県農協中央会は連合会組織に、全国農協中央会は一般社団法人に組織変更する。

⑤全中監査を廃止し、一定貯金量規模以上の農協の会計監査人は公認会計士または監査法人とする（移行期間を経て2019年10月から義務化）。

⑥准組合員の事業利用規制の在り方に関して、改正法施行日から5年（2021年4月）までに、正組合員及び准組合員の利用状況等に関する実態調査に基づいて結論を出す。

この中で、「信用分離」と直接関わりそうなのが③になるのだが、より明確に提示した文書は、法改正の趣旨を解説した農水省「農協法改正について」（2015年9月）である。そこでは、「地域農協」の改革方向として、「金融事業の負担・リスクを軽減して人的資源等を経済事業にシフトできるようにするために」、「地域農協が選択すれば」という前提ではあるが、「農林中金・信連へ信用事業を譲渡し、自らはその代理店等として金融サービスを提供」することを推奨する。また、単協がその選択を可能にするために、連合会等の改革方向においては以下の取り組みを促す。

①農林中金・信連・全共連は、地域農協の信用・共済事業の負担を軽くする事業方式を提供する。

②特に、農林中金・信連は、信用事業の譲渡を行った地域農協に、農林中金等の代理店等を設置する場合の代理店手数料の水準を早急に示す（地域農協が自ら信用事業を行う場合の収益性を考慮して設定）。

以上のように、農水省は制度的乖離問題に対して、今回の農協法改正を契機に、1970年代末以降の傍観姿勢から一転して制度改革の方向を明確に提示した。その改革政策が目指す理想的農協像は、単に農協法第1条の組織目的規定に留まる「職能組合型総合農協」（A3）への回帰ではない。専業的農業者を中心とした組織・運営により、組合員の農業所得増大を運営目的とし、既存の総合農協から信用・共済事業や生活関連事業を分離して、農業関連事業の運営のみに特化した「多品目型専門農協」（A2）が目指されている。このような「信用分離」による総合農協の再編方向は、90年代初めに提起していた佐伯氏の農協改革論に極めて近い。

ところで、農水省の「信用分離」の改革方針に対して、大半の農協は総合経営形態を継続すると予想される。その場合、短期的には、公認会計士監査に対応した内部統制の整備に加えて、中・長期的には、信用・共済事業収益の低下に対応して、農業・生活関連事業部門収支の改善に向けた一層の経済事業改革が求められよう。またその過程では、合併構想未達成の都道府県を主として、県域単一農協化への再編をも含む広域農協再合併が加速すると予想される。

但し、多くの系統農協関係者が懸念しているように、信用・共済分離は単協の「選択」と示しながらも、公認会計士監査結果に基づく勧告内容や准組合員の利用規制如何によっては、実質的に強制される可能性がある。特に准組合員利用規制は、現時点で規制の方法や水準について全く不透明なのだが、現事業量（貯金・貸出金等）の半分以下の利用規制ともなれば、大都市のほとんどの農協は信連等・全共連に信用・共済事業の譲渡を迫られる。

そのさい、事業譲渡の在り方としては、信連等の支店化（農協の施設貸与による信連等の直営）と農協の支店代理店化の場合がある。多くの農協では、組合員の利便性や農協経済事業との連携維持という観点から後者が選択されるであろう。なお、机上の想定としては、資金量規模の大きい都市農協では信用組合に業態転換する場合もありうるが、既存のＪＡバンクシステムから抜け出すコストや経営リスクの増大、資金運用能力の限界から考えて、その選択は皆無と思われる。

## 第５節　地域組合化＝「営農軽視」論の問題

ここで、改めて「信用分離」論の論拠について批判的に検討してみたい。

これまで、内閣府設置の改革検討委員会などで提起された「信用分離」論は、政治的思惑が濃厚である２０１５年の農協法改正の背景と同様に[4]、その客観的根拠となると極めて曖昧である。本業である営農事業を軽視しているとか、日本農村・農業の特殊性を無視して本来の農協は欧米型の専門農協であるべきとか、他業態の金融・保険機関とイコールフッティングたるべきというように、無知・誤解を含む偏った事実認識や狭小な協同組合観に基づいている場合がほとんどである。また、その背景にある農業政策論では、国内農業の多面的な役割を否定し、大規模農業経営が普及・拡大さえすれば良しとする極端な構造政策論に与している。

これらの中でも特に、准組合員増大による信用・共済事業の肥大化（＝地域組合化）は、「経営主義」に基づく営農軽視（「脱農化」）であるという批判が研究者の間でも根強くある。但し、このような農協経営の主体性を問題にした批判の多くは、以下のような客観的な事実や農業立地条件等の地域性を無視している。

まず、周知のことではあるが、農業関連事業や営農指導事業の運営は、信用・共済部門の事業収益に大きく依存している。いま、直近の2015年度『総合農協統計表』によれば、全国農協の営農指導の事業損益は1133億円の赤字となり、これは当期利益合計2574億円の44・0%に相当する。また、農業関連事業部門も事業損益で313億円の赤字、当期損益段階では653億円の赤字であり、信用部門2267億円と共済部門1277億円の当期利益で補填されている。要するに、信用・共済事業なくして営農事業・活動はなし得ないという、この一般的な農協の現状を直視すべきである。

なお、先の大阪府下A農協の場合（2012年度実績）では、営農指導費配賦後の農業関連部門の当期損失は2億4600万円であり、当期利益合計の23・2%に相当する。当農協では、営農指導費を事業総利益割の配賦基準で営農活動とはほとんど無関連な信用部門に7割強を賦課しており、純粋に事業貢献度で配賦すれば農業関連部門の赤字額は1・5倍にも膨らむはずである。事業収入面で信用・共済に特化しているが、経営支出面では大きな財政負担をしながら営農活動を展開していることがわかる。具体的には、5カ所の小規模直売所の運営や商標登録による地域特産物のブランド化、農作業の受託事業、学校給食用の管内産米の買取・販売などであり、大都市域で地域農業が縮小しているものの営農活動を重視している。

また、農業関連事業が不採算部門になる主な理由は、多数の兼業農家や飯米農家等の零細農業者を取引相手にしている事業経営の非効率性にある。北海道の大半の農協では、農業関連部門の当期損益は信用、共済部門にほぼ並ぶ黒字を計上している。その背景として、正組合員の多くが規模の大きい専業農家であるため、農協との取引コストが極めて低く、施設の利用効率も高い点にある。北海道の場合、正組合員1戸当たりの農産物販売及び生産資材購買の取扱高は、全国平均の16倍前後の規模である。

したがって、都府県において農業関連部門収支を強引に改善しようとすれば、管内多数の兼業農家や高齢農業者、取引条件の不利な中山間地農業者との利用を切り捨て、ごく一部の専業農家や農業法人との取引に特化すれば良いということになる。当然であるが、このような選別的対応は協同組合として許されるべきではないし、国農政の課題となっている食料自給力の維持や、農業の多面的機能の発揮を増進していく上でも愚策であろう。

以上の事情から、准組合員拡大による信用・共済事業の推進強化が、「経営主義」あるいは「なしくずし的な地域組合化」に見えても、維持すべき営農活動の財源を求める経営行動だとしたら、「営農軽視」だとは即断できないと考える。

## 第6節　農水省の金融リスク論とその問題

以上のような農協経営の主体性を問題にするのではなく、農協経営を取り巻く経済情勢の変化から「信用分離」論を提起しているのが最近の農水省である。２０１６年末の新世紀ＪＡ研究会で、山田貴彦氏（農水省経営局金融調整課）は、行政担当者の口から初めて「信用分離」の明確な論拠を示した[5]。その論拠は2点に要約できる。

まず、金融環境の悪化による将来リスクの増大である。国内金融市場の縮小に直結する人口減少や少子高齢化の強まり、また、マイナス金利政策下の収益性（利鞘）低下やバーゼル規制の強化、将来的なフィンテック（金融ＩＴ）の進展などが、今後の農協信用部門の事業量及び事業収益、系統利益還元の縮小をもたらすという。

第2に、既存の総合農協にとって、「信用分離」のメリットが大きいという。例えば、信用事業リスク・負担の軽減や人的資源の営農部門へのシフト、自己資本規制等の対象外になること、現行の貯金保険料や貸倒引当金積立等が不要になる。また、代理店化の場合では、これまでどおり組合員に対して金融サービスを提供でき、さらに、従来の事業収益に見合う代理店手数料を確保することにより営農部門の赤字補填も可能という。これに対して、コスト低減のための経営効率化や農業融資の拡大、農協合併という「選択肢」（系統農協の対応策）は、取り組みの限界やデメリット等を指摘する。

以上の信用事業リスク論や分離メリット論に対しては、次のような反論が可能である。

まず、地域金融機関の経営見通しが厳しい状況はどの業態も同じである。そして、バーゼルⅢ規制やフィンテック導入への対応は、系統農協金融組織全体から見れば、単協の代理店化によってその必要性がなくなる、軽減されたりするものではない。

また、金融機関の収益悪化をもたらしているマイナス金利政策がいつまでも続くわけでもない。現下の超低金利基調は、周知のように日銀による「異次元金融緩和」政策から生じている。但し、マネタリズムに基づく物価上昇率2％目標の実現を口実として、財政収入不足を補うための政府の国債大量発行を、日銀が実質的に支えるという金融政策（国債の大量購入）はもはや限界にきている。アメリカやEUの中央銀行が先行しているように、日本においても「異次元金融緩和」の「出口」対策を模索する時期にある。したがって、今後の金融市場は金利上昇に向かう可能性もある。

さらに、地方の人口減少や大都市との経済格差問題を背景に「地域創生」政策が打ち出されているとき、最近の金融庁が明示しているように、これからの地域金融機関の重要な役割は、担保・保証依存の低金利競争から脱皮し、地域活性化や雇用創出、事業再生支援、生活環境支援などの取り組みにある。この点で、地域農業及び「六次産業化」の振興を基軸にした地域密着型の農協金融の展開にとっては、むしろ「兼営形態」こそが望ましいであろう。

その上、金融リスクへの対応においては、広域合併大規模農協のリスク負担能力やJAバンクシステム（一体的事業推進や破綻防止システム）の機能、系統組織段階間でのリスク分担（分散）効果等が過小に評価されている。

90年代末から2000年代初めに、他業態の金融機関と同様に系統農協においても不良債権問題が大きく膨れ上がり、極度の経営不振に陥った信連・農協が少なからず発生した。この問題状況に対して、農協合併や信連統合などの系統組織内部の対応で乗り切り、2000年代半ば以降になってV字型に事業収益を回復させてきた。また、08年のリーマンショックのさい農林中金の自己資本増強対策においても、系統組織全体で支えたという経緯がある。したがって、今後の金融リスク増大に対しては、破綻処理対応策としての事業譲渡ではなく、系統一体的な事業システムや推進体制、人材育成等の一層の強化、また、融資・審査体制及びリスク管理体制、内部統制等の充実に向けた広域農協合併など、前向きな対応を模索するのが経営戦略の本筋と考える。

次に、「信用分離」のメリット論は、事業譲渡に伴う直接的なデメリットを無視している。農協関係者が指摘するように、農産物販売や生産資材購買決済の外部取引化で手数料や消費税が新たに発生する。また、事業部門間の連携の後退で資材購買や販売事業が不利になること、一部の農協で定着している複合・総合渉外体制が不可能にもなる。その上、代理店になれば、リスク性のある営農資金の迅速な対応に支障が生じ、担当職員のモラール低下も懸念されよう。さらには、施設投資が大きく固定比率の低い農村部の農協では、資金繰りの悪化や借入による資金調達コストの上昇も予想される。

一方、地域金融の経験やノウハウの乏しい連合会において、単協のリテール機能や事業推進機能の代替が容易に進むとは思えない。加えて、農林中金・信連の経営合理化要請で、農村からの支店撤退や経営資源（人材や資金・利益等）の本部集約化が進展し、系統農協金融の組合員本位ないし地域支援的な経営姿勢が後退する恐れもある。

なお、貯金・貸出金の実績に対して支払われる代理店手数料は、2017年秋に農林中金・信連から単協に提示されたが、その水準は現行の事業収益（信連奨励金や利鞘収入等）に比べて大幅に低くなるという。但し、代理店方式では業務システムやATM、本部管理業務等に関わる経費負担がなくなり、単協にとって実質的な収入水準は、原則的には現行の兼営形態と同じになるはずである。したがってまた、低金利基調下で農林中金・信連の運用収益が悪化すれば、代理店方式であってもその手数料水準は下がり、農水省当局が求める「魅力ある手数料水準の設定」が保障されるわけではない。

以上のように、金融リスク対応論や「信用分離」メリット論は、総合農協の兼営形態を直ちに否定するには現実性が乏しく、説得性に欠けている。但し、現在の信用・共済事業の展開に問題がないわけではない。

都市部だけではなく今日の農業者・農家や地域住民にとって、よほどの純農村や山村、離島村でもなければ、周囲に金融機関や保険会社等の店舗が進出・普及しているため、総合農協の存在意義や利便性評価は相対的に低下している。したがって、制度発足時の農業条件や農村の社会経済的状況を論拠にした総合農協の優位論は、今や説得性を失ってきている。その意味で、現在の地域農業及び地域社会の実情に即して、総合農協の信用・共済事業の今日的意義を改めて明確化し、農協固有の事業方式の在り方を追求する必要があると考える。この点について、農協金融に即して詳述してみたい。

## 第7節　今後の農協金融の在り方

農協信用事業の伝統的な理念は、農業金融を主体とした相互金融にあった。ところが、農協の貯貸率は2000年度の30・5%から16年度には25・1%に低下し、逆に貯預率は73・2%までに上昇して、農協は貯蓄機関になりつつある。そして、『農林漁業金融統計』によれば、15年度末で住宅資金が農協貸出総額の50・4%を占め、農業関連資金はわずか5・4%に過ぎない。今後、農村部の人口減少、特に農家・農業者の大幅な減少が信用事業においても大きく影響し、貯金や住宅ローン等の管内リテール金融市場は縮小に向かう。加えて、農業金融をさらに伸ばしうる余地は小さく、融資体制の強化といっても限界がある[6]。

そこで、今日の総合農協も他業態の地域金融機関と同様に、地域社会経済の活性化支援という責務を負っているとすれば、農業金融以外でも地域密着型の事業方式を開発すべきであろう。この点で、最近の金融庁における、かつての「不良債権処理」行政からの大幅な転換に注目すべきである。新しい金融行政の方針は、一言でいえば、単なる「担保・保証依存融資」から脱皮し、事業者に密着した経営改善や事業支援等を伴った「顧客本位」の地域金融への転換である[7]。

その見本は、農協の農業金融においてすでにある。北海道内の農協における「クミカン（組合員勘定）」制度がそれであり、営農指導を組み合わせた短期資金の継続融資あるいは動産担保金融である。また、数年前から全国的に普及しつつある「農業経営管理支援事業」も該当する。同事業は、農業者の所得増大や経営改善の観点に立って、経営診断に基づく農業者・農業法人に対する総合コンサル活動である。この事業は、単協内金融部と営農部との連携や県域レベルでの県中・各事業連間の連携によって展開しており、経営管理支援の一環としての農業融資は、組合員本位の事業方式と評価できよう。

そこで、貯貸率が極度に低い現状の農協金融には、このような事業方式を「六次産業化」など農業関連産業の振興に関わる事業資金にも適用し、農外地域金融への積極的な取り組みが求められていよう。但し、現状の単協にはそのノウハウがなく推進体制も確立していない。そのため、系統農協組織間の連携で対応する必要があり、例えば、農業者・農業法人を対象にした既存の農業経営管理支援事業を「地域内六次産業化支援事業」へと発展的に拡大し、「担い手サポートセンター」から「担い手・六次産業化支援センター」に再編する方策などが考えられる。そのさい、相応の事業システムの形成や融資体制及びリスク管理の強化、さらには担当職員の人材育成、目標管理・考課制度の改革など取り組むべき課題は多い。

いずれにしても、農業経営管理支援事業での事業方式を農外事業資金分野までいかに拡大できるかが、地域金融機関としての農協の将来性を左右するように思われる。

農協信用事業のもう一つの検討課題は、その事業方式の在り方にある。近年、サービスや商品、事業方式において、銀行や保険会社と農協との違いがわからなくなっている。これまで、農協固有の事業方式の在り方としては、「組織（協同活動）」を基盤にした「事業」の展開という理解がある。この考え方は、生産部会活動との連携が強い農産物販売事業や生産資材購買事業、生産施設の共同利用事業においては現在でも当てはまる。

信用・共済事業においても、かつては、集落組織に依存した積立貯蓄推進や一斉共済推進、戦前の産業組合時代にまで辿れば、集落の信用評定委員会に依拠した農家融資の取り組みがあった。今日において、集落組織を基盤にした信用・共済事業の推進は展望し難い。そこで、現在では農業面ではなく組合員・地域住民の生活面や地域社会面との関わりにあり、系統農協運動用語では「くらしの協同活動」の展開ということになる。

近年、支店を拠点として、組合員組織の育成や健康増進活動、高齢者生活支援、食農教育の活動等を経営の基本戦略として積極的に取り組む農協も現れている。これらの組合員活動の多くは、諸事業と直接に結びつくものではないが、農協の総合事業や多様な協同活動に対する理解や共感の浸透、役職員とのコミュニケーションの深化により、組合員視点に立った事業の展開を促進しよう。

事業方式のもう一つの改革方向は、相談活動を基軸にした総合的事業の展開である。この考え方は、近年の「TAC制度」（営農総合相談対応の担い手専任担当制）や先述の農業経営管理支援事業の取り組みに生きている。この相談活動を農業者・農家に限らず、生活面も含むあらゆる相談に基づいて事業展開を図ろうというのが、「くらしの相談員を通じた組合員の総合的な支援」活動である。

以上二つの事業方式は、協同組合理念に忠実でありながら事業推進と相乗的な効果も期待できる。今日、マイナス金利政策のもとで低金利競争での事業展開は限界に来ており、改めて協同組合固有の事業方式を再確認し、その強化に努める意義は大きい[8]。

## 第8節　おわりに——本来的な制度改革の展望——

最後に、前述の「信用分離」論の批判的検討を踏まえて、「制度的乖離」問題の解消に向けた農協制度の本来的な改革方向を提起してみたい。

我が国の金融制度において、総合農協に信用事業兼営が認められている制度的根拠は当然ながら農協法にある。その中で、設置目的を定めているその第1条が農協法全体を規定している関係にある。したがって、第1条の趣旨に即した農協組織の運営（事業・経営）である限り、国内の現行金融制度のもとで信用兼営の総合農協の存続は保障されている。問題は、その農協法第1条が現在の農業・農村社会の実情に適合しなくなっていることである。この点で、国内農業の役割に関する国の基本政策が変わったとき、それに対応して農協の組織目的規定（第1条）も見直すべきだったと考える。

1961年制定の農業基本法では、農業経営の他産業並所得均衡を掲げて、規模拡大や機械化等による生産性向上を追究した構造政策が農政の中心に据えられた。農協は基本法の中では流通近代化の役割を課されたのだが、その政策的枠組みにおいては、現行法第1条の「農業生産力の増進」が農協の目的として適合的であったかもしれない。その後、農業経営の兼業化や農業者の高齢化、農村の混住化、中山間地農村の過疎化、都市緑地環境の悪化等々を反映して、1999年の「食料・農業・農村基本法」ではわが国の農業政策の基本方向は多様化した。

同基本法には、従来の構造政策を継承しつつもその政策理念において、農業の多面的機能の発揮や農業の持続的な発展が加えられ、また、農業の多様な「担い手」として女性や高齢者による農業活性化も政策課題とされた。その政策理念の遂行においては、農業者等の努力に加えて消費者の役割も明記された。

さらに、農業の多面的機能の発揮に関連して、都市農業政策において詳しく規定したのが２０１６年4月に議員立法で制定された「都市農業振興基本法」である。そこでは、都市農業の多面的機能の発揮領域として、防災や景観形成、環境保全、地産地消、都市住民との交流、食農教育、市民農園等を列挙している。

以上のように、近年の国農政は、特に地域農業の多面的機能の発揮に関して地域住民の参加を求めている。その活動は、程度の差あれすでにほとんどの農協で実践されていることでもある。大阪府下の典型的な都市農協である先述のA農協の場合では、「食農教育応援事業」として管内小学生を対象に23カ所において農業体験活動を実施している。また、地域住民の定年退職者の要望に応えて、遊休農地の活用による市民農園の開設・斡旋事業を拡大し、13年度末現在、管内45箇所で約１７００人が利用している。そのほか、女性部会（会員6千人強のうち8割弱が准組合員）の自主企画による趣味サークル活動やボランティア活動に加えて、食農教育に関するカリキュラムを取り入れた「女性大学講座」を開設している。

このように、新しい「基本法」の農政理念に対応した農協の幅広い協同活動が芽生えている現在、農協の目的を「農業生産力の増進」や「農業所得の増大」に狭く限定すべきではないであろう。この点で、専門農協化に固執した「信用分離」論は、都市農協の存在意義を全く無視ないし否定していることに大きな問題がある。

ここで、現行「基本法」農政理念に即して農協法第一条を改正するとすれば、「この法律は、農業者及び住民等の協同組織の発達を促進し、もって地域農業の保全及び振興を図り、併せて地域社会の安定と発展に寄与することを目的とする」というような内容になろう。組織面での法改正の方向は、その協同目的（理念）への賛同に基づく一般住民の組合加入を促進し、既存の准組合員制度を積極的に意義づける点にある。

本来、農協法改正を含む農政改革の基本方向は、専門家で構成された農水省内の審議会で議論されるべきであろう。ところが近年、農業・農村事情には疎いメンバーで組織された内閣府直轄の委員会で、為政者の政治的思惑を反映した内容で審議・決定されるという異常な状況が踏襲されている。このような政策形成の状況下で、「まともな制度改革」は望むべくもない。

そこで、制度的乖離の解消に向けた当面の努力としては、系統農協組織が協同組合運動の中で地域組合化への制度改革を継続的に模索していくとともに、それぞれの農協の「経営理念」において地域組合化の方向を掲げ、現行法に抵触しない限りで、「地域組合型総合農協」への自己改革を実質的に進めることであろう。その具体的取り組みの第一歩は、下記のような准組合員対策と考える。

第1に、既存の准組合員に対して、また、非農業者への組合加入時に農協の理念・目的を明確に提示し、営農活動重視の財務政策について理解と賛同を求める。

第2に、営農指導及び農業関連事業に対して事業収益ないし剰余金の一定割合の支出義務を定款等で明示する。併せて、信用・共済部門による農業関連部門等の損失補填の実態について、准組合員に対して情報開示と説明責任を果たす。

第3に、准組合員に対して一定の範囲内で理事・総代選出枠を設ける。

なお、制度改正を含めて本来の農協改革は、政府がプランを描き、その指示で実践するものではなく、協同組合理念ないし組織目的に賛同した組合員の意思に基づくべきである。その意味で、准組合員利用規制に関する政府の検討を目前にして、上記の准組合員対応を欠く疑似「地域組合」の現況からどれほど脱皮できるかが、「地域組合型総合農協」の展望を決すると思われる。

## 注

（1）「地域協同組合」論争の経過については増田［6］が詳しい。
（2）論争時の地域組合化批判論の詳細については、佐伯［3］を参照されたい。
（3）戦後の農協制度に関する農水省設置の審議会等での検討経過については、増田［7］（86～97頁）が参考になる。
（4）正当な根拠を見出しがたい中央会制度の廃止や全国連の株式会社化への誘導など、これまでの系統農協組織の根幹に関わる農協法改正は、反ＴＰＰ運動のナショナルセンター化した系統農協組織（とりわけ全中）に対する政治的攻撃だという批判論は多い。農協法改正の政治性については、増田［8］を参照されたい。
（5）山田貴彦氏の言説は、「信用事業譲渡『選択』もあるべき姿　自ら考える」『農業協同組合新聞』（２０１６年12月20日）の記事に基づく。なお、新世紀ＪＡ研究会での氏の報告原題は「農協の信用事業を取り巻く環境について」である。
（6）『農林漁業金融統計』によれば、信連・農林中金を含む系統農協全体の農林業貸出シェアは、09年度から15年度にかけて44・2％から38・9％に低下したのに対し、銀行等のシェアは13・0％から14・7％に微増し、政策金融公庫等の政府系金融機関では42・7％から46・4％に上昇している。民間金融機関でも農地投資等の長期資金に対応可能な時代に、民業を圧迫する政府系金融機関の役割は限定されるべきであろう。
（7）その子細は橋本［5］が詳しい。
（8）協同組合理念に即した事業方式や人材育成の課題ついては、青柳［2］を参照されたい。

## 参考・引用文献

［1］青柳　斉「農協法第1条の問題と改正方向」、『農業と経済』81巻7号、昭和堂、２０１５年。
［2］青柳　斉「協同組合理念の実践と人材育成をめぐる問題状況」、堀越芳昭・日本協同組合連携機構編『新時代の協同組合職

員――地位と役割――』全国共同出版、２０１８年。

［3］佐伯尚美「『地域組合化論』の展開と諸問題」『協同組合研究』第1巻第2号、１９８２年。

［4］佐伯尚美『農協改革』家の光協会、１９９３年。

［5］橋本卓典『捨てられる銀行』講談社現代新書、２０１６年。

［6］増田佳昭「『地域協同組合』論の系譜と課題」『協同組合研究』第1巻第2号、１９８２年。

［7］増田佳昭『規制改革時代のＪＡ戦略』家の光協会、２００６年。

［8］増田佳昭「農協改革の『決着』とＪＡ改革の課題」『農業と経済』81巻4号、昭和堂、２０１５年。

第6章

# 総合事業と共済事業のあり方

津田　将・小松泰信

## 第1節　はじめに

ＪＡの金融事業（信用、共済）は、農業施設整備など営農支援のための農業融資をはじめ、各種ローンや協同組合保険などの提供によって、組合員および地域住民が安心できる生活を保障するための重要な役割を果たしている。因みにこれらの事業規模（２０１７年3月末実績）をみると、ＪＡバンク貯金残高が昨年１００兆円を超え、ＪＡ共済の長期共済保有残高が２６７・２兆円と、グローバル企業と肩を並べる規模となっている。

しかし本事業は、農業関連事業の赤字を補填していることや、主に金融事業を利用しているといわれる准組合員の占める割合が正組合員より高くなっていること、さらには共済事業（共済掛金）では組合員の事業利用の５分の１、信用事業（貯金・貸付）では４分の１が認められる員外利用について、政府をはじめ欧米から金融事業への改革の圧力を受け続けてきた。特に近年、改革への圧力が一層増し、その結果、政府および規制改革会議の「農協改革」による改正農協法の附則に、金融事業の利用者として重要な位置づけにある准組合員の事業利用規制の「5年後検討条項」が記載された。さらに、公認会計士監査による内部統制整備の対応問題も噴出し、公認会計士監査費への対応ができないなら、JA事業から金融事業を切り離し、公認会計士監査を免れるという道筋をつくるなど、JAの事業から金融事業を分離させる下地が整いつつある。

政府および2016年から規制改革会議が衣替えした規制改革推進会議は、信用事業について、JAの農林中央金庫への代理店化を強めるなか、共済事業については、具体的な方向性は示さなかった。ただし、本事業については、2014年6月の「規制改革実施計画」のなかで、「全国共済農業協同組合連合会は単協の共済事業の事務負担を軽減する事業方式を提供し、その方法の活用の推進をはかる」との提案があるように、直接的ではないが、JAのJA共済連の代理店化についても暗に示唆されていることがうかがえる。

そこで本章では、政府および規制改革推進会議が次のターゲットにしているJA共済事業に焦点をあて、保険業界の動向を踏まえながら、金融事業分離問題の再燃などJA共済をめぐる情勢変化、さらに政府の「農協改革」に対し、JA共済連が取り組んでいる自己改革の実践状況を概観し、当該事業のあり方を検討する。

なお本章については、第1、2、3節を津田[1]、第4、5節を小松[2]が担当した。

## 第2節　保険業界の動向と変遷

### 1　保険業界を取り巻く環境

わが国の保険業界を取り巻く情勢変化をみると、まず少子高齢化と人口減少社会に突入したことがあげられる。人口減少については、保険業界の市場規模の縮小に直結することとなるが、その一方で、生前給付型のように、高齢化による病気・疾病をはじめ、老後の生活への備えなど、医療・年金・介護などに関する商品へのニーズが高まっているのも事実である。また、来店型保険ショップ等の販売チャネルの整備を進めているほか、顧客対応力の向上に取り組んでいる。

さらに、現在、目まぐるしい進歩を遂げているＩｏＴやＡＩ分野の技術を活用することによって、契約者の健康維持・改善を目的に開発された健康増進型保険のように、これまでの保険そのものの考え方を変える商品開発の動きも見られる。

以上のように、厳しい事業環境下での生き残り戦略が伝わってくるが、「平成27年度生命保険に関する全国実態調査（速報版）」は、生保加入者の行動や意識面からその厳しい事業環境の一端を明らかにしている。[3] 共済事業にも関連する事項は次のように要約される。

まず、生命保険（個人年金保険を含む）の世帯加入率は89・2％で前回調査（２０１２年）よりも１・３ポイント低下した。世帯の普通死亡保険金額は２４２３万円となり引き続き低下傾向にある。また、世帯の年間払込保険料も38・５万円で低下傾向が続いている。これらから、家計における緩やかな保険離れがうかがえる。なお、今後増やしたい生活保障準備項目のトップは「老後の生活資金」で、７割が保険に関する知識不足を自認していることがうかがえる。

わが国の国民年金や厚生年金、健康保険といった公的保険制度は、少子高齢化などによる財源確保の問題を抱えている現状から、自分の老後は自分で備える必要があり、民間の生命保険会社などの果たす役割はますます重要になると考えられる。

一方、損害保険は、自動車保有台数や住宅着工件数の推移など、わが国経済の動向が販売・業績に直接結びつき、景気低迷時では業界全体の保険料の伸びはみられなかったものの、ここ最近の景気回復にしたがい、業績回復が期待される。

大手損害保険会社の動向をみると、わが国の大手メーカーの海外事業拡大に伴い、海外に拠点を設置し、現地で保険ビジネスを展開・拡大してきた経緯がある。特に2000年以降は、海外保険会社との提携やM&Aなどにより現地企業や個人マーケットなど現地ローカル市場に参入しており、大手損害保険会社にとって海外事業は、縮小傾向にある国内市場にかわるいわば成長の鍵を握っている。

## 2 金融自由化以後の保険業界

### (1) 保険業界の自由化への進展

わが国の金融業界に対する行政手法は、一昔前は「護送船団方式」とも言われ、保険業界も保険商品の差別化を図ることができなかった。しかし1996年の保険業法の改正によって、保険業界は自由化に向け舵を切ることとなった。

この約60年ぶりに全面改正された保険業法は、「規制緩和・自由化」、「健全性の維持」、「公正な事業運営の確保」を中心に、子会社方式による生保・損保の相互参入の解禁、保険商品・料率の届出制の導入、保険契約者保護基金による経営危機対応制度の規定、クーリングオフの規定、などが盛り込まれた。

また同年12月の日米保険協議により、各社の特色を活かした保険商品の開発・販売や自由な保険料設定が可能になった。しかしその一方で、通信販売をツールとして営業を展開する外資系損保がわが国の自動車保険市場に注目し、参入することとなった。

さらに、2001年から保険商品の銀行窓口販売が一部解禁されたことにより、保険商品や料率だけでなく販売チャネルについても多様な対応が可能となった。

## (2) 3大損保グループの誕生

自由化に伴う新商品の開発や保険料率の競争激化により、損害保険各社は効率的な経営を推し進めた結果、合併による規模拡大を進展させた。まず2001年の第一次再編によって、14社あった損害保険会社が8社に集約された。この業界再編の背景には、バブル経済の崩壊に伴うわが国経済の停滞や、今後迎える少子高齢化の進展に備えることがあげられる。

損害保険各社が合併・統合を推進した結果、2010年4月にはMS&ADインシュアランスグループ、SJNKグループ（現SOMPOホールディングス）が誕生した。この合併で、東京海上グループと合わせて3メガ損保グループと呼ばれ、損保の収入保険料全体の約9割のシェアを占めるに至っている。

表6-1　保険業法改正以降の新たな動き

| | | |
|---|---|---|
| 1996年 | 4月 | 保険業法の改正（子会社生損保相互参入等） |
| | 12月 | 日米保険協議の合意（リスク細分型自動車保険の認可） |
| 2001年 | 4月 | 銀行などによる保険販売の解禁（窓口販売の解禁） |
| 2007年 | 12月 | 銀行窓販販売の全面解禁（全ての保険商品が解禁） |
| 2014年 | 5月 | 保険業法の一部改正に関する法律の成立（保険会社の海外展開に係る規制緩和等） |
| 2016年 | 5月 | 保険業法改正の全面施行（保険募集の基本的ルールの創設等） |

## (3) 販売チャネルの多様化

1996年の保険業法改正などの規制緩和により、販売チャネルの多様化が進み、顧客がさまざまなルートから保険を契約できるようになった。例えば、自動車保険の通信販売や、銀行窓口販売はその一例である。さらに2000年代にはインターネットの急速な普及により、ネットをツールとして営業を拡大する保険会社も生まれた。

一方、既存のチャネルにおいても、生命保険会社が自動車保険などの損保商品を取り扱ったり、損害保険会社の代理店が生保商品を取り扱うなど、生保および損保の垣根を越えて顧客に提案できる強みを武器として販路を広げている。

以上のように、保険業界の自由化は、商品や保険料率の競争と、販売チャネル間競争を激化させた。

## 第2節　ＪＡ共済をめぐる環境変化と課題

ＪＡ共済をめぐる環境変化で２０１４年に在日米国商工会議所（ＡＣＣＪ）は、その提出した意見書で「ＪＡグループは、日本の農業を強化し、かつ日本の経済成長に資する形で組織改革を行うべき」と指摘した。注目すべき点は、この内容が規制改革会議の議論と連動して農協改革法案を推し進めることとなったことである。当然、このことはＪＡの共済事業にも影響を及ぼすことになる。

本会議所は、翌２０１５年12月に今回の「農協改革」を高く評価しつつも、「共済等と金融庁監督下の保険会社の間に平等な競争環境の確立を」との意見書を公表した。アメリカ政府の米国通商代表部（ＵＳＴＲ）と密接に連携する本会議所の意見書は、わが国の共済事業にねらいを定めたアメリカ政府による明確な対日要求であるといえる。

この意見書において注目すべき点は、前回２０１４年の意見書ではＪＡ共済を含む「農協改革」を求めたのに対し、今回はＪＡ共済にとどまらず、全労済、コープ共済、県民共済、中小企業共済などすべての共済について、保険業法のもと金融庁監督下にある保険会社と同一条件であることを要求している点である。さらに、保険会社との平等な競争条件が確立されるまでは、共済の事業拡大及び新市場への参入は許されるべきでないとまで主張している。

以上のように再び矢面に立たされたＪＡ共済であるが、例えば、長期共済保有契約高をみても、１９９８年度の３９１兆円をピークに減少傾向にあるものの、２０１７年度は２５９兆円と、わが国の生命保険会社として第３位の規模を持ち、生命保険収入でのシェアは10％以上にも及ぶことから、わが国の保険市場において大きなシェアを占め、無視できない存在となっていることは間違いない。

アメリカのグローバル企業は、日本市場でのビジネスの拡大を目的として、ＪＡ共済の市場に参入するため、本会議所を通し、正組合員を上回る准組合員や員外利用などを問題として指摘し続けてきた。しかし、ＪＡ共済の主体はＪＡであり、ＪＡ共済連の実績もＪＡの実績の積み上げである。また、ＪＡ、ＪＡ共済連は協同組合であることから、「解体」を迫るのは難しいため、本会議所は、ＪＡがＪＡ共済連の代理店にさせることによって、これまでの単協とＪＡ共済連の関係を変える改革を推し進めることで、何とか農村・農協市場への参入を図ろうとしている。

振りかえってみると、ＪＡ共済事業は、２００５年の農協法改正によって、組合員・利用者とＪＡとの契約、さらにＪＡとＪＡ共済連との再共済といった方式から、ＪＡ・ＪＡ共済連との共同契約による「共同元受け」方式に変更した。このことは、例えばＪＡが破綻しても、そのままＪＡ共済連が引き継ぐことにより、契約者を守るという体制を整備することによって、国内外から指摘をされていたＪＡ共済の契約者保護に関する一連の批判にも応えることとなった。

にもかかわらず、２０１８年４月、農林水産省のＪＡ共済事業に関する監督基準が変更された。具体的には、「Ⅱ—４—４—１　保険会社の業務の代理を行う場合における募集等の適正化」にある「また、農協（信用事業を併せて行う農協を含む）が募集できる商品は損害保険会社（同法第２条第４項に規定する損害保険会社をいう）の保険商品に限られることとなる」の文言が削除された。このことにより、損害保険に限られていたＪＡで取り扱える民間保険会社の商品が、すべての保険商品を取り扱えることとなった。このことに対し、民間保険会社は危機感を持ち、例えば、組合員の相互扶助という協同組合が、不特定多数を相手方とする保険会社の業務の代理を行うことにより、その趣旨を逸脱していることへの懸念や、軽減税率等の税制優遇措置が適用されている農業協同組合が、保険募集範囲の拡大により、保険代理店との競争上の不均衡が拡大することとなるといった意見をあげた。

# 第4節　共済事業における内憂外患の実相と打開策

## 1　本節の課題

前節までに述べられたように、ＪＡにおける共済事業は内憂外患のまっただ中にある。本節の課題は、そのような事業環境とＪＡグループで取り組まれている自己改革のなかで、共済事業が進むべき方向性を明らかにすることである。

## 2　第27回ＪＡ全国大会決議とＪＡ共済３カ年計画

〝農業者の所得増大と地域の活性化に全力を尽くす〟と、副題で高らかに宣言した第27回ＪＡ全国大会決議「創造的自己改革への挑戦」を遂行すべく、２０１６年度からのＪＡ共済３カ年計画は、「地域に広げる助け合いの心～くらしと営農を支えるＪＡ共済～」をスローガンとし、農協改革およびＪＡグループの自己改革を踏まえた新たな課題に適切に対応し、前進していくための実践事項を提起している[4]。

この計画は、第１に「盤石な事業基盤の確保に向けた共済事業実施態勢の強化」、第２に「共済事業としての地域活性化・農業経営に貢献する取組みの強化」、そして第３に「連合会改革の実践と永続的な健全性・信頼性の確保」という、三つの重点取組事項から構成されている。

ＪＡ大会決議を最も反映している第２事項には、「農業所得の増大」「農業生産の拡大」「地域の活性化」と連動した、地域貢献活動や農業リスク分野等への取り組みが列挙されている。具体的な取組施策の最初にあげられている〝地域活性化に向けた地域貢献活動の取組強化〟では、従来からの地域貢献活動に「くらし」の分野を加えたより地域に密着した活動と、これらに対する理解・浸透をめざした広報活動の強化が盛り込まれている。

次にあげられている〝農業経営に貢献する取組みの強化〟では、担い手経営体等を対象とした農業リスク診断活動の実施や事業リスクを包括的に保障する仕組みの開発、それを提案できる人材育成への取り組みなどが提起されている。

さらに〝ＪＡグループの取組みと連動した農業振興等に貢献する活動の展開〟として、６次産業化事業体に対する「ＪＡ・６次化ファンド」を通じた資金支援や保障提供などがあげられている。

第３の重点取組事項で注目されるのは、ＪＡ職員の営農・経済事業への重点配置を支援するための契約事務の大幅な軽減や連合会との業務分担の見直しである。

盤石な事業基盤の確保を目指した第１の重点取組事項は、普遍的課題ともいえる「エリア戦略の浸透・定着」「契約者・利用者サービスの強化」「ＪＡ支援の強化」をあげている。

農業振興問題に積極的に関わる決意は示されているが、現場ＪＡにおける実践可能性と共済事業そのものの質と量を落とすことなく、これまで以上の事業展開が可能かどうか、冷静な検討が求められる。次項では、当該事業の経営分析によりこの課題に接近する。

## ３　内憂の実相――共済事業の経営分析から――

### (1)　平成期における全国的動向

まず表６－２には、１９８９年度から２０１４年度までの26年間における共済事業の経営動向を示している。ＪＡ数は広域合併により減り続けているが、組合員総戸数は准組合員世帯の加入拡大により増加している。２００９年頃まで増加傾向にあった共済担当者数は近年減少傾向にある。事業総利益は１９９４年度以降減少傾向に歯止めがかからず２兆円を下回っている。共済事業総利益も事業総利益よりも５年程度遅れて減少しており、これにも歯止めがかかっていない。共済事業総利益の事業総利益に占める割合（収益貢献度）は２００４年度をピークに減少傾向にある。これは、共済事業総利益の減少率が事業総利益の減少率を上回っていることを意味している。当該事業の基盤とも位置づけられる長期共済保有契約高も１９９９年度を

表6-2　平成（1989年以降）における共済事業の経営動向

| | Ⅰ　JAにおける共済事業の動向 | | | | | | | |
|---|---|---|---|---|---|---|---|---|
| 年度 | ① JA数 | ② 組合員総戸数（戸） | ③ 共済担当者数（人） | ④ 事業総利益（億円） | ⑤ 共済事業総利益（億円） | ⑥＝⑤／④＊100 収益貢献度（%） | ⑦ 長期共済保有契約高（兆円） | ⑧＝⑤／③ 共済担当者労働生産性（千円） |
| 1989 | 3,717 | 7,368,365 | 22,286 | 23,424.2 | 4,352.9 | 18.6 | 283.0 | 19,532 |
| 1994 | 2,669 | 7,667,593 | 27,135 | 23,953.0 | 5,581.7 | 23.3 | 359.4 | 20,570 |
| 1999 | 1,620 | 7,756,839 | 32,648 | 22,453.3 | 5,816.0 | 25.9 | 391.0 | 17,814 |
| 2004 | 913 | 7,746,957 | 38,639 | 20,202.9 | 5,570.6 | 27.6 | 368.2 | 14,417 |
| 2009 | 741 | 8,058,596 | 39,818 | 19,123.8 | 4,989.2 | 26.1 | 320.3 | 12,530 |
| 2014 | 692 | 8,504,020 | 38,763 | 18,420.6 | 4,653.9 | 25.3 | 281.2 | 12,006 |

| | Ⅱ　組合員世帯の事業貢献度の動向 | | |
|---|---|---|---|
| 年度 | ⑨＝④／② 事業総利益（千円） | ⑩＝⑤／② 共済事業総利益（千円） | ⑪＝⑦／② 長期共済保有契約高（万円） |
| 1989 | 318 | 59 | 3,841 |
| 1994 | 312 | 73 | 4,688 |
| 1999 | 289 | 75 | 5,040 |
| 2004 | 261 | 72 | 4,752 |
| 2009 | 237 | 62 | 3,975 |
| 2014 | 217 | 55 | 3,307 |

資料：農林水産省「総合農協統計表」各年度より作成。

ピークに減少し、直近では300兆円を下回っている。そして共済担当者の労働生産性も、94年度をピークに減少傾向が続いている。これらの指標からも、2000年前後から当該事業が厳しい局面に入っていることが確認される。

次に、組合員の事業貢献度を見ることにする。まず事業総利益に関しては1989年度から減少傾向にあり、2004年度以降は対前期比で10％弱の減少率にある。共済事業総利益についても、同年度以降減少傾向にあり対前期比で10％を超える減少率となっている。戸当たりの長期共済保有高も同年度以降減少しており09年度には4000万円を下回っている。14年度における09年度の減少率は16・8％にも及んでいる。組合員の事業貢献度も減少に歯止めがかからず、加えて長期共済の保有契約高の減少という保障水準の低下は問題といえよう。さらに、組合員と事業全般との関係の希薄化が見られる点にも、注意しておかねばならない。

(2)　農業地帯別動向

表6－3は、減少傾向が顕著となった

表 6-3　農業地帯別の共済事業の経営動向

| 年度 | 農業地帯 | 共済事業総利益の収益貢献度（%） | 組合員（人）の事業貢献度 | |
|---|---|---|---|---|
| | | | 事業総利益（千円） | 共済事業総利益（千円） |
| 2004 | 都市地帯 | 21.9 | 287 | 63 |
| | 都市的農村地帯 | 28.4 | 214 | 61 |
| | 中山間地帯 | 27.5 | 197 | 54 |
| | 農村地帯 | 27.5 | 236 | 65 |
| 2009 | 都市地帯 | 20.5 | 231 | 47 |
| | 都市的農村地帯 | 26.5 | 190 | 50 |
| | 中山間地帯 | 27.4 | 180 | 49 |
| | 農村地帯 | 25.9 | 217 | 56 |
| 2014 | 都市地帯 | 20.5 | 196 | 40 |
| | 都市的農村地帯 | 25.8 | 161 | 41 |
| | 中山間地帯 | 26.3 | 173 | 46 |
| | 農村地帯 | 25.2 | 196 | 49 |

資料：表 6-1 に同じ。
注　：都市地帯；地区内の全面積に対する都市計画で定める市街化区域の面積の比 率が 80％以上のもの
都市的農村地帯；地区内の全面積に対する都市計画で定める市街化区域の面積の比率が 50％以上のもので都市地帯に該当しない地帯
中山間地帯；地区内の全面積に対する特定農山村地域の指定面積が 80％以上のもの
農村地帯；上記三地帯のいずれにも属さないもの

２００４年度以降の動向を、農業地帯別に三つの指標で示している。共済事業総利益の事業総利益に対する収益貢献度は、都市地帯が最も低く20％を若干上回る程度である。他の３地帯は30％弱から徐々に減少し26％前後にある。組合員１人あたりの事業総利益に対する貢献度は、すべての地帯で減少傾向にあり、14年度ではすべての地帯が20万円を下回った。同様の傾向は共済事業総利益に関しても確認される。地帯にかかわらず組合員のＪＡ事業への関係の希薄化がうかがえる。ただし、農村地帯の組合員の事業総利益に対する貢献度が高い点は、評価しておかねばならない。

### (3) 規模別動向

表６－４は、表６－３と同じ指標を正組合員の規模別で示している（ただし、２００４年度は戸数、09、14年度は人数であるため不連続である）。共済事業総利益の事業総利益に対する収益貢献度は、大規模ほど高いが、すべての規模において減少傾向にある。組合員一人あたりの事業総利益への貢献度を見ると、いずれの年度においても大規模

表 6-4　組合員規模別の共済事業の経営動向

| 年度 | 規模 | 共済事業総利益の収益貢献度（%） | 組合員（人）の事業貢献度 | |
|---|---|---|---|---|
| | | | 事業総利益（千円） | 共済事業総利益（千円） |
| 2004（戸） | 500未満 | 12.2 | 494 | 60 |
| | 500-999 | 18.6 | 335 | 62 |
| | 1000-1999 | 22.7 | 287 | 65 |
| | 2000-2999 | 25.2 | 224 | 57 |
| | 3000-4999 | 28.5 | 212 | 61 |
| | 5000-9999 | 29.2 | 217 | 63 |
| | 1万以上 | 29.4 | 206 | 61 |
| 2009（人） | 500未満 | 11.3 | 414 | 47 |
| | 500-999 | 14.7 | 373 | 55 |
| | 1000-1999 | 20.5 | 266 | 55 |
| | 2000-2999 | 22.1 | 226 | 50 |
| | 3000-4999 | 26.3 | 214 | 56 |
| | 5000-9999 | 27.3 | 196 | 53 |
| | 1万以上 | 27.7 | 187 | 52 |
| 2014（人） | 500未満 | 10.9 | 418 | 45 |
| | 500-999 | 14.6 | 326 | 48 |
| | 1000-1999 | 18.3 | 263 | 48 |
| | 2000-2999 | 22.7 | 194 | 44 |
| | 3000-4999 | 26.0 | 173 | 45 |
| | 5000-9999 | 26.3 | 181 | 48 |
| | 1万以上 | 26.8 | 167 | 45 |

資料：表 6-1 に同じ。
注：規模については、2004 年度は正組合員戸数。’09 年度と’14 年度は正組合員数。ただし、事業貢献度に関しては、正准個人組合員総数で算出している。

化に伴って貢献度は減少する傾向が顕著である。またほとんどの規模においてこの10年間に減少している。これは本稿の直接的課題ではないが、広域大規模化の一つの負の側面を明示しており、より詳細な検討と対策が求められる。共済事業総利益に関しては、各年度とも規模間に顕著な差は見られない。共済推進の特徴を反映したものといえる。ただ、ここでもすべての規模において、共済事業総利益への貢献は減少している点にも注意しておかねばならない。

### (4) 事業基盤の脆弱化と縮小

満期契約の到来や転換契約の増加等による保有高の減少、あるいは可処分所得の漸減傾向を背景とした家計そして共済の見直しなどの理由は容易に想定されるが、2000年頃を境に共済事業総利益の減少に歯止めがかからず、労働生産性や収益貢献度が低下している。共済事業それ自体の立て直しが求められることに加えて、農業振興への貢献という新たな課題が課せられている。さらに長期的展望に立つとき、高齢化とともに次世代層の減少も見込まれており、事業基盤の脆弱化と縮小が危惧される。まさに協同組合として憂うべき事態に直面している。

## 4 外患の実相――TPPと在日米国商工会議所意見書――

TPP（環太平洋経済連携協定）が有する重大な問題の一つが、金融サービスにたいする市場開放要求である。東谷によれば、TPPにかかわったアメリカの圧力団体の一つである全米サービス業連合会（CSI）は事実上のアメリカ金融業界代表で、2010年1月の「TPPについての全米サービス業連合会の声明」は、「TPPは保険の分野では可能な限り高い基準を維持すべきであり、米韓FTAをモデルとすべきだ」と主張し、12年1月の「カナダ、日本、メキシコのＴＰＰ参加についての声明」では「日本市場はアメリカの保険会社にとって世界で最も重要なひとつである。…Kyosai（共済）という無規制的あるいは部分規制的な保険ビジネスも存在しており、そのいくつかは政府機関の管轄下にあり、アメリカの保険会社と比べて規制面、税制面、営業面での優位性を享受している」と、きわめて挑戦的な姿勢でイコールフッティング要求をちらつかせた[5]。

　前者の米韓ＦＴＡは２０１２年3月に発効したが、この交渉過程に少なからぬ影響を受けた韓国農協界では、韓国中央会の金融と経済部門の分離を柱とする農協改革法案が11年3月に可決・成立した。農協共済は、農協生命保険と農協損害保険に分離されるとともに、組織形態が協同組合から株式会社に変わり、保険業法が適用されることになった[6]。

　後者のイコールフッティング要求を、「次は日本です」といわんばかりの姿勢で突きつけているのが、米国多国籍保険会社の期待を背負って前述の意見書を発出してきた在日米国商工会議所（ＡＣＣＪ）である。「外資系を含む保険会社と共済等が日本の法制下で平等な扱いを受けるようになるまで、共済等による新商品の発売や既存商品の改定、准組合員や非構成員を含めた不特定多数への販売、その他一切の保険事業に関する業務拡大および新市場への参入を禁止すべきである」という厳しい提言ではじまる、15年12月に出された意見書では、まず安倍政権が大規模な農協改革を実行したことを高く評価した上で、最終的には共済事業の優位性を改善する提案が盛り込まれなかったため、ＪＡ共済と保険会社（とくに、外資系保険会社）の平等な競争環境確立をめざして、「不特定多数に対する商品の提供」「共済連から単協に支払われる報酬への消費税免除」「生損保兼営」の三項目その撤廃または縮小を要望している。いずれもＪＡや共済事業の歴史的経緯やわが国の規範に照らし合わせれば問題ない事項である。しかし、協同組合そのものへの無理解と自国保険会社への利益誘導を大前提としているため、協同組合保険の存在意義と独自性を認めぬ姿勢にたち、金融庁監督下で対等な事業展開をすべきであると主張している(7)。

〝郷に入ればわが郷に従わす〟という姿勢で市場開放を迫る、やっかいな外患そのものである。

## 5 小括――Too good to fail の道を愚直に進め――

一筋縄ではいかない内憂外患の打開策として次の3点があげられる。

第1点は、〝質の向上〟による盤石な事業基盤づくりである。失効や解約のない納得尽くでの契約内容（契約の質）。組合員・利用者の信頼と期待に応え、「安心」と「満足」を提供できる仕組みの開発と提供（仕組みの質）。組合員・加入者の豊かな生活づくりをめざし、いっしょに保障内容を設計する誠実な姿勢（職員の質）。農業振興に尽力し、地域貢献活動にも熱心な組織づくり（JAグループの質）。〝不特定多数〟などとはいわせない自覚ある組合員・加入者づくり（組合員の質）などである。

第2点は、全労済、コープ共済、県民共済といった他の共済団体との連携である。外資系保険会社の狙いは、JA共済を突破口にした協同組合保険全体の市場と資産の獲得にある。規模の違いや根拠法の違いなど連携への障害は少なくないが、JAグループがリーダーシップを取るべき取り組みといえよう。

第3点は、国内外を問わずイコールフッティング、すなわち対等な競争条件を求める保険会社に対して、共済事業からのイコールフッティング要求である。彼らが要求するのは「平等な競争条件」のみであるが、その一方で忘れていけないのは、農業・農村・農家に対する「平等な収益還元条件」である。競争条件の対等性の前に、共済事業と同じ水準の還元をおこなうことを要求することである。凜とした姿勢で収益還元を要求するためにも、農業振興や地域への貢献は誠実に取り組まれねばならない。

金融機関の生き残り戦略の一つに、〝政府が潰せないくらい大きくなっておく〟というのがある。いわゆる、〝Too big to fail〟というものである。協同組合はその矜持にかけて、このような品のない道を進むべきではない。進むべきは、〝だれも潰せないくらい良きJA共済〟をめざした〝Too good to fail〟の道である。

## 第5節　共済事業における自己改革の現状と課題

### 1　基本方針と自己改革

JA共済連は2018年3月19日に、2018年度のJA共済事業計画を発表した。(8) 「地域に広げる助け合いの心～くらしと営農を支えるJA共済～」というスローガンを掲げたJA共済3か年計画（2016年度～）の最終年度に当たり、目標達成に向けた多様な施策が示されている。18年度事業活動はつぎの三つの基本方針からなっている。

〈基本方針1〉事業基盤の確保とひと保障を中心とした取組強化
〈基本方針2〉共済事業としての自己改革への着実な実践
〈基本方針3〉事業を取り巻くリスクへの対応力の強化

自己改革を取り上げている基本方針2は、次の3方策からなっている。

第1は、JAの事務負荷軽減。そのために、ペーパーレス・キャッシュレス手続の拡大・定着および自動車損害調査体制を再構築する。

第2は、地域・農業活性化積立金の活用。これによって、地域に応じた地域活性化の施策に取り組む。

第3は、農業リスク診断活動。農業リスク対策の提案や保障提供によって農業経営に貢献し、農業者の事業・生活基盤の安定化を図る。

次項では、この3方策が、自己改革という課題のもと、いかなる枠組みと内実を持って取り組まれているかを検証する。

## 2　共済事業における自己改革の到達点

2015年の第27回JA全国大会で決定した創造的自己改革において、「農業者の所得増大」と「農業生産の拡大」が最重点課題として、集中的な取り組み対象に位置づけられた。それを受けて、実践上は、「農業者の所得増大」「地域の活性化」「事務負荷軽減」「JA支援機能の強化」の4項目で再構成されている。各項目の取り組み概要はつぎのとおりである。

### (1)　農業者の所得増大

所得増大を目指し、農業経営に貢献する取り組みの強化とJAグループの取り組みと連動した活動の強化、これらの強化に着手する。ここで注目すべきは前者であり、まずあげねばならないのが、「農業リスク診断活動」である。

①農業リスク診断活動

この活動は、「農業者に対して、農業経営を取り巻くリスクに関する意識喚起を行うとともに、リスク対策の有無の確認を行い（リスクチェック）、明らかになったリスクに対する対策の提案（保障提案等）を行う一連の活動」と、定義されている。

16年4月から専用の記入用紙を用いてはじまり、18年8月時点で32県本部において実施されている。4県本部における試行を経て、今18年度4月からライフアドバイザー（以下、ＬＡ）が使用しているラブレッツ（タブレット端末：Lablet's）を活用する方式を本格始動し、今年度より全国に展開している。

当初は、ＬＡが主体的に担うべき業務として設計された。しかし、営農に不案内なＬＡが少なくないため、「営農担当者が使う端末でも使える」よう改善された。それによって、「農業者のリスク対策で営農部門と連携する」など、事業間連携での対応も期待されている。(9)

②担い手経営体等への新たな保障提供

もう一つが、国が育成に力を入れている担い手経営体の事業リスクを包括的に保障する仕組み・商品の提供である。共栄火災の商品である「農業応援隊」が16年4月から提供されている。それを特徴づける興味深い保障内容として、「食中毒や異物混入等による賠償事故」「観光農園駐車場での誘導ミス等による管理中車両損害賠償事故」「食中毒等の発生に伴う休業時の喪失利益」「顧客情報流出に伴う損害賠償」などがあげられる。18年3月末現在の契約実績は、36県本部で４６０件となっている。

同様に、共栄火災の商品であるが、17年10月より、労働災害への備えとして従業員と事業者のリスクを保障する、ＪＡ共済労働災害保障制度が実施されている。なお保障開始は18年1月からである。従業員には正規社員の他にパート・アルバイト派遣スタッフ、そして外国人技能実習生も含まれている。

以上のように、農業経営の大規模化や多角化に伴うリスクへの保障が提供されている。

また、国の農産物輸出促進政策に対応するために、16年4月よりJAを通じて輸出された農産物に起因する損害賠償責任について、JA単位で保障する「JA共済海外PL保障制度」（共栄火災）が実施されている。18年3月末現在の契約実績は12件である。

(2)　地域の活性化

地域の活性化をめざし、そこでのくらし・営農に貢献する各種の取り組みを支えるために、柔軟かつ安定的な財源として「地域・農業活性化積立金」が創設された。16から18年度の3か年における活用予定総額は240億円である。

この積立金を活用し、地域の活性化・農業振興に向けて、県域ごとの施策として17年度には4239件の活動を行い、そのうち1825件の農業関連施策に資する活動を実施している。

主な農業関連施策の取り組みとしては、つぎのようなものがあげられる。

①農業用機械・加工器具の購入助成
②地産・地消促進活動、食育イベントへの支援
③学校給食への地域内産農産物提供と食材運搬
④農業高校、農業大学校に授業・実習等で使用する農業機械等の寄贈(10)
⑤鳥獣被害対策への支援

(3)　事務負荷軽減

事務負荷軽減は、ペーパーレス・キャッシュレスや証書等の契約者直送による事務改善的性格が強い取り組みと、自動車損害調査体制の再構築というＪＡと共済連の業務分担再構築に大別される。

**①事務改善**

共済連全国本部によれば、たとえば、終身共済一件別処理時間において、書面で平均30分かかっていたものが、ペーパーレス化によって平均13分で済むことが示されている。

ＪＡ担当者からは、「申込内容の点検において、軽微な不備がシステム上解消されるため、業務時間が減少し、ご契約者様の相談を伺う時間が増えた」「訂正に伴ってご契約者様にご対応いただく手続が減少した」「引受審査の過程が大きく軽減されたと感じる。また、残業も減少した」といった意見が出されており、おおむね好評といえよう。

証書等の契約者への直送に関しても、順調に取り組まれている。

**②自動車損害調査の業務分担見直し**

ＪＡの業務負荷の軽減と契約者対応力の強化のため、県本部とＪＡとの協議にもとづき、ＪＡ・連合会の自動車損害調査にかかる業務分担見直しに取り組んだ結果、16年度末までに１１６ＪＡが移行した。21年度末までに全県体制移行を完了する予定である。

(4)　ＪＡ支援機能の強化

支援機能の強化は、連合会機能の集約とＪＡ指導・サポート機能の強化に大別される。

**①県域を越えた連合会機能の集約**

県域を越えた全国8カ所の業務センターへの集約などによって、ＪＡ指導・サポート機能にかかる体制強化に向けた再配置要員が、１９８名確保された。

**②ＪＡ指導・サポート機能の強化**

17年4月に、全国本部に「ＪＡ支援企画部」を新設し、県本部のＪＡ指導・サポートを支援する体制を構築するとともに、「出向く体制」の強化に向けて、県本部の標準部署体制の見直しをおこない、普及推進と事務指導が連携した総合的なＪＡ支援をおこなう体制の構築を進めている。また、総合的なＪＡ支援の強化を図るため、ＪＡ指導・サポート部門職員の育成強化に向けた研修体系の見直し等に取り組んでいる。

## 3　課題と解決の糸口――人口減少社会を見据えて――

組織決定された自己改革に関わる多様な取り組みについて、その到達点を確認してきた。目玉ともいえるラブレッツを活用した農業リスク診断事業の全国的展開が最終年度となったことについては、やや時間がかかっているといわざるを得ない。しかし、全般的には順調に進んでいると判断される。

もちろん課題はある。その課題と解決の糸口を短期と長期に分けて提起し、むすびとする。

### (1)　短期的局面

短期的局面における課題は、２０１９年4月1日を基準日とした全組合員を対象としたアンケート調査で、組合員から高い評価を得るためにすべきことである。予定されている調査項目の中で注目すべきは、「自己改革の認知度」である。

筆者が今年になって、加入しているＪＡの支所を訪れた際、窓口の職員（スマイルサポーター）に、「自己改革、どんなことに取り組んでいる?」と尋ねたら、「それ、何ですか?」と、真顔で答えられた。彼女の名誉のために言っておくが、頼りになる職員である。有能な職員にさえも浸透していない現実。全国似たような状況のはず。

組合員と日常的に接している職員に自己改革が浸透せずして、組合員に伝わるわけがない。

ただし、職員に浸透していない理由は明らかである。現業部門においては、日常業務をミスなく遂行することが最重要課題であるからだ。自己改革に精通していても、日常業務がおろそかで、組合員に迷惑をかけることがあれば、本末転倒である。

切羽詰まって、新たな取り組みに着手すべきではない。日常業務とこれまで自己改革の一環として取り組んできたこと、この二つを徹底的にやり通すことにつきる。

他方では、それが自己改革と連動していることを組合員に知ってもらう手立てが必要である。

いかにして、自己改革という四字熟語を組合員に認識してもらうかが、もう一つの課題となる。参考事例として二つあげておく。

岡山県ＪＡつやまの職員は、同僚が手作りした「ＪＡ自己改革中」の文字入りＴシャツを着用し、津山市で開催されたフルマラソン大会で完走した。(11)

ＪＡ高知中央会は、日本農業新聞を活用して自己改革の特集号を作った。総合事業の利用者のコメントを添え、自己改革の実践状況を組合員視点から見える化させたもので、集落座談会や総代会などで配る予定である。(12)

(2)　長期的局面

より重要でかつ難題なのが長期的課題である。

ＪＡ共済連経営管理委員会会長市村幸太郎氏は、JAcom・農業協同組合新聞（２０１８年5月16日）のインタビューにおいて、「ＪＡ共済を取り巻く事業環境は急速に変化していますが、この点はいかかですか」と問われて、「日本は、急激な人口減少と少子高齢化が進行すると予測されています。…2050年には、人口は1億人を切り、65歳以上の高齢者は約4割に達すると言われています。こうした時代の変化に伴い、経済安定を維持しつつ経済規模を縮小していく『縮小均衡』を図っていかなくてはならないでしょう。JA共済の仕組みや契約内容も時代に即した形に変化させていく必要があります」と、答えている。

内田樹氏（神戸女学院大学名誉教授）も、「人口減少による市場の縮減は現在のビジネスモデルの多くについて根本的な変化ないしは市場からの退場を要求することになるでしょう」としたうえで、「いくつもの社会制度は機能不全に陥り、ある種の産業分野はまるごと消滅するでしょう。それは避けられない。でも、それがもたらす被害を最小化し、破局的事態を回避し、ソフトランディングするための手立てを考えることはできます。それがまさに『思議』の仕事です」と、超長期的視点での『思議』（考えめぐらすこと）を喫緊の要事と指摘する。(13)

さらに市村氏は、「協同組合精神を保ちつつ、時代の荒波をどう乗り切るか」との問に、「『一人は万人のため、万人は一人のために』という『協同組合』の灯は決して消してはいけません。この信念を失わずに、市場の大きさに合わせてうまくバランスを取りながらやっていけば、安定的に事業を継続していくことが出来るはずです」と、「縮小均衡」時代の舵の取り方を述べている。

農業協同組合には、第一次産業を生業とする弱者が寄り添う相互扶助組織だからこその強靱さがある。その盛りかごと時代にふさわしい仕組みや契約内容を創出するという、極めてエキサイティングなテーマがJA共済に課されている。

## 注

（1）津田将「JAにおける共済事業実施体制強化指針～平成28年度改定～」全国共済農業協同組合連合会、２０１６年1月、１０２～１０５頁を加筆修正した。

（2）第4節は、小松泰信「共済事業をどう改革するか　内憂外患の実装と打開策」『農業と経済』昭和堂、２０１６年7・8月合併号を加除修正した。第5節は、小松泰信「共済事業における自己改革の現状と課題」『農業と経済』昭和堂、２０１８年7・8月合併号を加除修正した。

（3）（公財）生命保険文化センター「Press Release」２０１５年9月15日、15―5号。

（4）全国共済農業協同組合連合会「News Release」２０１６年3月18日、№27―15。

（5）東谷暁「ＴＰＰは金融サービスが『本丸』だ」『ＴＰＰ黒い条約』中野剛志編、集英社新書１４０～１４１頁。

（6）崔桓碩「韓国における協同組合法と共済事業」『共済と保険』日本共済協会、２０１４年7月 vol.６７３、12頁。

（7）在日米国商工会議所意見書「共済等と金融庁監督下の保険会社の間に平等な競争環境の確立を」（２０１６年12月まで有効）http://www.accj.or.jp/images/160115_Kyosai_INSURANCE.pdf

（8）共済連「News Release」２０１８年3月19日（Ｎ№29―27）

（9）日本農業新聞、２０１８年4月24日。共済連全国本部農業リスク事業部は「これまでは共済金の支払で農業経営に寄与してきたが、一番良いのは（事故等の）発生を防ぐことだ。まずは活動を通じてリスクを知ってほしい」と、コメントしている。

（10）共済連全国本部ヒアリング資料には、次のような感謝の声が寄せられている。「学生のうち30％が女性ですが、運搬車の寄贈により、重量物の運搬など、女子学生でもスムーズに取り組めるようになりました」「最新型の機器を寄贈いただき操作性も含め、実践的な実習が可能となりました」「低温土壌消毒器の導入により、…土壌中の有用微生物を死滅させることなく、より好適な栽培を確保できるようになりました」「学生にはＪＡへの就職希望者も多く、ＪＡとの協力関係を一層深めていきたいと考えています」

（11）日本農業新聞、２０１８年5月2日

(12) 日本農業新聞(中四国版)、2018年5月15日

(13) 内田樹「文明史的スケールの問題を前にした未来予測」『人口減少社会の未来学』(内田樹編、文藝春秋、2018年4月)

# 第7章

# 准組合員の類型別に見た特徴と対応の基本方向

西井　賢悟

## 第1節　はじめに――課題と背景――

規制改革会議農業ワーキング・グループによる「農業改革に関する意見」（2014年5月）に端を発する「農協改革」では、准組合員の利用規制が争点の一つとなっている。同規制が俄かに議論の俎上に載せられた背景としては、在日米国商工会議所等が准組合員を「不特定多数」であるとしてことさらに問題視していることを指摘できるだろう(1)。しかしながら、准組合員の中にも事業利用や活動参加に積極的なメンバーがいることは言うまでもなく、准組合員を十把一絡げに「不特定多数」と決めつける議論は乱暴に過ぎるといえる。

その一方で、近年の准組合員の増加は著しいものがある。2006年度以降、准組合員は毎年10万人以上増え続けている。これまでにも増加スピードが高まることはしばしばあったが、いずれも3～5年で収束しており、現在のように長期にわたって続いたことはない[2]。近年の爆発的な准組合員の増加の中で、2009年度には正組合員が477万5204人、准組合員が480万4237人となり、全国レベルではじめて正・准組合員数の逆転に至り、「農協改革」の議論が起きてもその勢いは衰えず、2016年度には600万人を突破している。JAがゴーイングコンサーンとして組織の基礎であるメンバーの拡大を進めることは当然といえる。ただしそれが「不特定多数」の利用者を増やしたに過ぎないならば、外からの改革を求める声に一層の拍車がかかるのは必至であろう。

JAが協同組合であり続けるためには、正組合員はもちろん、准組合員についても協同組合メンバーとしての能動的な関与のあり方を追求する必要がある。いささか理念的に過ぎるかもしれないが、折しも「農協改革」を主導している農林水産省からも「准組合員とはどういう位置づけなのか」と発破をかけられている[3]。

本章では、全中の旗振りの下、「アクティブ・メンバーシップの確立」に向けて全国のJAが組合員に実施しているアンケート調査（以下、「AMSアンケート」と表記）を用いて、准組合員の実像を明らかにする[4]。それを踏まえて、協同組合メンバーとしての性格を高める観点から、同組合員への対応のあり方を考察する。

## 第2節　「AMSアンケート」に見る准組合員の基本的特徴

### 1　分析データの概要

JAグループは、2015年の第27回JA全国大会決議で「アクティブ・メンバーシップの確立」を打ち出した。同メンバーシップとは、「組合員が積極的に組合の事業や活動に参加すること。JAにおいては、組合員が地域農業と協同組合の理念を理解し、『わがJA』意識を持ち、積極的な事業利用と協同活動に参加すること」

表 7-1　回答者の性別・年齢構成

| | 回答数（人） | 構成割合（%） | | | | | | | |
|---|---|---|---|---|---|---|---|---|---|
| | | 男性 49 歳以下 | 男性 50 ～ 64 歳 | 男性 65 ～ 74 歳 | 男性 75 歳以上 | 女性 49 歳以下 | 女性 50 ～ 64 歳 | 女性 65 ～ 74 歳 | 女性 75 歳以上 |
| 全体 | 61,242 | 10.0 | 15.8 | 19.6 | 12.7 | 5.8 | 11.5 | 14.8 | 9.9 |
| 農村型 JA | 26,594 | 11.8 | 18.0 | 19.9 | 11.2 | 6.4 | 11.9 | 12.9 | 7.8 |
| 都市型 JA | 34,648 | 8.6 | 14.1 | 19.4 | 13.9 | 5.3 | 10.9 | 16.3 | 11.4 |

注：性別・年齢が不明（無記入）の回答は除いて集計。以下同様。

と定義されている。[5] この方針は、まさに「不特定多数」の利用者ではない協同組合メンバーとしての組合員を意識的に増やしていくことを企図したものといえるだろう。

「ＡＭＳアンケート」はこの方針を具体化するために実施されている。２０１６年度にモデルＪＡで試行的に実施され、２０１７年度以降は手挙げ方式で全国のＪＡが実施している。各ＪＡは正組合員１０００人、准組合員２０００人を無作為に抽出し、調査票の配布・回収は郵送で行っている。本章では、２０１８年３月に全中より提供を受けた88ＪＡ・准組合員６万２４１９人分のデータを用いて分析を進める。

88ＪＡの地域構成を見ておくと、東北15ＪＡ、関東22ＪＡ、東海24ＪＡ、近畿14ＪＡ、その他13ＪＡとなっており、全国によく分散している。以下では、准組合員の特徴が地域の人口構成や経済環境等によってどのように異なるかを傾向的に把握するため、88ＪＡを農村型ＪＡと都市型ＪＡに大別する。その方法は、各ＪＡの事業総利益に占める農業関連事業総利益の割合を算出し、上位44ＪＡを農村型ＪＡ、下位44ＪＡを都市型ＪＡとすることとした。なお、同割合の平均は農村型ＪＡで26・４％、都市型ＪＡで８・４％となっている。

表７－１は回答者の性別・年齢構成を示したものである。全体を見ると、最も割合が高いのは男性65～74歳で19・６％、次いで男性50～64歳が15・８％、さらに女性65～74歳が14・８％で続いている。男女ともに構成割合は高い順に65～

74歳、50～64歳、75歳以上、49歳以下となっている。農村型ＪＡと都市型ＪＡを比較すると、男性では74歳以下、女性では64歳以下で農村型ＪＡの割合が高くなるなど、農村型ＪＡにおいて相対的に年齢の低い回答者が多くなっている。本節ではこのデータを用いて准組合員の基本的な特徴を見ていく。

## ２　ＪＡへの加入動機

最初に確認したいのは准組合員の加入動機である。先に述べたとおり、准組合員は増加の一途を辿っており、特に近年の増加傾向は著しい。准組合員は何をきっかけとしてＪＡに加入しているのだろうか。

表７－２は准組合員の加入時期を２０００年以前、２００１～２０１０年、２０１１年以降の３期に分け、その時期別に加入のきっかけを示したものである。全体を見ると、２０００年以前加入者と２００１～２０１０年加入者においては、「職員に勧められたから」「親・配偶者からの相続のため」「借り入れを行うため」の回答割合が他より高くなっている。さらに２０１１年以降加入者では、「金利が有利になるから」も20・4％と高い割合を示しており、現在の准組合員の加入動機は主としてこれら四つにあるといえる。こうした傾向は、農村型・都市型ＪＡどちらにおいても同様であるが、前者では「借り入れを行うため」、後者では「職員に勧められたから」「金利が有利になるから」の割合が3期いずれにおいてもより高く、「親・配偶者からの相続のため」はあまり差がない。

表には２０１１年以降の加入者だけを抽出し、性別・年齢別に見た結果も示している。「職員に勧められたから」は、いずれの属性も1割を超えており、特に男女65歳以上で3割を超える高い割合となっている。職員による加入促進は、すでにＪＡとのつながりを有している人を対象としているのが実態と想定され、大口の員外利用者、既存の組合員家族、員外の女性部員などさまざまな人が対象になっているものと考えられる。

表 7-2　加入時期別に見た加入のきっかけ

| | | 回答数（人） | 回答割合（%） | | | | | | | | |
|---|---|---|---|---|---|---|---|---|---|---|---|
| | | | 職員に勧められたから | 家族に勧められたから | 他の組合員に勧められたから | 正から准への資格変更のため | JAの活動・行事に参加するため | 親・配偶者からの相続のため | 金利が有利になるから | 借り入れを行うため | 配当を受け取れるから |
| 全体 | 2000 年以前 | 17,156 | 27.9 | 7.4 | 4.8 | 2.7 | 6.3 | 19.3 | 2.9 | 26.6 | 2.0 |
| | 2001 ～ 2010 年 | 9,819 | 28.4 | 5.2 | 3.6 | 1.9 | 6.6 | 13.4 | 8.7 | 30.2 | 1.9 |
| | 2011 年以降 | 13,876 | 26.2 | 5.6 | 4.4 | 1.7 | 5.8 | 12.8 | 20.4 | 20.5 | 2.7 |
| 農村型 | 2000 年以前 | 8,136 | 25.8 | 6.8 | 4.4 | 3.9 | 7.2 | 19.1 | 2.3 | 28.9 | 1.6 |
| | 2001 ～ 2010 年 | 4,145 | 23.4 | 5.3 | 2.7 | 3.3 | 7.2 | 15.1 | 5.2 | 36.6 | 1.1 |
| | 2011 年以降 | 5,670 | 22.9 | 5.6 | 3.3 | 2.7 | 6.4 | 14.9 | 16.5 | 26.2 | 1.5 |
| 都市型 | 2000 年以前 | 9,020 | 29.9 | 7.9 | 5.1 | 1.7 | 5.5 | 19.5 | 3.5 | 24.5 | 2.5 |
| | 2001 ～ 2010 年 | 5,674 | 32.1 | 5.2 | 4.2 | 0.9 | 6.2 | 12.3 | 11.2 | 25.5 | 2.4 |
| | 2011 年以降 | 8,206 | 28.4 | 5.6 | 5.2 | 0.9 | 5.4 | 11.3 | 23.1 | 16.5 | 3.6 |
| 2011年以降加入者（全体） | 男性 49 歳以下 | 2,191 | 11.5 | 7.0 | 0.8 | 0.3 | 2.5 | 5.6 | 9.6 | 61.5 | 1.2 |
| | 男性 50 ～ 64 歳 | 1,848 | 19.9 | 5.0 | 1.7 | 2.7 | 3.4 | 24.5 | 16.2 | 24.1 | 2.5 |
| | 男性 65 ～ 74 歳 | 1,757 | 30.9 | 5.5 | 5.7 | 2.7 | 6.7 | 18.0 | 16.7 | 11.3 | 2.4 |
| | 男性 75 歳以上 | 880 | 40.1 | 5.8 | 7.0 | 4.5 | 7.7 | 8.6 | 13.8 | 9.8 | 2.6 |
| | 女性 49 歳以下 | 1,355 | 18.9 | 10.6 | 2.1 | 0.1 | 3.5 | 3.8 | 25.6 | 32.3 | 3.0 |
| | 女性 50 ～ 64 歳 | 2,293 | 27.0 | 4.8 | 4.1 | 0.7 | 4.9 | 13.1 | 32.4 | 9.2 | 3.9 |
| | 女性 65 ～ 74 歳 | 2,359 | 34.8 | 3.3 | 7.5 | 1.5 | 10.5 | 10.3 | 25.8 | 3.1 | 3.3 |
| | 女性 75 歳以上 | 1,044 | 36.3 | 3.8 | 8.6 | 2.3 | 8.8 | 17.5 | 17.5 | 2.7 | 2.4 |

注：加入時期と加入のきっかけが不明（無記入）の回答は除いて集計。以下同様。

「親・配偶者からの相続のため」は、男性では50～64歳で最も高く、女性では75歳以上で最も高くなっている。男性は親から、女性は配偶者から組合員資格を相続していることを反映しているといえよう。

「金利が有利になるから」は、女性においていずれの年齢層も男性より高く、女性の中では50～64歳が3割を超えるなど特に高くなっている。金利の優遇キャンペーン等を通じた加入促進は、女性においてより大きな成果をあげているといえる。

「借り入れを行うため」は、男女ともに49歳以下で最も高く、特に男性49歳以下は61.5%ときわめて高い割合になっている。若い地域住民がＪＡに加入するきっかけは、その多くがローンの利用であることが窺われる。

表出はしないが、２０１１年以降加入者の性別・年齢構成を見ると、農村型ＪＡでは男性49歳以下が最も多く19・８％を占めているのに対し、都市型ＪＡでは12・６％にとどまっている。先に農村型ＪＡで准組合員の年齢が相対的に低いことを指摘したが、それは農村型ＪＡにおいてローン利用を契機とする加入者の割合が高いことに起因しているといえるだろう。

## ３　ＪＡ事業の利用状況

以上のように、准組合員の加入のきっかけは主として四つあるが、そのうち少なくとも二つは信用事業に関係することである。では、同事業以外の利用状況はどうなっているのだろうか。

表７−３はＪＡ事業を「営農」「信共」「生活」の三つに分け、その利用パターンを示したものである。(6) この表によると、全体では「信共＋生活」が最も高く45・７％、次いで「営農＋信共＋生活」が26・１％、さらに「信共のみ」が17・４％

表 7-3　准組合員の事業利用パターン

| | | 回答数（人） | 構成割合（%） | | | | | | | |
|---|---|---|---|---|---|---|---|---|---|---|
| | | | 営農＋信共＋生活 | 営農＋信共 | 営農＋生活 | 信共＋生活 | 営農のみ | 信共のみ | 生活のみ | 利用なし |
| 全体 | | 62,419 | 26.1 | 3.0 | 0.8 | 45.7 | 0.4 | 17.4 | 3.6 | 3.0 |
| 農村・都市別 | 農村型 JA | 27,095 | 31.6 | 2.6 | 1.0 | 44.7 | 0.5 | 12.1 | 4.2 | 3.1 |
| | 都市型 JA | 35,324 | 21.8 | 3.2 | 0.6 | 46.6 | 0.3 | 21.4 | 3.1 | 3.0 |
| 加入時期別 | 2000 年以前 | 18,278 | 30.8 | 3.0 | 0.9 | 44.0 | 0.5 | 14.7 | 3.8 | 2.4 |
| | 2001 〜 2010 年 | 10,271 | 26.0 | 2.3 | 0.7 | 49.3 | 0.2 | 16.8 | 2.8 | 1.9 |
| | 2011 年以降 | 14,586 | 23.6 | 2.0 | 0.5 | 52.2 | 0.2 | 17.4 | 2.5 | 1.6 |

注：各事業の利用にかかる設問が無記入の場合は利用なしと見なしている。以下同様。

で続いている。これら三つ以外はいずれも5％未満で低位にとどまっている。「信共のみ」が2割以下となっていることから明らかなように、准組合員の多くはＪＡ事業を複合的に利用している。

農村型ＪＡと都市型ＪＡを比べると、上位3パターンの並び順をはじめ基本的な傾向は同様となっているが、農村型ＪＡでは「営農＋信共＋生活」、都市型ＪＡでは「信共のみ」が相対的に高くなっている。

表には加入時期別の結果も示しているが、加入年数が長い組合員ほど「営農＋信共＋生活」が高まり、「信共＋生活」「信共のみ」が低くなっている。２０１１年以降の加入者に着目すると、最も割合が高いのは「信共＋生活」で52・2％となっており、「信共のみ」は17・4％にとどまっている。このことを踏まえると、ＪＡ加入のきっかけは信用・共済事業の利用であったとしても、それ以前から生活関連事業の利用、特に直売所やＡコープなどの利用を通じてＪＡとのつながりを有していた人が多いものと推察される。

一方、「営農」「信共」「生活」それぞれの事業利用者の割合を見るために、各事業についてそれが含まれるすべてのパターンを合算すると、「営農」では30・3％、「信共」では74・8％、「生活」では76・2％となる。「信共」「生活」が高い割合となるのは容易に想定されるところだが、「営農」についても決して低くない割合といえる。ここでの「営農」とは、生産資材購買や直売所を通じた出荷を指しているが、3割程度の准組合員はこうした事業を必要としているのである。

## 4　准組合員の出自

今般の「農協改革」は「農業の成長産業化」を目的として進められており、ＪＡに対しては職能組合への純化路線が色濃く打ち出されている。その賛否はさておき、国を挙げて「農業の成長産業化」を目指すならば、准組合員についても農との関わりの実態を踏まえた位置づけやそれに基づく具体策を打ち出すべきといえよう。

表7−4は、准組合員の実家が農家・元農家・非農家のいずれであるかを尋ねた結果である。全体の結果を見ると、農家が16・3%、元農家が19・1%となっており、准組合員の35・4%は農家に出自を持っていることとなる。2015年の国勢調査の結果によれば、我が国の総世帯数は5344万8686世帯となっている。一方、同年の農林業センサスによれば、総農家に土地持ち非農家を加えた戸数は356万8809戸であり、総世帯に占める割合は6・7%である。このことを踏まえれば、JAの准組合員は農家出自者がかなり多いといえるだろう。

**表 7-4　准組合員の実家**

| | | 回答数（人） | 構成割合（%） | | |
|---|---|---|---|---|---|
| | | | 農家 | 元農家 | 非農家 |
| 全体 | | 61,885 | 16.3 | 19.1 | 64.5 |
| 農村・都市別 | 農村型ＪＡ | 26,844 | 21.3 | 21.0 | 57.7 |
| | 都市型ＪＡ | 35,041 | 12.5 | 17.7 | 69.8 |
| 性別・年齢別 | 男性 49 歳以下 | 6,131 | 21.1 | 10.9 | 68.0 |
| | 男性 50 ～ 64 歳 | 9,656 | 15.5 | 19.8 | 64.7 |
| | 男性 65 ～ 74 歳 | 11,928 | 13.8 | 22.3 | 63.9 |
| | 男性 75 歳以上 | 7,692 | 14.7 | 20.8 | 64.5 |
| | 女性 49 歳以下 | 3,517 | 17.6 | 9.1 | 73.3 |
| | 女性 50 ～ 64 歳 | 6,934 | 17.9 | 19.4 | 62.6 |
| | 女性 65 ～ 74 歳 | 9,002 | 16.7 | 19.5 | 63.8 |
| | 女性 75 歳以上 | 5,944 | 16.7 | 22.9 | 60.4 |

注：実家に関する設問の回答が不明（無記入）の人は除いて集計。以下同様。

表によれば、農家出自の准組合員は農村型JAで4割強、都市型JAで3割となっている。また、性別・年齢別に見ると、農家出自者は最も低い女性49歳以下でも26・7%となっており、あらゆる性別・年齢層で一定の割合となっている。先に見たとおり、准組合員は信用事業の利用をきっかけとするJA加入者が少なくないが、銀行をはじめとして多くの選択肢がある中でJAを利用し、組合員加入まで行っているのは、農業やJAを身近に感じられる環境で育ち、JAに対する親近感を持っていることも一因を成しているのではなかろうか。実際に「AMSアンケート」によると、准組合員がJAの貯金を利用する理由の第1位は「店舗が近いから」、そして第2位は「JAに親近感があるから」となっている。(7)

## ５　現在の農業との関わり

一方、現在の農業との関わりはどのようになっているのだろうか。ここでは「ＡＭＳアンケート」の設問を用いて、准組合員を「農家世帯員」「農的生活者」「農業応援者」「その他」の４タイプに分類し、その構成状況を見ていく[8]。各タイプの定義をしておくと、「農家世帯員」とは、同居世帯員の中に正組合員がいる准組合員、「農的生活者」とは、家庭菜園等を通じて農作物の栽培を実際に行っている准組合員、「農業応援者」とは、「地元農産物の購入を通じて地域農業を応援したい」意思をもち、実際にＪＡの直売所を利用している准組合員、「その他」とは、「農家世帯員」「農的生活者」「農業応援者」のいずれにも該当しない准組合員を指している。

表７－５によると、全体では「農家世帯員」が17・2％、「農的生活者」が34・9％であり、両者を合わせた割合、すなわち実際に何らかの形で農業を行っている人の割合は52・1％となっている。これに「農業応援者」を加えるとその割合は75・5％となる。これら３タ

表 7-5　農業との関わりから見た准組合員の構成

| | | 回答数（人） | 構成割合（%） | | | |
|---|---|---|---|---|---|---|
| | | | 農家世帯員 | 農的生活者 | 農業応援者 | その他 |
| 全体 | | 62,178 | 17.2 | 34.9 | 23.3 | 24.5 |
| 農村・都市別 | 農村型ＪＡ | 27,013 | 20.6 | 37.0 | 21.8 | 20.6 |
| | 都市型ＪＡ | 35,165 | 14.6 | 33.3 | 24.5 | 27.6 |
| 性別・年齢別 | 男性 49 歳以下 | 6,138 | 25.2 | 22.7 | 21.8 | 30.3 |
| | 男性 50 ～ 64 歳 | 9,689 | 14.8 | 34.8 | 23.7 | 26.7 |
| | 男性 65 ～ 74 歳 | 11,974 | 10.0 | 46.8 | 21.3 | 22.0 |
| | 男性 75 歳以上 | 7,751 | 12.3 | 42.6 | 19.1 | 26.0 |
| | 女性 49 歳以下 | 3,527 | 29.5 | 19.2 | 28.4 | 22.9 |
| | 女性 50 ～ 64 歳 | 6,961 | 25.4 | 28.6 | 26.8 | 19.2 |
| | 女性 65 ～ 74 歳 | 9,067 | 18.3 | 35.5 | 26.8 | 19.4 |
| | 女性 75 歳以上 | 5,963 | 15.6 | 29.9 | 22.6 | 31.9 |

注：ここでの４分類にかかる設問すべてが不明（無記入）だった回答者は除いて集計。

イプは地域農業振興に寄与している人といえるだろう。JAの准組合員はこうした人が圧倒的多数を占めているのが現状なのである。

農村型・都市型JA別の結果を見ると、都市型JAにおいて「農家世帯員」「農的生活者」の割合がやや低いが、それでも両者を合わせた割合は47・9％となっている。これに「農業応援者」を加えると72・4％であり、都市型JAにおいても准組合員の圧倒的多数は地域農業振興に寄与している人といえる。なお、表には性別・年齢別の結果も示しているが、こうした傾向が特定の性別・年齢層に偏っていないことをすぐに確認できる。

以上を踏まえれば、JAは准組合員に対しても農の観点から積極的な位置づけを与え、さらに農との関わりを深める対策をとるべきといえよう。実際に「AMSアンケート」によると、「その他」の中で「地元農産物の購入を通じて地域農業を応援したい」人は62・1％、「農業応援者」の中で「農業を体験したい」人は23・8％、「農的生活者」の中で「農産物を販売したい」人は14・7％となっている。こうした声に着実に応えることが期待される。

## 第3節　行動面の関わりから見た准組合員の類型と対応方向

### 1　アクティブ・メンバーシップの概況

本節では、准組合員の「我がJA意識」とJA内での行動面での関わり、すなわちアクティブ・メンバーシップの現状を確認し、その上で行動面での関わりから准組合員を類型化して今後の対応方向を考察する。

「AMSアンケート」では同メンバーシップの見える化を図るために、「我がJA意識」については「親しみ」「必要性」「理解」の3項目を各10点で、JA内での行動面での関わりは「営農（事業利用）」「信共（事業利用）」

「生活（事業利用）」「活動参加」「組合員組織加入」「意思反映」「運営参画」の7項目を各10点で点数化している[9]。表7－6がその結果である。

全体では、意識点の計（以下、意識点と表記）が16・5点、行動点の計（以下、行動点と表記）が14・5点となっている。表には正組合員平均も示しているが、それと比較すると意識点では1・5点、行動点では15・0点下回っている。准組合員のアクティブ・メンバーシップは正組合員に比べてかなり低いといえる。ただし、意識の中では「親しみ」の点数差が0・2点と小さく、行動の中では「信共（事業利用）」「生活（事業利用）」「活動参加」で1点前後の点数差にとどまっている。

農村型ＪＡと都市型ＪＡを比べる

表 7-6　准組合員のアクティブ・メンバーシップ

| | | | 回答数（人） | 意識（点） | | | | 行動（点） | | | | | | | |
|---|---|---|---|---|---|---|---|---|---|---|---|---|---|---|---|
| | | | | 親しみ | 必要性 | 理解 | 計 | 事業利用 営農 | 事業利用 信共 | 事業利用 生活 | 活動参加 | 組合員組織加入 | 意思反映 | 運営参画 | 計 |
| 准組合員 | 全体 | | 62,419 | 6.4 | 5.9 | 4.2 | 16.5 | 1.0 | 3.6 | 2.5 | 4.1 | 1.7 | 0.7 | 1.0 | 14.5 |
| | 農村・都市別 | 農村型ＪＡ | 27,095 | 6.3 | 6.0 | 4.4 | 16.7 | 1.3 | 3.8 | 3.0 | 4.4 | 1.8 | 0.9 | 1.3 | 16.5 |
| | | 都市型ＪＡ | 35,324 | 6.5 | 5.8 | 4.1 | 16.4 | 0.8 | 3.4 | 2.1 | 3.9 | 1.6 | 0.5 | 0.8 | 12.9 |
| | 性別・年齢別 | 男性 49 歳以下 | 6,142 | 6.7 | 6.5 | 4.6 | 17.8 | 0.8 | 4.8 | 2.5 | 3.2 | 0.6 | 0.4 | 0.5 | 12.8 |
| | | 男性 50 ～ 64 歳 | 9,693 | 6.5 | 6.2 | 4.8 | 17.5 | 1.1 | 3.8 | 2.6 | 3.2 | 1.1 | 0.7 | 0.9 | 13.3 |
| | | 男性 65 ～ 74 歳 | 12,000 | 6.3 | 5.7 | 4.6 | 16.7 | 1.1 | 3.3 | 2.5 | 4.1 | 1.9 | 0.7 | 1.1 | 14.6 |
| | | 男性 75 歳以上 | 7,788 | 6.1 | 5.3 | 3.9 | 15.3 | 1.2 | 3.0 | 2.1 | 4.4 | 2.1 | 0.9 | 1.5 | 15.3 |
| | | 女性 49 歳以下 | 3,529 | 6.9 | 6.6 | 4.3 | 17.9 | 0.5 | 4.3 | 2.8 | 4.0 | 0.3 | 0.2 | 0.2 | 12.3 |
| | | 女性 50 ～ 64 歳 | 6,965 | 6.7 | 6.4 | 4.3 | 17.4 | 1.1 | 3.7 | 2.9 | 4.3 | 1.4 | 0.5 | 0.7 | 14.4 |
| | | 女性 65 ～ 74 歳 | 9,088 | 6.5 | 5.9 | 4.0 | 16.4 | 1.1 | 3.3 | 2.6 | 5.0 | 2.6 | 0.7 | 1.0 | 16.3 |
| | | 女性 75 歳以上 | 6,037 | 6.0 | 5.2 | 3.1 | 14.3 | 1.0 | 3.0 | 1.9 | 4.6 | 2.7 | 0.9 | 1.5 | 15.6 |
| | 加入時期別 | 2000 年以前 | 18,278 | 6.6 | 6.1 | 4.7 | 17.4 | 1.2 | 3.8 | 2.7 | 4.6 | 2.0 | 0.9 | 1.2 | 16.5 |
| | | 2001 ～ 2010 年 | 10,271 | 6.7 | 6.2 | 4.6 | 17.4 | 1.0 | 3.9 | 2.5 | 4.4 | 1.5 | 0.6 | 0.9 | 14.8 |
| | | 2011 年以降 | 14,586 | 6.6 | 6.1 | 4.4 | 17.1 | 0.8 | 3.4 | 2.4 | 3.8 | 1.4 | 0.4 | 0.7 | 12.9 |
| | 現在の農業との関わり別 | 農家世帯員 | 10,705 | 6.7 | 6.4 | 4.5 | 17.6 | 1.9 | 4.4 | 2.9 | 4.8 | 2.4 | 1.2 | 1.7 | 19.4 |
| | | 農的生活者 | 21,722 | 6.5 | 6.1 | 4.4 | 17.0 | 1.6 | 3.5 | 2.7 | 4.6 | 2.0 | 0.8 | 1.2 | 16.3 |
| | | 農業応援者 | 14,497 | 6.8 | 6.1 | 4.5 | 17.4 | 0.4 | 3.5 | 3.0 | 4.4 | 1.3 | 0.4 | 0.5 | 13.5 |
| | | その他 | 15,254 | 5.7 | 5.1 | 3.6 | 14.5 | 0.3 | 3.1 | 1.4 | 2.6 | 1.1 | 0.3 | 0.6 | 9.5 |
| 正組合員平均 | | | | 6.6 | 6.7 | 5.0 | 18.2 | 3.6 | 4.5 | 3.2 | 5.2 | 4.0 | 4.1 | 4.9 | 29.5 |

注：正組合員平均は 2017 年 9 月末時点で集計が完了していた 50 JA の平均を表しており、全中・JC 総研（現 JCA）が主催した「平成 29 年度ＪＡ組織基盤強化フォーラム」資料より引用している。

と、意識点・行動点どちらも農村型ＪＡがより高くなっている。行動点はいずれの項目も農村型ＪＡが上回っているが、中でも「生活（事業利用）」において点数差が大きくなっている。その一方で、意識の中の「親しみ」についてては都市型ＪＡの方が高くなっている。

性別・年齢別の結果を見ると、意識点は男女ともに49歳以下で最も高い。しかし行動点は、男性では75歳以上、女性では65～74歳で最も高い。このように性別・年齢別の結果においては意識点と行動点の高低が一致していないが、全回答者の意識点と行動点の相関係数を算出すると、０・３１８**で緩やかな相関関係が認められている（**は1％水準で有意を意味）。このことは、回答者の中に意識と行動のアンバランスな人が含まれていることを示唆している。

加入時期別の結果を見ると、加入期間が長い組合員ほど行動点が高くなっている。意識点についても、２００１～２０１０年加入者と２０１１年以降加入者を比べると前者がやや高くなっているが、２０００年以前加入者と２００１～２０１０年加入者の間では差が見られない。

現在の農業との関わりに基づく4タイプ別の結果を見ると、行動点は高い順に「農家世帯員」「農的生活者」「農業応援者」「その他」となっており、行動の中のそれぞれの項目についても概ね同様の傾向となっている。農業との関わりが深い准組合員ほどＪＡとの関わりも深いことを示している。意識点は「農家世帯員」で最も高く、「その他」で最も低くなっており、およそ行動点と高低が一致しているが、「農業応援者」が17・4点で「農家世帯員」との差が０・2点と小さくなっているのが特徴的である。

## ２　ＪＡとの関わりから見た准組合員の類型化

さて、ここでは今後の准組合員対応のあり方を考える基礎として、同組合員のＪＡとの関わり方を類型化する。具体的には、表7－6に示される七つの行動点を用いてクラスター分析を行う。サンプル数が大きいため非階層クラスター分析を適用することとし、クラスター数は5に設定した。(10) また、七つの行動点はいずれも10点満点となっているが、それぞれの測定尺度が異なるため標準得点化した上で分析を行った。表7－7がその結果である。

第1クラスターは、組合員組織加入の得点だけが高いことから「組織活動限定型」と呼ぶこととする。以下、第2クラスターは、営農事業利用の点数がきわめて高く、他も運営参画を除くと高いことから「営農アクティブ型」、第3クラスターは信共・生活事業利用と活動参加の点数が高いことから「くらしの事業・活動型」、第4クラスターは、すべての点数が低いことから「非アクティブ型」、第5クラスターは、運営参画の点数がきわめて高く、意思反映や組合員組織加入も高いが、信共と生活の事業利用の点数が低いことから「参加・参画限定型」と呼ぶこととする。

表7－8は5類型の構成割合を示したものである。全体を見ると、「非アクティブ型」が最も高く43・3％、次いで「くらしの事業・活動型」が24・2％、さらに「組織活動限定型」

表7-7　クラスター分析の結果

| | 第1クラスター | 第2クラスター | 第3クラスター | 第4クラスター | 第5クラスター |
|---|---|---|---|---|---|
| Zスコア（営農点） | −0.1671 | 2.7051 | −0.1625 | −0.3290 | 0.4411 |
| Zスコア（信共点） | 0.0256 | 0.9086 | 0.4244 | −0.4381 | 0.2801 |
| Zスコア（生活点） | −0.1323 | 1.0234 | 0.5658 | −0.4495 | 0.1769 |
| Zスコア（活動参加点） | 0.2600 | 0.6492 | 0.7365 | −0.7147 | 0.5039 |
| Zスコア（組織加入点） | 1.3881 | 0.5503 | −0.5265 | −0.5855 | 1.1933 |
| Zスコア（意思反映点） | −0.0580 | 0.6955 | −0.2041 | −0.2825 | 1.4721 |
| Zスコア（運営参画点） | −0.3304 | −0.0707 | −0.3304 | −0.3227 | 2.9826 |

が16・9％で続いており、「営農アクティブ型」と「参加・参画限定型」は1割未満となっている。行動面の関わりが最も弱い「非アクティブ型」の割合が最も高いことは、JAが准組合員対応に力を入れなければならないことを象徴的に示しているといえよう。

農村型・都市型JA別の結果を見ると、「営農アクティブ型」「くらしの事業・活動型」「参加・参画限定型」では農村型JA、「組織活動限定型」「非アクティブ型」では都市型JAでより割合が高くなっている。農村型・都市型JA間で差が最も大きいのは「非アクティブ型」であり、都市型JAではその割合が47・9％と半数近くを占めている。

## 3　准組合員5類型の特徴

次に、各類型がどのような人によって構成されているのかを確認しよう。「組織活動限定型」は、表7－9に示される加入時期別の構成を見ると、2000年以前の加入者が最も多く45・8％となっている。また、表7－10に示される性別・年齢別の構成を見ると、男女・65歳以上で76・8％を占めるなど年配層の割合が高くなっている。表出はしないが、組合員組織の加入状況を見ると農家組合が12・9％、年金友の会が83・4％、女性部が10・3％となっている。(11)「組織活動限定型」は、事実上年金友の会の加入者グループといえるだろう。

「営農アクティブ型」は、表7－11に示される現在の農業との関わり別に見た構成

表 7-8　5類型の構成割合

| | 回答数（人） | 構成割合（％） | | | | |
|---|---|---|---|---|---|---|
| | | 組織活動限定型 | 営農アクティブ型 | くらしの事業・活動型 | 非アクティブ型 | 参加・参画限定型 |
| 全体 | 62,419 | 16.9 | 6.2 | 24.2 | 43.3 | 9.4 |
| 農村型ＪＡ | 27,095 | 14.9 | 8.6 | 27.1 | 37.3 | 12.1 |
| 都市型ＪＡ | 35,324 | 18.5 | 4.4 | 21.9 | 47.9 | 7.3 |

表 7-9　各類型の加入時期別構成割合

| | 回答数（人） | 構成割合（%） | | |
|---|---|---|---|---|
| | | 2000 年以前 | 2001 ～ 2010 年 | 2011 年以降 |
| 全体 | 43,135 | 42.4 | 23.8 | 33.8 |
| 組織活動限定型 | 7,262 | 45.8 | 22.3 | 31.9 |
| 営農アクティブ型 | 2,793 | 52.7 | 21.4 | 25.9 |
| くらしの事業・活動型 | 11,116 | 41.1 | 26.9 | 32.0 |
| 非アクティブ型 | 18,118 | 37.7 | 23.3 | 39.0 |
| 参加・参画限定型 | 3,846 | 54.1 | 21.7 | 24.2 |

表 7-10　各類型の性別・年齢別に見た構成割合

| | 回答数（人） | 構成割合（%） | | | | | | | |
|---|---|---|---|---|---|---|---|---|---|
| | | 男性 49 歳以下 | 男性 50 ～ 64 歳 | 男性 65 ～ 74 歳 | 男性 75 歳以上 | 女性 49 歳以下 | 女性 50 ～ 64 歳 | 女性 65 ～ 74 歳 | 女性 75 歳以上 |
| 全体 | 61,242 | 10.0 | 15.8 | 19.6 | 12.7 | 5.8 | 11.4 | 14.8 | 9.9 |
| 組織活動限定型 | 10,548 | 2.6 | 9.2 | 22.5 | 15.5 | 1.2 | 9.2 | 24.0 | 15.8 |
| 営農アクティブ型 | 3,891 | 10.2 | 16.2 | 19.2 | 12.1 | 3.2 | 13.4 | 16.1 | 9.5 |
| くらしの事業・活動型 | 15,081 | 13.6 | 16.9 | 17.8 | 9.6 | 9.9 | 13.8 | 12.6 | 5.8 |
| 非アクティブ型 | 27,042 | 12.1 | 18.2 | 19.1 | 11.9 | 6.6 | 11.3 | 12.2 | 8.8 |
| 参加・参画限定型 | 5,857 | 4.7 | 13.9 | 21.8 | 20.0 | 1.2 | 7.8 | 15.7 | 15.0 |

表 7-11　各類型の農業との関わり別に見た構成割合

| | 回答数（人） | 構成割合（%） | | | |
|---|---|---|---|---|---|
| | | 農家世帯員 | 農的生活者 | 農業応援者 | その他 |
| 全体 | 62,178 | 17.2 | 34.9 | 23.3 | 24.5 |
| 組織活動限定型 | 10,517 | 16.3 | 39.0 | 22.9 | 21.8 |
| 営農アクティブ型 | 3,888 | 38.6 | 49.7 | 7.4 | 4.4 |
| くらしの事業・活動型 | 15,068 | 16.2 | 35.5 | 32.1 | 16.2 |
| 非アクティブ型 | 26,869 | 12.4 | 29.3 | 23.1 | 35.2 |
| 参加・参画限定型 | 5,836 | 29.2 | 42.5 | 13.3 | 15.0 |

がその特徴をよく表している。同表によれば、「農家世帯員」が38・6％で全体より20ポイント以上高くなっている。表出はしないが、同世帯員の性別・年齢構成を見ると、男女ともに50～64歳の割合が最も高くなるなどやや年齢層が低い。つまり、同類型は農家世帯の後継者やその配偶者が多いといえる。また、「農的生活者」の割合が49・7％で5類型の中では最も高くなっている。表出はしないが、同生活者の35・0％はJAの直売所へ出荷を行っている。「営農アクティブ型」は、農家世帯の後継者やその配偶者、非農家世帯の直売所出荷者などに特徴を持つ類型といえる。

「くらしの事業・活動型」は、性別・年齢別の構成を見ると、男女ともに64歳以下の割合がいずれも全体より高くなっている。現在の農業との関わりを見ると、「農的生活者」が最も多く、次いで「農業応援者」となっており、特に後者は全体より9ポイントほど高い。つまり、「くらしの事業・活動型」は、年齢が比較的若い地元農産物志向の強い人が多い類型といえる。表出はしないが、JAの活動への参加も活発であり、JAが主催する農業まつり（JAまつり）の参加経験者は71・2％で5類型の中では最も高く、JA直売所でのイベントへの参加経験者も45・5％で2番目に高くなっている。[12] 信用・共済事業の利用状況も高く、表7－12に示されるように「信共＋生活」が63・0％で5類型の中では最も高い。

「非アクティブ型」は、2011年以降の加入者が39・0％で他の2区

表7-12　各類型の事業利用パターン別に見た構成割合

| | 回答数（人） | 構成割合（%） | | | | | | | |
|---|---|---|---|---|---|---|---|---|---|
| | | 営農＋信共＋生活 | 営農＋信共 | 営農＋生活 | 信共＋生活 | 営農のみ | 信共のみ | 生活のみ | 利用していない |
| 全体 | 62,419 | 26.1 | 3.0 | 0.8 | 45.7 | 0.4 | 17.4 | 3.6 | 3.0 |
| 組織活動限定型 | 10,548 | 24.7 | 3.6 | 0.4 | 49.1 | 0.3 | 18.5 | 2.4 | 1.0 |
| 営農アクティブ型 | 3,891 | 93.2 | 5.2 | 1.0 | 0.2 | 0.4 | 0.0 | 0.0 | 0.0 |
| くらしの事業・活動型 | 15,081 | 28.6 | 1.1 | 0.8 | 63.0 | 0.0 | 4.3 | 2.2 | 0.0 |
| 非アクティブ型 | 27,042 | 11.7 | 2.7 | 0.9 | 44.6 | 0.6 | 27.7 | 5.6 | 6.1 |
| 参加・参画限定型 | 5,857 | 43.6 | 6.4 | 0.9 | 31.1 | 1.1 | 12.7 | 2.1 | 2.2 |

分より高く、５類型の中では最も高くなっている。表出はしないが、同加入者の加入のきっかけを見ると「金利が有利になるから」が25・７％で最も高い。また、性別・年齢別の構成を見ると、男性では64歳以下、女性では49歳以下の割合が全体よりも高くなっている。以上を踏まえると、「非アクティブ型」は貯金の優遇キャンペーン等を通じて近年加入した比較的若い人が多いといえる。事業の利用状況を見ると、「信共＋生活」が44・６％で最も高いものの、「信共」のみの単一利用者が５類型の中では最も高い27・７％となっている。

「参加・参画限定型」は、現在の農業との関わりを見ると「農的生活者」が42・５％、「農家世帯員」が29・２％となっており、いずれも「営農アクティブ型」に次いで高い。その一方で、同アクティブ型と異なるのは性別・年齢別の構成であり、「参加・参画限定型」は、男女ともに65歳以上が全体と比較して高い割合となっている。また、「農家世帯員」のうちＪＡの直売所へ出荷を行っているのは20・５％（「営農アクティブ型」では49・９％）、「農的生活者」の同割合は10・３％（前述のとおり「営農アクティブ型」では35・０％）にとどまっている。他方で、表出はしないが同類型の農家組合への加入者は25・３％で５類型の中で最も高くなっている。以上を踏まえると、「参加・参画限定型」は高齢化にともなって販売を行わなくなった「農家世帯員」や、元農家の人などが多いと考えられる。

## ４　行動と意識から見た准組合員への対応方向

ＪＡとの関わりから見た５類型の特徴は以上のとおりである。では、改めて10点満点で見た行動点と意識点を確認しておこう。表７―13によると、行動点・意識点ともに最も高いのは「営農アクティブ型」、最も低いのは「非アクティブ型」となっている。この表には正組合員平均も示しているが、行動点に着目すると、「営農アクティブ型」「参加・参画限定型」は同平均を上回っている。一方、他の３類型は正組合員との差が10ポイント以

表7-13　5類型別に見たアクティブ・メンバーシップ

| | | 回答数（人） | 意識 | | | | 行動 | | | | | | | | |
|---|---|---|---|---|---|---|---|---|---|---|---|---|---|---|---|
| | | | 親しみ | 必要性 | 理解 | 計 | 事業利用 | | | 活動参加 | 組合員組織加入 | 意思反映 | 運営参画 | 計 | 計（意思反映・運営参画抜き） |
| | | | | | | | 営農 | 信共 | 生活 | | | | | | |
| 准組合員 | 全体 | 62,419 | 6.4 | 5.9 | 4.2 | 16.5 | 1.0 | 3.6 | 2.5 | 4.1 | 1.7 | 0.7 | 1.0 | 14.5 | 12.9 |
| | 組織活動限定型 | 10,548 | 6.8 | 6.2 | 4.2 | 17.2 | 0.7 | 3.6 | 2.2 | 5.2 | 5.7 | 0.5 | 0.0 | 17.9 | 17.3 |
| | 営農アクティブ型 | 3,891 | 7.7 | 7.6 | 5.6 | 20.8 | 6.5 | 5.8 | 4.8 | 6.8 | 3.3 | 2.0 | 0.8 | 30.1 | 27.3 |
| | くらしの事業・活動型 | 15,081 | 7.2 | 6.8 | 4.9 | 18.9 | 0.7 | 4.6 | 3.8 | 7.2 | 0.2 | 0.3 | 0.0 | 16.7 | 16.5 |
| | 非アクティブ型 | 27,042 | 5.6 | 5.0 | 3.6 | 14.1 | 0.4 | 2.5 | 1.4 | 1.1 | 0.0 | 0.1 | 0.0 | 5.5 | 5.4 |
| | 参加・参画限定型 | 5,857 | 6.6 | 6.4 | 4.7 | 17.7 | 1.9 | 4.3 | 2.9 | 6.2 | 5.1 | 3.5 | 9.9 | 33.8 | 20.4 |
| 正組合員平均 | | | 6.6 | 6.7 | 5.0 | 18.2 | 3.6 | 4.5 | 3.2 | 5.2 | 4.0 | 4.1 | 4.9 | 29.5 | 20.5 |

上付いている。ただし、「意思反映」「運営参画」を除いた行動点を見ると、「営農アクティブ型」はやはり同平均を上回り、「参加・参画限定型」はほぼ同水準、そして「組織活動限定型」「くらしの事業・活動型」は4ポイント以内と一気に差が縮まる。これら4類型の准組合員に占める割合は表7－8によれば56・7％である。共益権との関わりの深い「意思反映」「運営参画」を除けば、准組合員の半数以上は行動面での関わりについて正組合員との間に大きな差はないのである。

図7－1は横軸に行動点、縦軸に意識点をとり、5類型をプロットしたものである。なお、この図では行動点については「意思反映」「運営参画」を除いた点数を用いている。まず、「営農アクティブ型」についてであるが、図から明らかなとおり同類型は准組合員の中に占める割合は小さいが、行動点・意識点ともに最も高い。正組合員の行動点・意識点を上回っている准組合員を「コア准組合員」と位置づけるならば、5類型の中で唯一該当するのが「営農

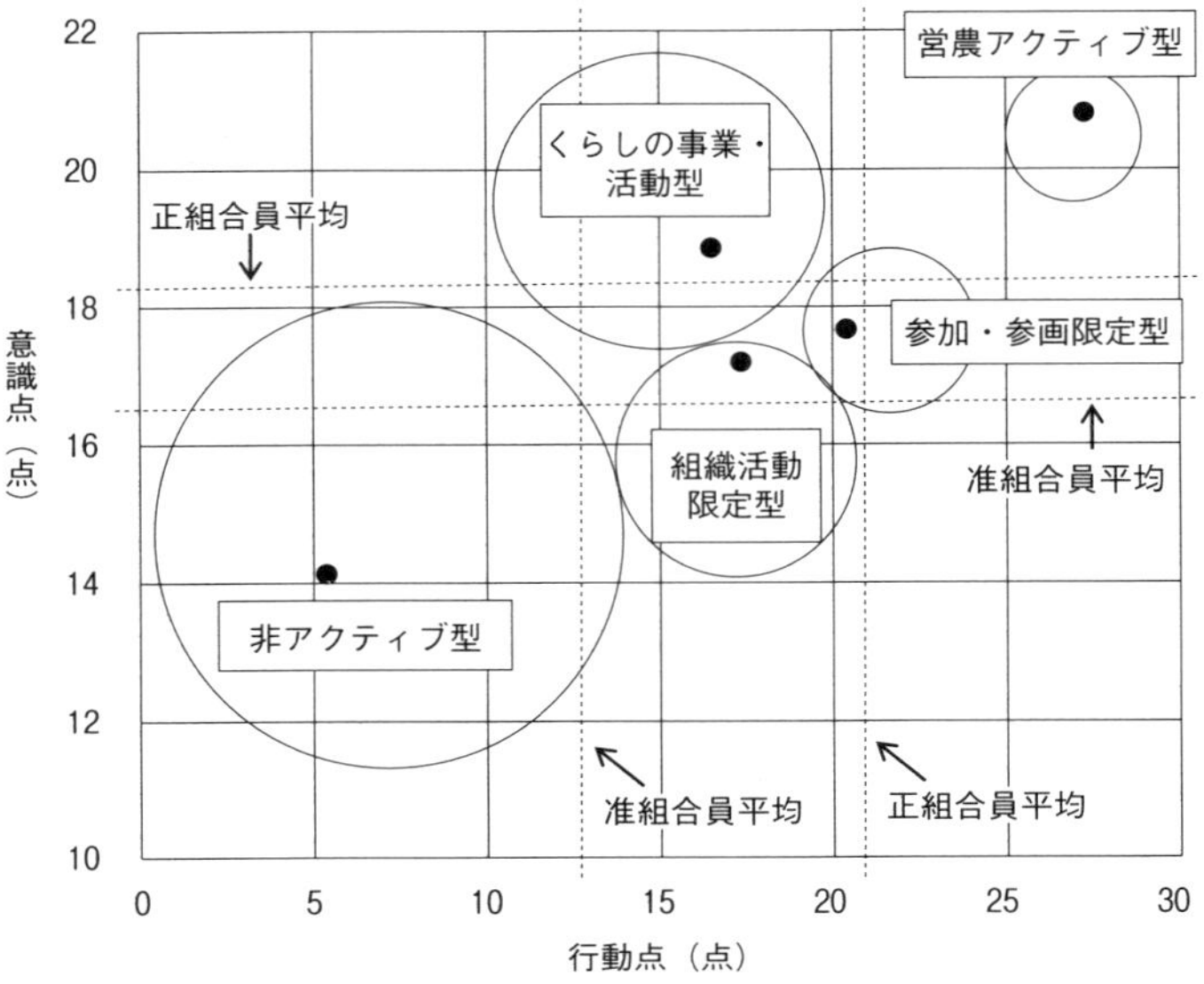


注：図の丸枠は各類型の構成割合を反映した大きさとしている。

図 7-1　行動と意識から見た５類型の展開状況

アクティブ型」である。同類型は農家世帯の後継者やその配偶者、直売所出荷を行っている「農的生活者」が少なくない。この類型に属する人への対応の基本は、正組合員への資格変更ではなかろうか。少なくとも、意思反映にかかる場への参加の働きかけをはじめ、正組合員と同様の対応をすべき類型といえるだろう。

次に、「くらしの事業・活動型」についてだが、行動点では正組合員平均を下回っているものの、意識点では同平均を上回っている。また、比較的年齢の若い組合員が多い。同類型は、今後さらなる行動面での関わりが期待できる「コア准組合員予備軍」と位置づけられるだろう。表7－13によれば、「営農アクティブ型」との差が大きいのは「営農」「組合員組織加入」である。「営農」の拡大に向けては、園芸塾等の開催を通じて直売所出荷等への働きかけを地道に重ねることが期待される。「組合員組織加入」については、既存組織への加入促進を図るとともに、新たな組合員組織づくりを模索すべきではないだろうか。その具体化に当たっては、固定メンバーで一定期間継続して活動を行う「特定少数型活動」を実践し、組合員同士の横のつながりをつくることが必要となるだろう。その際に、活動テーマは農や食に限らない多様なものとし、活動終了後もグループ化を図りながら継続的にサポートする。こうした取り組みの中で、「営農アクティブ型」とは異なる新たな「コア准組合員」の類型が析出されることとなるだろう。

一方、「非アクティブ型」は、比較的年齢の若い新規加入者が多いことに特徴がある。JAと関わりを持つようになって日が浅く、JAに対する意識が低い。同類型に対してまず求められるアプローチは、「親しみ」を高めることを目的として活動参加への働きかけを行うことではないだろうか。「AMSアンケート」によると、活動参加を通じた変化として最もあげられているのは「JAに対する親しみが増した」であり、その一方で、前述したとおりJA事業を利用する理由、例えば貯金を利用する理由として上位に挙げられているのは「JAには親しみがあるから」である。活動と事業は「親しみ」を介して互いに促進しあう関係にあると考えられ、こうした好循環が起きているのが「くらしの事業・活動型」といえる。「非アクティブ型」に対しては、「くらしの事業・活動型」へのステップアップに向けて活動参加の働きかけを行うことが基本的な対応方向といえるだろう。

最後に「組織活動限定型」「参加・参画限定型」であるが、両類型に共通するのは加入時期が古く、年配の組合員が多いことである。歳を重ねて生活スタイルが変わる中で、「くらしの事業・活動型」から「組織活動限定型」へ、「営農アクティブ型」から「参加・参画限定型」へと移行してきた組合員も少なくないと推察される。JAは両類型に対して事業利用や運営参画等を過度に求めるのではなく、その「生きがいづくり」に全力を注ぐべきではないだろうか[13]。年配の組合員の生きがいづくりのためには、単発のイベントではなく、趣味や学びの場づくり、仲間づくりなどを総合的にサポートする必要があるだろう。また、「組織活動限定型」においては年金友の会への加入率がきわめて高い。今後、同会を「生きがいづくり」の場として強化することが望ましいといえよう。

## 第４節　おわりに──組合員制度の見直しを見据えて──

本章では「ＡＭＳアンケート」を用いて准組合員の基本的な特徴を確認するとともに、准組合員を五つのタイプに類型化して、対応の基本方向について考察した。

「非アクティブ型」から「くらしの事業・活動型」へ、「くらしの事業・活動型」から「営農アクティブ型」をはじめとする「コア准組合員」へというステップアップを促進しつつ、「組織活動限定型」「参加・参画限定型」に対しては生きがいづくりを通じてサポートする。これが本論で明らかにした准組合員対応の基本方向である。

ところで、「コア准組合員」と位置づけた「営農アクティブ型」の意識点と行動点は正組合員平均を上回っていた。このことに象徴されるように、准組合員の中には正組合員以上に「我がＪＡ意識」を持ち、事業利用や活動参加に積極的な人が存在している。共益権を正組合員だけに閉ざしておく理由を見出すのはやはり難しいといえるだろう。

「営農アクティブ型」に属する人の多くは実際に農業を行っている。同タイプの准組合員については、現行制度の中でも正組合員への資格変更によって共益権の問題はクリアされる。検討を深めなければならないのは、「コア准組合員予備軍」と位置づけた「くらしの事業・活動型」に属する人についてである。

「くらしの事業・活動型」に属する人の「我がＪＡ意識」は正組合員平均より高い。行動面においては、事業利用と活動参加が活発であり、それらだけの点数に限って集計すれば、同タイプの42％は正組合員平均を上回っている。こうした人についても共益権の門戸を開くべきなのではなかろうか。「ＡＭＳアンケート」の結果を見る限りは、同タイプの中には「農業応援者」が少なくない。

以上を踏まえると、組合員制度の見直しの第一歩は、専ら耕作面積と農作業従事日数だけで判断している現行の正組合員資格要件に、同応援者を包含できる要件を加えることといえるだろう。そしてこうした動きを具体化できるかは、直売所利用者の組織化を通じて、現在点として存在している「農業応援者」を層として束ねることができるかにかかっている。

注

（1）在日米国商工会議所はこうした指摘をたびたび行ってきている。最近では、２０１９年2月まで有効とする在日米国商工会議所意見書「共済等と金融庁監督下の保険会社の間に平等な競争環境の確立を」において、「外資系を含む保険会社と共済等が日本の法制下で平等な扱いを受けるようになるまで、共済等による新商品の発売や既存商品の改定、准組合員や非構成員を含めた不特定多数への販売、その他一切の保険事業に関する業務拡大及び新市場への参入を禁止すべきである」としている。

（2）総合農協統計表によると、これまでに准組合員の増加数が10万人を超えたのは、１９７１年～１９７３年度、１９８８年～１９９２年度、そして２００６年度以降～現在の三期だけである。

（3）農業協同組合新聞（２０１８年2月16日）のインタビューの中で、大澤誠農林水産省経営局長は「准組合員の問題については今の法律上、事業利用は員外利用ではないわけですが、各農協において准組合員とはどういう位置づけなのか、イメージがあるはずだと思います。協同組合としての自己改革に取り組んでいるわけですから、まずは各農協の側から、私たちは准組合員はこうあるべきだと考えているという意見をうかがいたいというのが本音中の本音です」と述べている。なお、同記事については同新聞のホームページ（https://www.jacom.or.jp/noukyo/tokusyu/2018/02/180216-34640.php）を参照。

（4）「ＡＭＳアンケート」を用いた論考としては、小林元・小山良太・西井賢悟「都市ＪＡにおける准組合員の実態とＪＡの准組合員対応に関する調査研究」全国農業協同組合中央会編『協同組合奨励研究報告第四十三輯』、家の光出版総合サービス、２０１７、増田佳昭「ＪＡにおける正・准組合員の異質性と同質性――組合員アンケート結果をもとに――」『にじ』、第６６１号、２０１７、西井賢悟「ＪＡ自己改革の王道は『組織力』の再構築」『ＪＣ総研レポート』、vol. 42、２０１７などがある。なお、後述のとおり、本論では全中よりアンケートデータの提供を受けており、同データの整理や集計ソフトへの入力については、（一社）日本協同組合連携機構 基礎研究部 松永薫氏の協力を得て実施した。ここに記して謝意を表す。

（５）全国農業協同組合中央会「第27回ＪＡ全国大会決議第２部」（２０１５年10月）、68頁を参照。

（６）「営農」については「農業資材の購買」「直売所等への出荷」、「信共」については「貯金」「借入・ローン」「共済」、「生活」については「直売所での買い物」「ガソリンスタンド」「葬祭事業」などを指しており、ここでは「営農」「信共」「生活」それぞれを構成する事業のいずれかの利用があれば、当該事業の利用ありと見なしている。

（７）第１位は「店舗が近いから」で56・7％、第２位は「ＪＡに親近感があるから」で25・7％、第３位は「金利等が有利だから」で24・4％などとなっている。

（８）４タイプの分類は、まず一緒に暮らしている家族の中に「正組合員がいる」もしくは「正組合員と准組合員がいる」とした回答者を「農家世帯員」とし、それを除いた回答者の中で、農業との関わりについて「家庭菜園等で自家用の農産物を栽培している」「自家用栽培中心だが、一部を直売所等で販売している」「農産物の販売を目的として農業を行っている」のいずれかを選択した人を「農的生活者」とし、「農家世帯員」「農的生活者」を除いた回答者の中で、ＪＡの直売所を利用しており（「週に数回」「月に数回」「年に数回」のいずれか）、かつ「なるべく地元の農産物を買うなどして地域農業を応援したい」について、「そう思う」「どちらかといえばそう思う」を選んだ人を「農業応援者」とし、「農家世帯員」「農的生活者」「農業応援者」に該当しない人を「その他」とした。

（９）「親しみ」「必要性」「理解」は、それぞれ「ＪＡに親しみを感じる」「ＪＡは自分にとって必要な組織だ」「ＪＡと株式会社の違いがわかる」（５段階尺度）の回答結果を10点満点で点数化している。「営農」「信共」「生活」は、注（６）で述べたそれぞれを構成する事業の利用度合い（５段階尺度）の平均を10点満点で点数化している。「活動参加」「組合員組織加入」は、２活動（組織）以上に参加している人を10点、１活動（組織）に参加（加入）している人を５点、その他を０点として点数化している。「意思反映」は、総代会や支店単位の会合など、意思反映の場に二つ以上参加経験のある人を10点、一つを５

点、その他を0点、「運営参画」は、理事や総代、各種組合員組織の役員などを一つ以上経験したことがある人を10点、その他を0点として点数化している。

(10) k-means 法でクラスタリングし、Calinski and Harabasz の pseudo-F index を算出したところ最適クラスタ数は2となったが、准組合員の特徴を考察する上で2分類では十分とはいえない。そこでクラスタ数3～10までの結果を概観し、現実の准組合員の類型としての妥当性や、考察の複雑化を避ける観点からクラスタ数5を採用することとした。なお、最適クラスタ数の算出は、（一社）日本協同組合連携機構 基礎研究部 木村好宏氏に実施していただいた。ここに記して謝意を表す。

(11) 回答者全体では農家組合5・0%、年金友の会19・9%、女性部10・3%となっている。なお、それぞれの加入状況について他の4類型も記しておくと、「営農アクティブ型」では13・8%、36・4%、7・5%、「くらしの事業・活動型」では0・3%、2・7%、0・3%、「非アクティブ型」では0・1%、0・3%、0・0%、「参加・参画限定型」では25・3%、47・1%、20・4%となっている。

(12) 農業まつり（ＪＡまつり）の参加経験者は、全体では41・7%、他の4類型は「組織活動限定型」は45・8%、「営農アクティブ型」は65・7%、「非アクティブ型」は13・9%、「参加・参画限定型」は63・1%、ＪＡ直売所でのイベントの参加経験者は、全体では24・3%、他の4類型は「組織活動限定型」は26・8%、「営農アクティブ型」は46・0%、「非アクティブ型」は4・5%、「参加・参画限定型」は36・1%となっている。

(13) 「ＡＭＳアンケート」では「栽培技術講座」「レクリエーション活動」など12の活動の中でＪＡに期待するものを尋ねている。全体では「高齢者の生きがいづくり」が24・7%で最も高く、さらに同生きがいづくりを選んだ人は、「組織活動限定型」では29・9%、「参加・参画限定型」は32・4%と特に高くなっている。

# 第8章

# 農協における組織活動の意義と組合員参加

仙田徹志

## 第1節　はじめに

本章の目的は、支店協同活動と事業利用との関係性について、協同組織性の高度化の観点から、検討を行うことである。

支店を拠点とした協同活動が強く再認識されたのは、第26回JA全国大会における「協同組合の力で農業と地域を豊かにする「次代へつなぐ協同」」を主題とする大会決議の採択に遡る。その大会決議では、「JA支店を核に、組合員・地域の課題に向き合う協同」が明記され、JA地域くらし戦略を策定し、JA支店を拠点に地域コミュニティの活性化に向けたJA地域くらし戦略を実践することが謳われた。その後、こうした協同活動は、支店協同活動として強く推進されることとなるが、その過程で、JAないしはJA支店を対象に、事業利用との関係性についても検討された。本章では、組合員へのアンケートの調査結果を用いて、支店協同活動と事業利用の関係について検討することを課題とし、設定した課題に対して、以下のように接近する。

まず、第2節では、協同組織性、支店協同活動と事業利用について、主として2000年以降の動向を整理する。第3節では、A県で実施された組合員アンケートの調査結果を用いて支店協同活動と事業利用の関係について数量的に検討する。最後に第4節は、まとめにあてる。

## 第2節　協同組織性、支店協同活動と事業利用

本来、同一目的をもつ集団である協同組合は、協同組織性が強いことが特徴としてあげられる。石田信隆（2003）でも、協同組合は、「共通の経済的・社会的・文化的なニーズと願望を満たすために」作られた自治的な協同組織であることが、ICAの協同組合原則に基づき、述べられており、これをふまえ、石田信隆は、協同組合の強みとして、「利用の結集をとおした経済的メリットの実現」をあげている。

このように協同組織性の強い農協では、高い利用結集度を背景に事業量を拡大してきた。しかし、利用結集度は、1戸あたり事業総利益（個人）をみてみれば、2000年に24万3千円だったものが、2015年には18万1千円となっており、ほぼ一貫して低下傾向にある。1戸あたりの事業利用量の低下を、准組合員の加入により補ってきた、と考えてもよい。

このように、本来の協同組織の強みが発揮できなくなってきた背景として、JA内外の問題があるが、JA自体の問題として、広域合併の推進、また広域合併後の支店統廃合、経済事業改革が指摘されてきた。

こうした支店統廃合や事業改革をふまえた問題を解消する方策として、支店協同活動があげられている。支店協同活動は、そもそも、JAが行う地域活動として位置づけられるものであるが、主として組合員（組織）を対象とした諸活動（組合員向け活動）と、一般地域住民も対象としたJAの地域貢献活動（地域向け活動）を意味す

表 8-1　JA が行う地域活動と事業成果に対する支店長の認識

| 5段階評価（5：非常に思う　1：ほとんど思わない） | ①支店行動計画 | | ②支店まつり | | ③支店だより | | （参考）総平均 |
|---|---|---|---|---|---|---|---|
| | 策定 | 未策定 | 実施 | 未実施 | 発行 | 未発行 | |
| (a)組合員向け活動は、JA 全体の事業成果に結びついている | 3.31 | 2.85 | 3.29 | 3.16 | 3.34 | 3.25 | 3.27 |
| (b)組合員向け活動は、JA の金融・共済事業の成果に結びついている | 3.45 | 3.08 | 3.43 | 3.36 | 3.53 | 3.38 | 3.42 |
| (c)地域向け活動は、JA 全体の事業成果に結びついている | 2.93 | 2.38 | 2.93 | 2.64 | 3.00 | 2.84 | 2.88 |
| (d)地域向け活動は、JA の金融・共済事業の成果に結びついている | 2.88 | 2.54 | 2.88 | 2.76 | 3.03 | 2.79 | 2.85 |

出所：農業開発研修センター（2013）をもとに筆者作成。
注 1）表中、太線で囲まれているものは、平均値の差の検定で有意差が確認され、高い値を示すものを表している。

る[1]。前者は、女性部活動や年金友の会の諸活動が、後者は地域の防犯や地域行事へのJAとしての参画といったものが該当する。

支店協同活動は、組合員とJAの関係再構築の手段として位置づけられ、関係再構築による協同組織性の強化と、その効果としての事業量の増大が期待されてきた。支店協同活動は、支店を組織拠点として位置づけるものであり、支店協同活動のほかにも、協同組織性を高めるものとして、支店行動計画の策定、支店だよりの発行、支店まつりなどがある。支店協同活動の推進が、事業成果と正の関係性があることは、定性的にも定量的にも指摘されてきた[2]。一例として、愛知県下のJAを例にした分析を紹介しておく[3]（表8－1）。

ここでは、上述の組合員向け活動と地域向け活動について、それらの活動がJA事業にどのような影響を与えるのかを、支店長が回答している。支店長の認識についてみると、支店協同活動の実施は事業成果に効果があるという認識は、平均的にはそれほど強くないが、支店行動計画の策定の有無別にみると、その差は大きく、支店行動計画の策定があれば、支店協同活動の実施は、事業成果に効果があるという認識が強くなる。また、支店単位に支店協同活動と事業成果の相関関係をみると、支店協同活動の代理変数として活動組織数を用いた場合、信用、共済事業で正の関係性があることが確認されている。

これまでの分析は、ＪＡを単位とするものや、支店単位の分析であったが、上記の行動モデルは、組合員を想定したものであり、組合員ごとのデータがあるならば、それを用いた分析が望ましい。以下では、組合員に対して実施したアンケート調査結果を用いて分析を行う。(4)

## 第3節　ＪＡが行う諸活動と事業利用の計量分析

ここでは、上述の組合員アンケートを用いて、貯金と共済を対象に、ＪＡ事業利用の規定要因の分析を行う。

### 1　分析方法

#### (1)　分析モデル

ここで用いる分析モデルは、以下のように表現される。

$$Y=f(x;Z)$$

ここで$Y$は事業利用の今後の意向を示す変数、$x$は今後のＪＡの事業利用に影響を与える要因、そして$Z$は組合員の属性を表す変数である。本章では、後述するように、組合員アンケートにおけるＪＡ事業利用の現況と今後の意向に関する設問から、今後の強い意向がわかる変数を被説明変数として作成する。そして、説明変数として用いるＪＡ事業利用の規定要因には、ＪＡが行う活動への参加、あるいは活動に基づく認識を用いる。以上のようなモデルをプロビットモデルで特定化し、分析を行った。

### (2) 分析に用いた変数

#### ①准組合員の細分化

本章では、准組合員のあいだの異質性に配慮し、調査項目を用いて、准組合員を2種類に区分する。その准組合員の細分化は、以下のア〜ウに該当するものを抽出することにより行う[5]。分析に用いた設問は、一括して表8−2に示す。

(ア) 准組合員だが、同居家族に正組合員がいる(問Aの回答肢1または3に該当)。
(イ) 正組合員からの資格変更のため(問Bの回答肢4に該当)。
(ウ) 准組合員だが、農業をしている(問Cの回答肢4に該当)。

上記(ア)については、同居の正組合員がいる、ということは、「みなし正組合員」でもあり、「利用者としての准組合員」とは性質が異なるものである。(イ)については、現在の准組合員の資格が、正組合員からの資格変更のためであることを意味し、これも元正組合員ということからも、「利用者としての准組合員」とは性質が異なるものである。最後の(ウ)は、准組合員でありながら、販売目的で農業をしている、というものである。准組合員であっても販売目的で農業をしているならば、十分に正組合員の資格要件を満たすものであると考えられ、「利用者としての准組合員」とは異質なものであるとした。以上の細分化の結果、准組合員1131戸は、正組合員により近い准組合員304人と利用者としての准組合員827人に分けられる[6]。以下、前者を准組合員A、後者を

## 表8-2　分析に用いた設問一覧

A．一緒に暮らしているご家族にJAの組合員はいますか。（1つに○）

| | | | |
|---|---|---|---|
| ① | 正組合員がいる | ② | 准組合員がいる |
| ③ | 正組合員と准組合員がいる | ④ | 自分以外に組合員はいない |

B．あなたが准組合員になったきっかけは何ですか。（最も該当するもの1つに○）

| | | | |
|---|---|---|---|
| ① | JAの職員に勧められたから | ② | 家族に勧められたから |
| ③ | 他の組合員に勧められたから | ④ | 正組合員から准組合員への資格変更のため |
| ⑤ | JAの活動・行事に参加するため | ⑥ | 親・配偶者からの相続のため |
| ⑦ | 金利が有利になるから | ⑧ | 借り入れを行うため |
| ⑨ | 配当を受け取れるから | | |

C．あなたの農業との関わりについて教えてください。（最も近いもの1つに○）

| | |
|---|---|
| ① | 農産物の栽培は全く行っていない |
| ② | 家庭菜園等で自家用の農産物を栽培している |
| ③ | 自家用栽培中心だが、一部を直売所等で販売している |
| ④ | 農産物の販売を目的として農業を行っている |

D．あなたは次のJAの会合に参加(出席)したことがありますか。（参加したものすべてに○）

| | | | |
|---|---|---|---|
| ① | 総代会 | ② | 支店単位の会合 |
| ③ | 集落単位の会合 | ④ | いずれにも参加したことがない |

E．広報誌「きらり」をよく読みますか。（1つに○）

| | | | | | |
|---|---|---|---|---|---|
| ① | 毎月読んでいる | ② | 時々読んでいる | ③ | 読んでいない |
| ④ | 「きらり」を知らない | | | | |

| F．以下のJAの事業について、利用度を教えてください。（1～6それぞれ1つに○） | ほぼ全てJAを利用 | 半分以上はJAを利用 | 多少はJAを利用 | 全てJA以外を利用 | 自分には必要がない |
|---|---|---|---|---|---|
| 1．産直での買い物 | ① | ② | ③ | ④ | ⑤ |
| 2．貯金 | ① | ② | ③ | ④ | ⑤ |
| 3．借入・ローン | ① | ② | ③ | ④ | ⑤ |
| 4．共済 | ① | ② | ③ | ④ | ⑤ |
| 5．農業資材の購買（肥料・農薬・園芸資材、農機具の購入・修理等） | ① | ② | ③ | ④ | ⑤ |
| 6．産直等の直売コーナーへの出荷 | ① | ② | ③ | ④ | ⑤ |

| G．以下のJAの事業について、それぞれの今後の利用意向について教えてください。（1～6それぞれ1つに○） | JAを利用したい | JAの利用は考えていない | 自分には必要がない |
|---|---|---|---|
| 1．産直での買い物 | ① | ② | ③ |
| 2．貯金 | ① | ② | ③ |
| 3．借入・ローン | ① | ② | ③ |
| 4．共済 | ① | ② | ③ |
| 5．農業資材の購買（肥料・農薬・園芸資材、農機具の購入・修理等） | ① | ② | ③ |
| 6．産直等の直売コーナーへの出荷 | ① | ② | ③ |

| H．以下のJAの活動等をご存知ですか。（1～11それぞれ1つに○） | 参加（利用）したことがある | 知っているが参加（利用）したことはない | 知らない |
|---|---|---|---|
| 1．JAふれあいまつり・感謝祭 | ① | ② | ③ |
| 2．支店での各種イベント | ① | ② | ③ |
| 3．JA産直での各種イベント | ① | ② | ③ |
| 4．農業体験イベント | ① | ② | ③ |
| 5．旅行・コンサート等のレクリエーションイベント | ① | ② | ③ |
| 6．グラウンド・ゴルフ等のスポーツ | ① | ② | ③ |
| 7．子供の旅行（テーマパーク等） | ① | ② | ③ |
| 8．市民農園・体験型農園 | ① | ② | ③ |
| 9．各種カルチャー教室 | ① | ② | ③ |
| 10．女性大学 | ① | ② | ③ |
| 11．農業応援金融商品（農業応援貯金等） | ① | ② | ③ |

I．HのJAの活動等への参加を通じて、どのような効果や意識の変化があったか教えてください。（参加したことがある方のみ回答してください）（3つ以内に○）

| | | | |
|---|---|---|---|
| ① | JAに対する親しみが増した | ② | 顔なじみのJA職員が増えた |
| ③ | 仲間が増えた | ④ | 食や農への関心が増した |
| ⑤ | 地域への愛着が増した | ⑥ | 趣味や生きがいができた（増えた） |
| ⑦ | 食や農に関する知識が身についた | ⑧ | くらしに関する知識が身についた |
| ⑨ | JAに関する知識が身についた | ⑩ | 特になし |

出所：JAメンバーシップアンケートの項目に基づき筆者作成。

准組合員Bとする。

## ②その他分析に用いた変数

まず、被説明変数*Y*は、JA事業利用の現況（問F）とJA事業利用の意向（問G）を用いて、JA事業利用の今後の強い意向を表す変数として作成される。具体的には、JA事業利用の現況（問F）とJA事業利用の意向（問G）について、ともに回答肢1（問F「ほぼ全てJAを利用」、問G「JAを利用したい」）を選択したものを「1」、そうでないものを「0」とする、ダミー変数を作成する。

次に説明変数について述べる。まず、JA活動にかかわる説明変数として、支店協同活動をはじめとするJA活動への参加や認知度（問H）とJA活動を通じた効果や意識の変化（問I）を用いた。このほかの説明変数には、総代会をはじめとする会合への出席（問D）や広報誌の認知度（問E）を用いた。総代会をはじめとする会合への出席（問D）と、JA活動を通じた効果や意識の変化（問I）は、ともにマルチアンサーであるが、それぞれの回答で、該当を「1」、非該当を「0」とするダミー変数として分析に用いた。

## ③記述統計[7]

上記の変数の組合員種別ごとの平均値を示したのが、表8－3である。被説明変数である貯金と共済のダミー変数の平均値は、貯金が准組合員A、正組合員、准組合員Bの順となり、共済では、正組合員、准組合員A、准組合員Bの順となった。1位と2位の順番は変わるものの、准組合員Bは貯金、共済のいずれでももっとも低い比率であることがわかる。このほか、説明変数に用いたものをみると、各種の会合への参加の有無、広報誌の認知度、JA活動の認知度の平均値は、概ね、正組合員、准組合員A、准組合員Bという順で小さくなり、JAとそれぞれの組合員との距離を示しているものと推察される。JA活動の認知度では、合計11の項目にかかわる加

### 表 8-3　分析に用いた変数のクロス集計

| 項目内容 | | 結果 | 組合員区分 | | |
|---|---|---|---|---|---|
| | | | 正組合員 | 准組合員 A | 准組合員 B |
| | 貯金ダミー | ac bc | 0.498 | 0.530 | 0.392 |
| | 共済ダミー | ac bc | 0.573 | 0.513 | 0.365 |
| 出席経験 | 総代会 | abc | 0.184 | 0.079 | 0.018 |
| | 支店単位の会合 | abc | 0.301 | 0.141 | 0.077 |
| | 集落単位の会合 | abc | 0.440 | 0.263 | 0.077 |
| 広報誌の認知度 | | abc | 2.490 | 2.296 | 2.096 |
| JA 活動の認知度 | JA ふれあいまつり・感謝祭 | ac bc | 2.537 | 2.514 | 2.335 |
| | 支店での各種イベント | ac bc | 2.174 | 2.158 | 1.896 |
| | JA 産直での各種イベント | ac bc | 2.104 | 2.095 | 1.906 |
| | 農業体験イベント | ab ac | 1.466 | 1.299 | 1.242 |
| | 旅行・コンサート等のレクリエーションイベント | abc | 2.074 | 1.943 | 1.801 |
| | グラウンド・ゴルフ等のスポーツ | ac | 1.390 | 1.313 | 1.242 |
| | 子供の旅行（テーマパーク等） | ab ac | 1.388 | 1.286 | 1.223 |
| | 市民農園・体験型農園 | ab ac | 1.341 | 1.217 | 1.209 |
| | 各種カルチャー教室 | ac bc | 1.468 | 1.445 | 1.294 |
| | 女性大学 | ac bc | 1.264 | 1.228 | 1.139 |
| | 農業応援金融商品（農業応援貯金等） | ac | 1.333 | 1.263 | 1.209 |
| | いずれかに参加・利用（該当＝1、非該当＝0） | ac | 0.768 | 0.711 | 0.655 |
| JA 活動を通じた意識等の変化（全体） | JA に対する親しみが増した | 差なし | 0.236 | 0.230 | 0.206 |
| | 顔なじみの JA 職員が増えた | 差なし | 0.137 | 0.125 | 0.109 |
| | 仲間が増えた | ac bc | 0.111 | 0.135 | 0.071 |
| | 食や農への関心が増した | 差なし | 0.125 | 0.132 | 0.115 |
| | 地域への愛着が増した | bc | 0.076 | 0.112 | 0.071 |
| | 趣味や生きがいができた（増えた） | 差なし | 0.042 | 0.036 | 0.042 |
| | 食や農に関する知識が身についた | 差なし | 0.076 | 0.086 | 0.070 |
| | くらしに関する知識が身についた | 差なし | 0.048 | 0.059 | 0.041 |
| | JA に関する知識が身についた | ac | 0.070 | 0.043 | 0.036 |
| JA 活動を通じた意識等の変化（いずれかに参加） | JA に対する親しみが増した | 差なし | 0.301 | 0.319 | 0.299 |
| | 顔なじみの JA 職員が増えた | 差なし | 0.171 | 0.167 | 0.155 |
| | 仲間が増えた | bc | 0.144 | 0.185 | 0.107 |
| | 食や農への関心が増した | 差なし | 0.157 | 0.181 | 0.166 |
| | 地域への愛着が増した | ab bc | 0.098 | 0.157 | 0.098 |
| | 趣味や生きがいができた（増えた） | 差なし | 0.055 | 0.051 | 0.061 |
| | 食や農に関する知識が身についた | 差なし | 0.098 | 0.120 | 0.101 |
| | くらしに関する知識が身についた | 差なし | 0.059 | 0.069 | 0.052 |
| | JA に関する知識が身についた | ac | 0.091 | 0.056 | 0.054 |

出所：表 8-2 と同じ。
注 1）表中、結果の列は分散分析の多重比較の結果を示しており、ab は正組合員と准組合員 A、ac は正組合員と准組合員 B、bc は准組合員 A と准組合員 B、abc は三者の間で 10％の有意水準で統計的に差があることを意味し、差なしは非有意であることを意味する。

工値を用意した（「ＪＡ活動の認知度」の最下段）。すなわち、このカテゴリーの11項目のうち、いずれかで「①：参加（利用）したことがある」という回答があった場合を1、そうでない場合を0とするダミー変数を作成し、組合員区分ごとの平均値を算出した。これをみると、0・65～0・7程度の値となり、7割前後の組合員が、ＪＡ活動の11項目のうち、いずれかの参加・利用をしていることを示している。ただ、11項目の個別の結果をみると、2以上の値を示しているのは、「ＪＡふれあいまつり・感謝祭」、「支店での各種イベント」、「ＪＡ産直での各種イベント」、「旅行・コンサート等のレクリエーションイベント」である。逆に、この値が2未満である、ということは、そもそも活動を「③：知らない」、というもののほかに、「②：知っているが参加（利用）したことはない」、というものが多数を占めることを意味し、認知レベルのほかに、おのおのの活動への参加、利用によって得られるものの訴求が低いことが予想される。

最後に、ＪＡ活動を通じた意識等の変化は、設問が「ＪＡの活動等への参加を通じて……」、という表現になっていることから、全体の平均値とＪＡ活動のいずれかに参加したもののみを対象とした平均値の2種類を示している。そもそも、この設問は、最大回答数を三つに設定しているが、ＪＡ活動のいずれかに参加したものでも、平均回答数は、正組合員が1・40、准組合員Ａが1・45、准組合員Ｂが1・30であり、上述したように、活動の訴求力が決して高いわけではないことが、この点からも指摘できる。以上のような回答状況ではあるが、それぞれの結果をみると、ＪＡ活動への参加の影響や効果として、「ＪＡに対する親しみが増した」、「顔なじみのＪＡ職員が増えた」は、すべての組合員で多く選択されている。次いで高い値を示すのが、「仲間が増えた」、「食や農への関心が増した」であるが、これらは正組合員よりも准組合員Ａで高い値を示している。同様の傾向は、「地域への愛着が増した」、「食や農に関する知識が身についた」、「くらしに関する知識が身についた」でもみられる。さらに、参加したもののみに限定した場合では、「食や農への関心が増した」、「趣味や生きがいができた（増えた）」、「食や農に関する知識が身についた」の3項目における准組合員Bの値は、正組合員のそれを上回り、利用者である准組合員Bに対して、相対的に訴求力があることが指摘できる。

## 2 分析結果

### (1) JA活動の認知度・参加経験に関する分析結果

まず、JA活動の認知度・参加経験（問H）に関する分析結果について考察を行う。貯金と共済それぞれ二つのモデルの分析を行った。貯金事業の分析結果を表8−4、共済事業の分析結果を表8−5に示す。貯金、共済ともに、基本的に同様の傾向がみられ、貯金、共済事業の今後の利用

表8-4　JA活動の認知度・参加経験がJA事業利用に与える影響に関する分析結果（信用事業：貯金）

| | 貯金1 | | | 貯金2 | | |
|---|---|---|---|---|---|---|
| | 推定係数 | z値 | | 推定係数 | z値 | |
| JAふれあいまつり・感謝祭 | 0.12 | 2.39 | ** | 0.11 | 2.17 | ** |
| 支店での各種イベント | 0.08 | 1.77 | * | 0.06 | 1.22 | |
| JA産直での各種イベント | | | | | | |
| 農業体験イベント | | | | | | |
| 旅行・コンサート等のレクリエーションイベント | 0.25 | 4.86 | *** | 0.23 | 4.41 | *** |
| グラウンド・ゴルフ等のスポーツ | | | | | | |
| 子供の旅行（テーマパーク等） | | | | | | |
| 市民農園・体験型農園 | | | | | | |
| 各種カルチャー教室 | | | | | | |
| 女性大学 | | | | | | |
| 農業応援金融商品（農業応援貯金等） | 0.16 | 2.51 | ** | 0.14 | 2.14 | ** |
| 総代会の出席 | | | | 0.32 | 2.35 | ** |
| 支店単位の会合の出席 | | | | 0.27 | 2.29 | ** |
| 支店単位の会合の出席×准組合員Bダミー | | | | −0.27 | 1.29 | |
| 集落単位の会合の出席 | | | | 0.21 | 2.14 | ** |
| 集落単位の会合の出席×准組合員Bダミー | | | | −0.09 | 0.44 | |
| 広報誌「きらり」の認知度 | 0.21 | 5.52 | *** | 0.21 | 5.15 | *** |
| 正組合員ダミー | −0.18 | 1.78 | * | −0.18 | 2.77 | *** |
| 准組合員Bダミー | −0.35 | 3.67 | *** | −0.35 | 2.67 | *** |
| 定数項 | 1.85 | 8.96 | *** | 1.85 | 7.05 | *** |
| 標本数 | 1627 | | | 1570 | | |
| Log likelihood | −1058.20 | | | −970.85 | | |
| 疑似 $R^2$ | 0.06 | | | 0.10 | | |

出所：表8-3と同じ。
注1）表中、*** は1%、** は5%、* は10%で統計的に有意であることを示す。

に正の影響を与えるものは、JAふれあいまつり、支店の各種イベント、旅行・コンサート等のレクリエーションイベント、農業応援金融商品、JA広報誌の認知度であった。そして、総代会、支店、集落での会合への参加経験は正の影響を与えていたが、准組合員Bダミーとの交差項については、統計的に有意とならず、会合参加経験の効果は、准組合員Bに対して、その効果が強まる方向には発現していないことが明らかとなった。また、共済事業については、上記のものに加え、女性大学の認知度・参加経験が事業利用を高める、という結果が得られた。属性をコントロールするために用いた組合員ダミー変数は、共済におけ

表 8-5　JA 活動の認知度・参加経験が JA 事業利用に与える影響に関する分析結果（共済事業）

| | 共済1 | | | 共済2 | | |
|---|---|---|---|---|---|---|
| | 推定係数 | z 値 | | 推定係数 | z 値 | |
| JA ふれあいまつり・感謝祭 | 0.09 | 1.77 | ** | 0.07 | 1.11 | |
| 支店での各種イベント | 0.14 | 2.90 | *** | 0.14 | 2.32 | ** |
| JA 産直での各種イベント | | | | | | |
| 農業体験イベント | | | | | | |
| 旅行・コンサート等のレクリエーションイベント | 0.15 | 3.01 | *** | 0.14 | 2.29 | ** |
| グラウンド・ゴルフ等のスポーツ | | | | | | |
| 子供の旅行（テーマパーク等） | | | | | | |
| 市民農園・体験型農園 | | | | | | |
| 各種カルチャー教室 | | | | | | |
| 女性大学 | 0.21 | 2.18 | ** | 0.22 | 1.85 | * |
| 農業応援金融商品（農業応援貯金等） | 0.14 | 1.95 | * | 0.16 | 1.95 | * |
| 総代会の出席 | 0.32 | 2.28 | ** | 0.32 | 2.27 | ** |
| 支店単位の会合の出席 | 0.22 | 1.87 | * | 0.23 | 1.90 | * |
| 支店単位の会合の出席×准組合員 B ダミー | −0.27 | 1.26 | | −0.32 | 1.50 | |
| 集落単位の会合の出席 | 0.37 | 3.67 | *** | 0.34 | 3.37 | *** |
| 集落単位の会合の出席×准組合員 B ダミー | 0.15 | 0.70 | | 0.13 | 0.64 | |
| 広報誌「きらり」の認知度 | | | | 0.16 | 3.76 | *** |
| 正組合員ダミー | 0.04 | 0.35 | | 0.10 | 0.12 | |
| 准組合員 B ダミー | 0.27 | 2.79 | *** | −0.35 | 2.71 | *** |
| 定数項 | 1.67 | 5.91 | *** | 2.15 | 5.97 | *** |
| 標本数 | 1570 | | | 1556 | | |
| Log likelihood | −967.92 | | | −953.41 | | |
| 疑似 $R^2$ | 0.11 | | | 0.12 | | |

出所・注 1）表 8-4 と同じ。

る正組合員を除き、いずれのモデルでも統計的に有意となった。

### (2) JA活動の効果・意識の変化に関する分析結果

次に、JA活動への参加経験をとおした、効果・意識の変化（問I）に関する分析結果について考察を行う。こちらも上述の分析と同様、貯金と共済について実施した。結果を表8－6に示す。

両事業で共通して統計的に有意であったのは、「JAに対する親しみが増した」、「顔なじみのJA職員が増えた」、「仲間が増えた」、「広報誌の認知度」である。貯金のみ統計的に有意であったものは、「地域への愛着が増した」、「JAに関する知識が身についた」が正、「くらしに関

表 8-6　JA 活動への参加経験をとおした組合員への効果・意識の変化が JA 事業利用に与える影響に関する分析結果

| | 貯金 | | | 共済 1 | | | 共済 2 | | |
|---|---|---|---|---|---|---|---|---|---|
| | 推定係数 | z 値 | | 推定係数 | z 値 | | 推定係数 | z 値 | |
| JA に対する親しみが増した | 0.22 | 2.73 | *** | 0.16 | 2.12 | ** | 0.13 | 1.61 | |
| 顔なじみの JA 職員が増えた | 0.30 | 2.91 | *** | 0.24 | 2.44 | ** | 0.18 | 1.79 | * |
| 仲間が増えた | 0.25 | 2.24 | ** | 0.21 | 1.96 | ** | 0.12 | 1.11 | |
| 食や農への関心が増した | | | | | | | | | |
| 地域への愛着が増した | 0.22 | 1.85 | * | | | | | | |
| 趣味や生きがいができた（増えた） | | | | | | | | | |
| 食や農に関する知識が身についた | | | | | | | | | |
| くらしに関する知識が身についた | −0.28 | 1.90 | * | | | | | | |
| JA に関する知識が身についた | 0.30 | 2.01 | ** | | | | | | |
| 総代会の出席 | 0.20 | 1.69 | * | | | | 0.23 | 1.94 | * |
| 支店単位の会合の出席 | 0.31 | 2.94 | *** | | | | 0.38 | 3.55 | *** |
| 支店単位の会合の出席×准組合員 B ダミー | −0.22 | 1.12 | | | | | −0.34 | 1.72 | * |
| 集落単位の会合の出席 | 0.23 | 2.59 | *** | | | | 0.36 | 3.98 | *** |
| 集落単位の会合の出席×准組合員 B ダミー | 0.01 | 0.03 | | | | | 0.14 | 0.73 | |
| 広報誌「きらり」の認知度 | 0.24 | 6.86 | *** | 0.22 | 6.58 | *** | 0.18 | 5.35 | *** |
| 正組合員ダミー | −0.29 | 3.03 | *** | 0.09 | 0.98 | | −0.05 | 0.50 | |
| 准組合員 B ダミー | −0.19 | 2.06 | ** | −0.31 | 3.59 | *** | −0.21 | 2.30 | ** |
| 定数項 | 0.26 | 2.49 | ** | 0.35 | 3.48 | *** | 0.15 | 1.40 | |
| 標本数 | 1748 | | | 1748 | | | 1748 | | |
| Log likelihood | −1106.57 | | | −1135.64 | | | −1113.06 | | |
| 疑似 $R^2$ | 0.08 | | | 0.06 | | | 0.08 | | |

出所・注 1）表 8-4 と同じ。

する知識が身についた」は負で統計的に有意であった。そして、総代会、支店、集落での会合への参加経験は、上述のＪＡ活動の認知度・参加経験と同様に、いずれも正の影響を与えていたが、准組合員Ｂダミー変数との交差項は、共済２のモデルにおける「支店単位の会合」との交差項を除き非有意であり、ＪＡ活動の認知度・参加経験に関する分析結果と同様の結果が得られた。また、属性をコントロールするために用いた組合員ダミー変数は、准組合員Ｂのダミー変数が、いずれも負で統計的に有意であり、上述の分析結果と同様の結果が得られた。

統計的に有意であった変数のうち、「ＪＡに対する親しみが増した」、「顔なじみのＪＡ職員が増えた」、「仲間が増えた」、「ＪＡに関する知識が身についた」といった変数は、その成果が個人に帰属する性質が強いものである。用いた変数の中では、「地域への愛着が増した」の推定係数が貯金において有意であり、ＪＡによる活動を通して、地域への愛着が増した、と認識する場合に、貯金の事業利用に結びつくことが明らかとなった。

## 第４節　むすび

以上、本章では、正准組合員アンケートを用いて、支店協同活動と事業利用の関係性について検討を行った。その際、小林元（２０１６）や増田佳昭（２０１７）の指摘をふまえ、アンケート調査項目を用いて、准組合員を細分化することで、准組合員のあいだの異質性にも配慮して、貯金、共済事業を対象に、事業利用の規定要因の分析を行った。その結果、貯金、共済ともに、基本的に同様の傾向がみられ、貯金、共済事業の今後の利用に影響を与えるものは、ＪＡふれあいまつりをはじめとする支店協同活動に該当する諸活動であった。そして、ＪＡ活動への参加経験をとおした、効果・意識の変化を説明変数としたものでは、「ＪＡに対する親しみが増した」、「顔なじみのＪＡ職員が増えた」、「仲間が増えた」などが統計的に有意であった。２種類の計測に対して用いた、准組合員Bに対して、会合参加経験の効果は、ともに統計的に有意であったが、准組合員Bダミー変数との交差項では有意にならないものもあり、会合参加経験の推定係数は、「広報誌の認知度」や総代会、支店、集落での会合参加経験の推定係数は、ともに統計的に有意であったが、その効果が強まる方向には発現していないことが明らかとなった。

以上の結果は、支店協同活動は、組合員との関係性の再構築により協同組織性の高まりが事業利用に結びつくことについて、一定の評価を与えるものであるといえるが、一方で、准組合員BのようなJAと距離がある組合員への訴求力には限界があることも意味している。准組合員Bのような組合員に訴求するためには、支店協同活動の一層の推進を行いつつも、JAが中心とする協同活動の輪を拡げていくことが必要であり、そのことは倫理的消費を誘発するように作用すると考えられる。

倫理的消費とは、消費者基本計画では、「地域の活性化や雇用なども含む、人や社会・環境に配慮した消費行動」とされ、「倫理的消費」調査研究会（2017）では、「倫理的消費とは、突き詰めれば、消費者それぞれが、各自にとっての社会的課題の解決を考慮したり、そうした課題に取り組む事業者を応援したりしながら、消費活動を行うことであるといえる。このため、倫理的消費と称することのできる消費行動は幅広く、既に普及している多くの概念を包含している」とされている。倫理的消費は、一種の寄附行為と考えられるが、寄附行為は幸福度を上げる手法として認められている。人々の幸福度は年収7万5千ドルのところでピークになるとするカーネマンの研究もあり[8]、格差社会が進行している現代社会において、幸福度を高める手段として、JA活動の意義が広く認知されれば、より良い社会の形成に向けたJAの存在意義が再度確認されるものと考えられる[9]。また、倫理的消費を促すJA活動は、JAあるいは組合員が行う活動だけではなく、JAがNPO法人などへ支援を行う活動も、その範疇に入ると思われる。その点からも、協同組合間連携の積極的な推進が重要であるといえる[10]。

## 注

（1）一部に、ＣＳ活動を入れる場合もあるが、本来的には含まれない。

（2）直接事業ではないものの波及効果を検討したものとして、営農指導事業を検討した、神門善久「農協営農指導事業の経営効果の実証的検討」、松本浩一・北川太一「農協における営農指導事業の実施効果に関する計量分析」、松本浩一「農協経営に及ぼす営農指導事業の波及効果に関する研究」、須田敏彦「農協営農指導事業の収支と他事業への波及効果」、教育文化活動を対象としたものに、農業開発研修センター「ＪＡの教育文化活動が経営成果に及ぼす影響に関する調査研究」がある。また、ＪＡ支店が行う地域活動については、農業開発研修センター「ＪＡの教育文化活動が経営成果に及ぼす影響に関する調査研究」、同『ＪＡ支店における地域活動と経営成果への影響に関する調査研究』、同『ＪＡ支店における地域活動と経営成果への影響に関する調査研究（Ⅱ）』、同『ＪＡ支店における地域活動と経営成果への影響に関する調査研究――愛知県内のＪＡを事例として――』）がある。このほかにもMasuda et al. 2015 のほか、定性的側面から、木村務「ＪＡの優位性を地域でいかに発揮するか」をはじめ多くの指摘がある。

（3）農業開発研修センター『ＪＡ支店における地域活動と経営成果への影響に関する調査研究――愛知県内のＪＡを事例として――』を参照。

（4）本章で用いるデータは、組合員データベースから正組合員１３００名、准組合員２７００名が無作為に抽出され、回収率は44・3％（正組合員49・3％、准組合員41・9％）であった。農業開発研修センター『『農協改革』下における県単一ＪＡのガバナンスと経営構造改革に関する調査研究報告書』を参照。

（5）小林元「准組合員問題の所在と改革方向」では、准組合員アンケートにおける「実家が農家であるか」という設問に注目し、准組合員には実家が農家である組合員が一定数存在していることが述べられていたが、本章では、実家が農家であるだけでは、意識差に結びつく可能性は相対的に低いと考え、今回は細分化の指標として用いることを見送ることにした。

（6）この問Ｂは准組合員になったきっかけを問うものであるが、シングルアンサー（ＳＡ）であり、もっとも該当するものを選ぶように設計されている。したがって、他の回答肢が選ばれると、正組合員からの資格変更も准組合員になった複数の理由のうちの一つであっても、それをデータとしてみることができない、という問題点があるが、資格変更も重要な識別項目なので、用いることにした。

（7）ここで用いる数値は、一部、回答コードを入れ替えて集計しているため、初出である農業開発研修センター『「農協改革」下における県単一ＪＡのガバナンスと経営構造改革に関する調査研究報告書』とは数値が異なるので、注意していただきたい。

（8）Kahneman Daniel and Angus Deaton（2010）参照。

（9）川村保「農業協同組合は必要か」も幸福度研究の進展が農協の社会的な存在理由を説明することについてふれている。

（10）石田正昭『農協は地域に何ができるか』では農協と労協の連携の意義が言及されている。また、石田正昭『食農分野で躍動する日欧の社会的企業』で紹介されている事例などもＪＡが行う支援の対象となり得る。

## 参考文献


神門善久「農協営農指導事業の経営効果の実証的検討」全国農業協同組合中央会『農協営農指導事業と経営効果測定について』１９９１年、１４７～１５８頁。

石田信隆「協同組織性と農協改革」『農林金融』56（８）、２００３年。

石田正昭「組合員構成の多様化と農協の運営体制の再編方向」『協同組合研究』第26巻第1号、２００７年。

石田正昭『農協は地域に何ができるか』、農山漁村文化協会、２０１２年。

石田正昭『食農分野で躍動する日欧の社会的企業』、全国協同出版、２０１６年。

Kahneman Daniel and Angus Deaton.,"High income improves evaluation of life but not emotional well-being", PNAS September 21, 2010. 107（38）16489-16493. https://doi.org/10.1073/pnas.1011492107

川村保「農業協同組合は必要か」『農業と経済』第83巻第7号、２０１７年。

木村務「ＪＡの優位性を地域でいかに発揮するか」『にじ』６６１号、２０１７年。

小林元「准組合員問題の所在と改革方向」『農業と経済』第82巻第8号、２０１６年。

農業開発研修センター『ＪＡの教育文化活動が経営成果に及ぼす影響に関する調査研究』報告書、２００８年。

農業開発研修センター『ＪＡ支店における地域活動と経営成果への影響に関する調査研究』２０１０年。

農業開発研修センター『ＪＡ支店における地域活動と経営成果への影響に関する調査研究（Ⅱ）』２０１１年。

農業開発研修センター『ＪＡ支店における地域活動と経営成果への影響に関する調査研究――愛知県内のＪＡを事例として――』２０１３年。

農業開発研修センター『「農協改革」下における県単一ＪＡのガバナンスと経営構造改革に関する調査研究報告書』２０１８年。

増田佳昭「組合員の事業利用構造と協同組織性の展望」『協同組合研究』第26巻第1号、２００７年。

増田佳昭「ＪＡにおける正・准組合員の異質性と同質性」『にじ』６６１号、２０１７年。

Masuda Yoshiaki, Tetsuji Senda, Kengo Nishi, “Creating Competitive Advantage in Agricultural Co-operatives through Improving Governance Systems and Enhancing Member and Community Engagement” Co-operative Governance Fit to Build Resilience in the Face of Complexity, pp.49-63, 2015-Nov.（https://ica.coop/sites/default/files/basic-page-attachments/ica-governance-paper-en-2108946839.pdf）

松本浩一・北川太一「農協における営農指導事業の実施効果に関する計量分析」『農林業問題研究別冊』第5号、１９９７年。

松本浩一「農協経営に及ぼす営農指導事業の波及効果に関する研究」『北海道大学農經論叢』第54巻、１９９８年、75～85頁。

「倫理的消費」調査研究会「取りまとめ」消費者庁、２０１７年。

須田敏彦「農協営農指導事業の収支と他事業への波及効果」『農林金融』２００２年10月号、２００２年。

# 第Ⅲ部　どうなる農協の組織とガバナンス

第9章

# 農協の合併・組織再編と1県1農協の可能性

小松泰信

## 第1節　はじめに(1)

わが国の農業協同組合（以下、農協またはＪＡと略す）は、１９４７（昭和22）年の農業協同組合法の制定に基づき48年から49年にかけて全国的に設立された。「しかし、設立を急ぐあまり、農民の協同意識が十分成長していない農協が数多く見られたことや、経済安定９原則の実施などによる経済変動のあおりを受けて、１９４９～１９５０（昭和24～25）年には農協・連合会とも、大幅な赤字を出すことになった。このほかに農協の経営不振の原因としては、農業会の不良債権を引き継いだこと、経営者の経営管理能力が不足していたことなどもあげられる」など、その経営は設立当時から順調ではなかった。

この状態から抜け出すために、１９５１（昭和26）年には農協・連合会を対象とする農林漁業組合再建整備法が制定され、その後さまざまなてこ入れがなされる。

１９６１（昭和36）年には農業協同組合合併助成法が制定され、政府、都道府県の強力な行政指導のもと、農協合併が急速に進められた。これを契機に「合併」は、農協経営の不振や悪化の解決、あるいは予防のための切り札として位置づけられることになる。

その結果、1961（昭和36）年3月末に1万2050を数えた総合農協は、2018（平成30）年4月1日現在646となった。当然ではあるが、1JAあたりの規模は大きくなっている。

さらに最近では、政府による「農協改革」への対抗策、あるいは低金利下での経営基盤強化策として1県1農協構想をはじめとする「さらなる農協合併」が各地で検討されている。

本章では、この動きに注目し、現在進行形の1県1農協構想に絞り、その現状と課題、そして今後のあり方について検討する。

次節では、亀谷昰[2]、高田理[3]、田代洋一[4]、三氏の先行研究を考察し、事例に対する検討視角を得ることにする。

## 第2節　先行研究から得られる検討視角

### 1　亀谷論文の考察

まず、早くより1県1農協の可能性に言及していた亀谷論文を取り上げる。本論文は、総合農協における所与の条件である多事業兼営という「多機能性」と、組合員農家の総合性と密接な関係にある「総合化」という二つの意味がこめられた総合力概念を〝伝統的総合主義〟と位置づける。他方で、農協が直面する新たな局面に対する問題解決やイノベーションにおいて求められる総合力概念を〝新総合主義〟と位置づける。もちろん論旨は、〝新総合主義〟を軸に展開する。

その新たな局面は、つぎの3局面として整理されている。

第1が社会的革新局面。新しい社会経済環境変化（金融の自由化、情報社会化、サービス経済化など）に対峙ないし適応するうえでの総合力の発揮である。

第2が組織・事業革新局面。組合員の農協ばなれ、組合員家族の農協への無関心、ニーズの質的転換に対する組織・事業の再編や改善に対する総合力の発揮である。

第3が経営革新局面。経営規模の零細性の克服や経営内部機構の活性化など、農協経営体制整備に対する総合力の発揮である。

当然高次元の総合力発揮が求められるが、その具体化に際しての問題点を指摘するとともに、その解決の困難さを強調する。

一つが、単協として自己完結することの困難さである。「単協における事業の総合的運営には、一定以上の規模が必要なこと、あるいは、単協間の業務提携を必要」としたうえで、「ある意味では、農協の総合力は、単協で自己完結的に発揮できないのではあるまいか。そして、次第にますます困難になってゆくのではないか」と、懸念を示している。

もう一つが、農協の総合的運営と連合会の縦割り事業方式との関係である。そこには「矛盾もあり、不整合も存することは確かであるが、それが整合性をもつよう努力することは総合力発揮の要件」とする。しかし、ここでも「ますます事業別縦割事業方式が深化し、単協段階における総合力の発揮が困難になることも予想される。それは連合会による単協機能の統一化に連なる恐れが十分ある」と、懸念を示している。

このように懸念を示しつつも、単協の総合力の発揮の問題は、「地域づくりという求心力と連合会の統合力という遠心力に作用されつつも、意外と、連合会間の一体化、総合化の問題につながってゆく。1県1農協、それが総合力発揮の雲の彼方に見えかくれしているようである」と、1県1農協への動きを展望している。

亀谷論文は、まず伝統的総合主義から新総合主義への進化を説き、その実現のためには農協単独での取り組みには可能性が乏しく、県域連合会の機能を不可欠とする。ゆえに、新総合主義を実現するためには、1県1農協が不可避となる、と要約される。

今日的には、後述する高田論文も指摘しているように、全国段階と県段階の一体化が進み、県段階の支店化がすすむことで、亀谷論文が想定した県域組織を一括承継した1県1農協構想は困難となっている。しかし、連合会機能を繰り入れない限り農協の新総合主義は成就しないという論旨は極めて示唆的である。

## 2　高田論文の考察

高田論文は、管内に複数の行政を持つ広域合併農協や1県1農協の誕生、そしてその後を追う動きが顕在化するなかで、合併効果が発揮されていない大規模農協も多くみられることに注目し、先駆的事例であるＪＡならけんと、ＪＡ香川県の実態調査から、1県1農協の課題を次のように明らかにした。

第1が、1県1農協に適した経営管理体制の確立である。自らが理論的に明らかにした『組織力』は農協規模が大きくなるにしたがい小さくなるが、県域の規模になると、それがほとんどなくなる」という仮説に基づき、「営農事業は地域性が非常に強いことから、地域に密着した展開が必要」という実態に可能な限り応える経営管理体制として、「地域にかなりの権限と責任を付与した地区本部制が望ましい」とする。ただし、その前提として「地区の組織、事業運営機能の高位平準化」、課題として「権限と責任の付与の程度、共通管理費配分」などをあげている。

第2が、強力なリーダーを擁立し、健全なトップマネジメント体制を確立していくことである。

第3が、全国連県本部、あるいは県連との機能の調整・整理である。ただし、多くの県ではすでに県連が全国連と統合しており、それにどう対応していくかが大きな課題とする。

第4が、農協としては県内唯一の存在であるため、農協間や農協と連合会間で切磋琢磨する努力や緊張感を欠如させ、革新動機を喪失する可能性が高まることである。

以上より、1県1農協は合併後も試行錯誤の連続で、合併したからといって一気に農協改革が進み、合理化、効率化が進むわけではないとする。そして、1県1農協構想を「現実逃避の幻想にすぎない」としたうえで、構想が実現しても「組織力効果」の創出を目指して、「地区単位の取組み（分権化）」が必要であることを強調している。

### 3　田代論文の考察

田代論文は、JA com・農業協同組合新聞において、1県1農協であるJA香川県、JAおきなわ、JAしまね、さらに長野県と福島県の広域合併JAの精力的な実態調査に基づき、多くの論点を提示している。本章で特に注目したのはつぎの3点である。

第1が、県連との関係である。1県1農協化は、単協のみならず、中央会、県連、全国連県本部を巻き込んだ取り組みになるため、単協間の合併とは質を異にする。「そこでは県連組織等を存置するか包括承継するかが大きな論点になる」とする。

包括継承した場合には、県連組織のスタッフを新農協に迎え入れることにより、農協の人的資源が飛躍的に充実する。信用事業等ではとくにそれが顕著で、このことに対する評価が高いことを紹介している。しかしそれに伴う問題として二点あげている。

一つは、県連でなければ制度的に担えない機能、たとえば信用事業では外貨建ての運用等が農協ではできなくなること。

もう一つが、県連スタッフが新農協に移籍することにより、「経営者支配」（農協が組合員ではなく経営陣に主導権を握られる事態）が強まり、組合員から乖離する可能性があること。

このような問題が起きないために、人事のバランス、適材適所、意思疎通などへの配慮を求めている。

第2が、地区本部制についてである。農協が合併に踏み切るにあたっては、産地農協・職能組合としての良さが失われ、農協が地域・組合員から遠くなる、といった不安や懸念が強い。それを払しょくするには、旧農協を何からの形で活かした、あるいは残した合併が求められる。具体例として、旧農協単位の「地区本部制」を採り、そのトップに組織代表を理事等として据えることを示している。

他方で地区本部を重視し、その自立性を高めるほど、組織は複雑化し、一つの農協としての意思統一を欠いたり、指揮命令系統が複線化することなどによって混乱が生じる。また、地区本部ごとの「地域エゴ」により、合併メリットの追求が不十分になることを指摘する。まさに「地区本部制のディレンマ」である。

これらを踏まえて、今日の合併の本質を、「同一商品を販売する信用・共済事業は思い切った統合メリットの追求、集権化を果たしつつ、営農指導については分権化するという、集権と分権の統合、あるいは二重円の組織化」とし、「地区本部としてのまとまり」を分権化する営農指導の拠点として生かすことを示唆している。

さらに「地区本部は必要だが恒久ではないという認識に立って、地区本部を慎重に組成・運用することが合併のキモ」としている。

第3が、農家組合という名称で代表される基礎組織の位置づけである。

大型合併により組合員にとって農協は確実に遠くなる。「農協は何よりも地域密着組織であり、地域密着業態である。農協が地域から離れたら農協ではなくなる。合併農協はこのディレンマも乗り越えなければならない」

とする。

その乗り越え方として、農協が大きくなっても変わらないものに依拠することを奨める。その一つが農家組合と呼ばれる基礎組織である。ここが組合員の意見を集約し、総代等を通じて、農協運営や運動方針に反映されるよう機能すれば、合併による広域化のデメリットは低減される。

ただし現実には、農家組合の存在意義は希薄化している。そして、そもそも「『むら』は農協や行政以前の『自生的』組織なので、外部から下手にいじるべきものでもない。……農協事業にとっての必要性を再確認しつつ、例えば総代選出の母体地域ごとに連合体を作るなど補強策を考える」ことを提言する。なぜなら、「それがないと合併農協は砂上の楼閣になる」から、としている。

## 4　本章の検討視角

以上の先行研究で明らかになった事項に多くを依拠して、つぎの5点を次節で取り上げる1県1農協構想の検討視角とする。

第1が、1県1農協と中央会・連合会という県域組織及びその機能との関係性、より具体的にいえば、新農協のなかへのそれらの繰り込み方である。

第2が、地区本部制の導入についてである。

第3が、基礎組織の位置づけである。

第4が、県行政との連携についてである。

第5が、自己改革との関係、事業・活動内容、リーダーシップ問題などである。

## 第3節　1県1農協構想の事例分析(5)

### 1　高知県

#### (1)　取り組み経過

1988（昭和63）年11月に開かれた第24回高知県農協大会で、「16農協構想を決議」した。当時の農協数は84であった。

1992（平成4）年12月に、農協合併推進本部委員会で「8農協構想への変更を決議」した。変更の理由は、経済事情の変化、規模・営農形態・地理的条件の見直しである。その時の農協数は72。

合併が進み、16農協までになった2000（平成12）年11月の第28回高知県JA大会で「8農協構想の継続を決議」するが、その後、利ざやの低下などで経営が悪化する。これを店舗統廃合などによるコストカットや効率化で乗り切るものの、サービスの低下などにより組合員との関係が希薄化し、事業取扱高が減少した。そのため、8農協構想では乗り切れないという危機感が高まる。

そして、2009（平成21）年11月の第31回高知県JA大会で「8JA構想を見直し、新たな組織整備（合併）構想案の実現に向けて取り組むことを決議」し、翌10年3月のJA中央会臨時総会において「新合併構想組織協議案（県域1JA構想）を決議」した。このときの農協数は15で、現在まで変わっていない。

2012（平成24）年11月の第32回高知県JA大会において、「JA合併構想を『県域1JA構想』とし、研究、深化させ、平成30年をメドに実現することを決議」した。

これらの決議を経て、2015（平成27）年11月の第33回高知県JA大会で「平成31年1月1日の県域1JA

構想の実現を目指していくことを決議」した。しかしこの後に3JAが不参加を表明した。

(2) 1県1農協構想の目的

人口減少、少子高齢化、政府による農協改革、TPPやFTAといった経済のグローバル化等々を背景とし、農業・農村を守り、農家所得の増大や地域社会の活性化に貢献し続けることがJAグループの使命とする。その使命を果たすには、農協の運営や事業の高度化、経営の効率化が追求されなければならない。そのためには、JAの枠組みを超えて、効率化と重複機能の排除という面で一番効果が大きい連合会機能を繰り込んだ県域全体で人材・資金・施設などの経営資源を結集することが求められる。これが県域農協構想の目的である。

(3) 体制と機能分担

本所には、統括本部と信用事業、共済事業、購買事業（現全農県本部の購買部門）、営農販売事業（現県園芸連と現全農県本部の販売部門、現中央会の営農部門）の4事業本部が設置される。なお、購買事業本部と営農販売事業本部は現在の施設を使うため、本所は3カ所に分散される。

また県内を7地区に分けて、それぞれに複数の支所と一つの営農経済センターを設置する。各地区の支所の一つを「地区本部」とし、そこで組織・事業・人事・経営（事業実績管理・収支管理）等の管理を行う。

地区の運営については、円滑に事業展開ができる職務権限を付与するとともに、地区別損益管理ができる仕組みを作り、地区ごとに運営する。他方、機能集約・県域共通の事業展開・地区間連携により、統合メリットを追求することになっている。

換言すれば、「事業本部制」を基本とするが、全支所を本所で一括管理するのではなく、地域特性を活かして地域密着度の高い運営が行えるよう「地区機能」を併せ持った組織を目指している。

また、支所、地区、本所ごとに運営委員会（運営委員の人数は減らさない）を継続設置し、広域化してもこれまで以上に組合員の声を汲み取り、事業運営に活かす体制づくりを行う。

なお、信用事業においては、存置される信連が外貨建て運用をはじめ運用に注力し、ＪＡは貸付や地域密着の運用に注力する。

共済事業においては、共済連県本部が残るので現在の事業展開を継続する。なお同県本部から農協に出向し一体的な人材づくりと体制づくりを強化することになっている。

⑷　総代と理事

総代会は各地区から選出した総代５８１人から構成する。原則として地区運営委員を兼務する。理事は67人（うち常勤37人＝本所10人、地区常勤理事27人）、監事10人（うち常勤３人）とする。

⑸　その他

①自己改革との関係性については、この取り組みが高知県における自己改革と位置づけている。

②県１農協となることで県行政との連携が強化されることについては、もともと、園芸連と県が強固な連携関係にあったものの、１県１農協の取り組みで県との連携を意識してはこなかった。しかし、仕事を進めていく中で、連携強化の重要性が明らかになってきたので、今後はそれを意識した働きかけを行う考えである。

③１農協に関する組合員の意識は、歓迎というよりも「仕方ないよね」という認識として理解されている。当然、組合員の農協離れは危惧しているが、より良き農協を作り上げることで、農協離れを防ごうとしている。た

だ、経営体としての体制づくりが先行し、組合員組織への対応はこれからであり、基礎組織のあり方についてはほとんど考慮されていない。

## 2 山口県

### (1) 取り組み経過

1990（平成2）年に策定された「県下11JA合併構想」に取り組み、2018（平成30）年8月時点での農協数は12で、構想実現にあと一歩であった。

県域合併が検討課題にあがったのは、2011（平成23）年10月の「JAグループ山口　将来方向研究会」のとりまとめにおいて、「県1JA」、「県下3JA」、「県下7JA」の3案が提起されてからである。

2012（平成24）年11月に開催した「第38回JA山口県大会」において、実践期間（3か年）を県下JAの「経営体質強化期間」として位置づけ、支所（店）機能等再編強化、県域での組織整備等の改革に取り組むことを決議した。

この支所（店）機能等再編強化を最優先として取り組む一方で、将来を見据えてより広域での合併が必要であるとの認識が高まった。つまりTPPや自己改革の中で、支所再編だけでいいのかという意見である。そして本当の意味での改革に着手し、組合員に奉仕をするためには合併が必要ではないか、という意見が出されて研究が始まる。

2014（平成26）年6月、中央会理事会において県域合併に関する検討体制として、県下5JAの専務常務ならびに県連・全国連県本部代表者で構成する「県域合併構想研究会」を設置し、検討を進めることを決定した。

第1ステージ（14年7〜9月）においては、県域合併に関する基本的な考え方を整理し、「大会決議実践管理委員会」に対して同研究会の検討結果を報告した。

その内容は、経営基盤の強化に向けた県域合併構想の策定および着実な実践が必要であり、最大限のスケールメリットが期待できる「1県1JA」を2019年度期首に実現させるとともに、進行中の「JAグループ山口自己改革プラン」のスキームや実践内容も踏まえたものとすること、と要約される。

さらに同研究会は全JA参画による第2ステージ（14年11〜12月）の研究結果として、その要約内容の確認に加えて、JA間格差を解消したうえで合併を実現することが必要であるため、「1支所（店）あたりの貯金量100億円以上」を全JAの共通目標として取り組むことを提言した。

そして2015（平成27）年11月「第39回JA山口県大会」において「県域合併構想」の策定・実践を決議した。

これを受け、2016（平成28）年4月より県域合併対策室を設置し、JAグループの全組織参画のもと、構想実現に向けて具体的な協議・検討に着手している。

### (2) 合併農協の組織概要

合併農協の本所には、総合的な調整機能を担う総合企画本部と分野別（営農販売事業、経済事業、総務管理、信用事業、共済事業）の5本部が設置される。

そして県下を11地区に分け、各地区それぞれの組織・事業運営に関する統括拠点として統括本部が設置される。そこには、本部長と副本部長が配置されるとともに、営農経済部、総務管理部、金融共済部が設置される。

支所・出張所では、貯金・為替、共済、貸出等の事業、組合員対応、くらしの活動等を行う。

現在40ほどある営農経済拠点は、合併後、ブロック体制による事業展開への移行を進めるなかで再編される予定である。

また合併後一定の期間においては、県下11地区の代表者として各地区から選出された理事が、常勤理事として県域全体ならびに選出地区の運営全般について統括・管理することが必要であることを考慮し、「理事会制度」による業務執行体制を確立することにしている。

なお、改正農協法の解釈・指導やＪＡ運営の安定度等を十分に踏まえたうえで、将来的には、高度・専門的な事業を迅速かつ的確に展開することを目的とする「経営管理委員会制度」の導入についても検討することになっている。

### (3) 組合員の意思反映の仕組み

#### ①総　代

定数１０００名。任期３年。地区別総代定数は、正組合員数の割合により配分。また、アクティブ・メンバーシップ促進の観点から、女性総代選出の目標値を設定し、その実現に努める。各地区の定数の15％以上となっている。

#### ②支所段階

支所段階では、基本的につぎの二つの機会が提起されている。

まず、現在取り組まれている集落座談会や農事組合長集会はこれからも継続する。またこのような場が設けられていない支所では同様の機会を設けて、組合員の声を聞く機会を拡大する。

新たに、支所運営委員会を設置する。構成は、総代・各種組合員組織の代表者（15～20名程度）である。

③**統括本部段階**

統括本部段階では、「地区別総代協議会」と「総代代表者会議」が設置される。「地区別総代協議会」は、地区選出の総代により原則年2回開催される。そこでは、JA運営に関する組合員等の意見集約、JA事業計画や事業進捗状況等の報告、地区理事の選出などを行う。「総代代表者会議」は、地区総代の代表者（地区総代定数の5分の1程度）により毎4半期に開催される。そこでは、「地区別総代協議会」の運営、JA運営に関する総代等の意見集約、JA事業計画や進捗状況等の報告などが行われる。

④**利用者懇談会**

ファーマーズ・マーケット、高齢者対策事業、生活店舗等の事業利用者を対象とした「利用者懇談会」を設置し、幅広いニーズに的確に対応することも計画している。

(4)　県域組織との関係

中央会、信連、全農、共済連における県域の組織ついては、合併農協との重複機能の排除を基本として、つぎのように連携する。

まず、中央会は、専門的サポートが必要な業務（経営指導及び監査法人への人員派遣）と代表・調整が必要な業務（合併JA・県域組織を代表する機能、農政、JA全中・監督官庁との調整機能）を担う簡素な中央会として存置される。

信連は、原則として県域組織で担うべき機能を維持し、効率的な資金運用・コスト削減による安定的な利益還元、専門性を生かした指導・相談機能等による機能還元、合併JA信用事業本部への人的支援により合併JAに対する支援を行う。

共済連山口県本部は、合併後もJAとの共同元受方式による契約者保護の充実を堅持し、合併JAの機能発揮水準の高度化に向けた補完機能及び一体的な事業運営に向けた支援を行う。

そして全農は、これまで全農山口県本部が担ってきた県域の営農・経済関連機能については合併JAが担うこととなるため、現在の県本部は存置しない。全農は、県域での対応以上に有利または効率的で農業者の所得増大に寄与できると判断される機能の提案を行う。

### (5) 県行政との連携

県との連携については特に意識はされていない。ただし、県知事は県1JAへの取り組みを好意的に評価しているとのこと。水田問題などで一体的に取り組んできたこれまでの経緯もあり、農業・農村問題に山口県が一つになって取り組んでいくように連携していく考えである。

## 3 福岡県

### (1) 取り組み経過

2003（平成15）年第37回JA福岡県大会で、「新広域JAでの合併メリットを創出するため、県下3JAでの県域連合組織の機能・事業のあり方を検討し、段階的に整備を進めます」と決議した。

そして2012年（平成24）年の第40回JA福岡県大会で、2022（平成34）年を目標年次とする3JA構想実現を決議した。しかし、農協の内部改革が優先されたことや、合併の必要性やメリットが十分に見いだせないことなどから合併構想は進展しなかった。

その後、農協を取り巻く状況は厳しさを増し、高度な経営管理体制と安定した経営基盤を確立することが喫緊の課題となってきた。

そして2015（平成27）年第41回JA福岡県大会において「3JA構想見直しと新たな構想策定」を決議した。

組織整備専門委員会は、この大会決議を受け、協議、検討、視察を重ねたのち、16年6月に「JAグループ福岡の組織再編について」を会長に答申した。

(2) 組織整備専門委員会答申の要点

3JA構想を決議した2003（平成15）年と比べて外部環境が大きく変化するなかで「農業者の所得増大」「農業生産の拡大」「地域の活性化」という自己改革の最重点課題を実践するためには、3JA構想以上の規模となる必要がある、という結論に至った。

残るは2JAか1JAかとなる。

県全体で農業産出額（2230億円）は全国15位、県民数（510万人）は全国9位。都市部と農村部が共存する環境や特徴を最大限生かす農業施策（例えば「県産県消＝福産福消」）を展開していくためには、JAグループ福岡と県行政との連携が不可欠となる。

他方では、現下の自己改革を遂行するとともに、JA経営を将来にわたって安定させるためにはJAグループ福岡の持つ経営資源を結集させなければならない。

この二つの課題を解決するためには、JAグループ福岡が最大限のスケールメリットを得ることが可能な「福岡県下1JA」の実現が必要、との結論に至った。加えて、JAを取り巻く制度や政策を勘案し、「2022（平成34）年まで」の実現を提案した。

この新たな組織再編戦略を速やかに行うためにＪＡグループ福岡全体の意思決定機関と専任の推進事務局の設置も併せて提言している。

(3) 推進・研究体制

２０１７（平成29）年4月には推進・研究体制が整備された。

一つは、組織再編戦略に関する意思決定・進捗管理を行う「ＪＡグループ福岡組織再編戦略推進委員会」の設置である。なお同委員会は、自己改革の実践推進・進捗管理を行っていた「ＪＡグループ福岡改革推進本部」と統合された。組織再編と自己改革は車の両輪と位置づけたことがその理由である。

もう一つは、中央会に、推進組織の専任事務局機能を果たす「ＪＡ改革・組織再編対策部」の設置である。34名体制で、内訳は20ＪＡから1名ずつの出向者、連合会等からの出向者5名、中央会の9名である。

(4) 地区本部制と組合員の意思反映

効率化・合理化できる機能のみを本店機能とし、組合員など利用者へのサービスレベルを守り、地域性・関係性・利便性を維持しながら、現在のＪＡの経営努力を反映させるために、現在のＪＡを「地区本部」とし、それを最小単位とした「地区別独立採算制度」を基本とする「地区本部制」を採用する。

また、座談会、支店運営委員会、地区本部運営委員会を基本に、組合員組織各層からの意見・要望を反映した運営を行い、その特性を活かした事業活動を展開する。なお意見・要望へ迅速に対するために地区本部への権限委譲が提起されている。

なお、これらの問題はあくまでも骨格であり、詳細については今後の研究課題となっている。

(5) 県行政との連携

地産地消、すなわち福産福消や消費者としての県民を強く意識した合併としての特徴を持っている。しかし、県行政との連携については意識されてはいない。県からも1JA構想に関連した働きかけも問いかけもない。ただ、組合長の中には、県と1対1で話せることを評価する人は少なくない。また、営農関連でワンフロア化(連携)や迅速な意思決定が下される可能性が高まるとみている。

## 第4節　検討視角による再整理と補足

前節での事例分析の結果を、前述した五つの検討視角にしたがって再整理する。

(1) 新農協への県域組織及びその機能の繰り込み

3事例とも農協だけの合併ではなく、県域組織及びその機能の繰り込みを強く意識していた。ただし、すでに指摘されているように、JAグループが3段階から2段階的性格を強めていることや、連合会にしかできない事業があること、そして県域組織そのものの思惑もあり、完全移行は高知県園芸連だけであった。しかし、県域組織の機能の一部承継、人材の転籍や出向などにより、農協の経営基盤を強化する方向で計画が進められている点は評価されねばならない。

### (2) 地区本部制の導入

すべての事例が、地区本部制を導入する。理由は、田代論文、高田論文で指摘されているとおりである。たとえ地区本部制がいつかはなくなる運命のものであっても、スタート段階で取り入れなければ、組合員の反発は大きく合併そのものが実現しない。そして、地区本部を軸に、農業振興と組合員組織の活性化が進むような運営を目指すべきである。

### (3) 基礎組織の位置づけ

農家組合等の基礎組織が弱体化、形骸化している。農村社会の活性化を考える上でも、農協の運営を考える上でも、避けて通れない由々しき問題である。しかし残念ながら、農協関係者にとって重要な検討事項とはなっていない。本章の事例においてもほとんど考慮されていない。田代論文が指摘していたように、合併農協を「砂上の楼閣」としないためにも、どう位置づけ、どう関わるのかについての検討が不可欠である。

### (4) 県行政との連携

福岡県では、「福産福消」という取り組みを提起することで、間接的にではあるが県行政との連携が意識されていた。その福岡県でも、県行政から1農協構想についてのアプローチはない。他の2事例もしかりである。筆者が、1県1農協を支持するとするならば、それは県行政との一体的な取り組みに多くを期待するからである。より前向きな連携姿勢が求められる。

(5) 自己改革との関係、事業・活動内容、リーダーシップ問題など

各事例とも、1県1農協への取り組みを自己改革そのものと位置づけ、その枠組みのなかで、「農業者の所得増大」「農業生産の拡大」「地域の活性化」の実現を目指していた。

事業・活動に関しては、共通点が多く、事例ごとには紹介しなかった。

各事例が想定していた1県1農協の効果はほぼ共通しており、「スケールメリットの発揮」「重複機能の排除」「既存エリアを越えた施設等の有効活用」「専門性の高い職員の育成、優秀な人材の確保」の四項目に要約される。

自己改革における焦眉の課題ともいえる農業振興策に関する、それぞれの特徴的な取り組みを、箇条書きで示しておく。

高知県は、営農指導員の増員、県域施策支援のための基金(15億円)創設、大型直販店舗の設置・運営。

山口県は、農業所得増大対策室を設置し、営農指導体制の充実、農地・ハウスなどの相談対応強化、担い手基金創設などによる担い手農業者への積極的支援。

福岡県は、出荷市場とのパートナー契約や統一広報戦略などによるふくおかブランドの魅力向上、施設利用のエリア制限解消による利便性と稼働率向上、農業応援基金による持続的農業の支援。

なお三事例とも、組合員活動や組合員の教育文化活動についての新展開は見られなかった。合併を契機に組合員離れが進む可能性は高い。どのような取り組みを行っていくのか、早急に検討すべきである。

次に、どこが、誰が、リーダーシップを取るかについては、事例ごとに微妙に異なっている。事例からわかったことは、これまで農協運動を誠実かつ積極的に行い、組織・事業・経営の改善と改革に取り組んできた農協や、そこでの手腕が認められた役員らが先頭に立たねばならない、ということである。

他方、県域事業連の積極的関与はうかがえなかった。農協あっての事業連合会だとすれば、より積極的な関与が望まれる。

## 第5節　むすびに

ＪＡグループは、農業をめぐる多くの問題の責任を負わされ、言われなき批判にさらされ、理不尽ともいえる改革を強いられている。しかし、国民の多くは農業問題にも農協問題にも関心を寄せていない。他方、都道府県に目を転じれば、農業は多くの自治体において、重要で、決して等閑視すべきではない産業であり、営みである。

前節で記したように、1県1農協の魅力の一つは、農業と農村のあるべき方向を一緒に切り拓くパートナーとして都道府県行政を位置づけ、連携できる可能性が高まることである。

そしてもう一つの魅力は、県域連合会の機能を繰り込む可能性が高まることである。

この二つの魅力からだけでも、農協を変え、それによって農業と農村を変えていくパワーが感じられる。

1県1農協の成否は、この魅力を具体的なパワーとして活用できるか否かにかかっている。

注

（1）本節における歴史的叙述は、『私たちとＪＡ　11訂版』全国農業協同組合中央会、２０１６年、29～31頁に基づいている。

（2）亀谷昰「農協の総合力――その発揮の条件」『農業協同組合経営実務』全国協同出版、１９８６年。

（3）高田理「広域合併農協づくりの基本課題と県単一農協」『農協の存在意義と新しい展開方向――他律的改革への決別と新提言――』昭和堂、2008年。

（4）田代洋一「2018・4・11　協同のためのエリア設定　組合員の意思反映が課題」、「2018・4・13　『むら』から農協創る　農家組合の協同強化へ」JAcom・農業協同組合新聞。これらは、「シリーズ：緊急連載――守られるのか？　農業と地域――1県1JA構想」の第12、13回である。

（5）事例については、3県のJA中央会担当者へのヒアリングと、会より提供いただいた資料に基づいている。この場を借りて御礼申し上げる。

第10章

# 農協の目的とガバナンスのあり方

高田　理

## 第1節　はじめに

協同組合の組合員は、出資者であり、利用者であり、運営者である、三位一体的性格を有している。組合員が協同組合の運営に参加・参画し、民主的に意思決定することは、株式会社など他の企業形態にはない協同組合の特質であり、強みでもあった。

しかし、組合員の多様化がすすむとともに、農協合併によって組織が大規模化し、組合員の運営への意思反映もむずかしくなってきた。また、農協を取り巻く環境変化も激しく、迅速かつ専門的な意思決定が求められるようになってきた。これらのことから、農協運営の意思決定を、いかに「民主的」かつ「効率的・専門的」に行っていくかが、農協にとって大きな課題となっている。さらに、２０１５年の農協法の改正では、業務執行の意思決定機関である理事会の見直しが行われ、理事に認定農業者の大幅な登用が義務づけられた。本見直しは、問題点も多いが、これに対応しながら「民主性」と「効率性・専門性」を高め、両者のバランスがとれた意思決定をしていくことが求められている。

そこで、本章では、このようなバランスのとれた意思決定をめざした農協のガバナンス（統治）のあり方を検討したい。本章の課題にアプローチするために、続く第2節では、農協におけるガバナンスとこれまでの取り組みについて整理する。第3節では、２０１５年の改正「農協法」におけるガバナンスの内容と問題点を明らかにする。第4節では、農協の目的を検討するとともに、改正「農協法」下での理事会（あるいは経営管理委員会）、総（代）会のあり方について明らかにする。第5節では、大規模農協における理事会（あるいは経営管理委員会）を中心としたガバナンスを補完するシステムを検討する。そして最後の第6節では、以上の検討を踏まえて、これからの農協のガバナンスのあり方について明らかにしたい。

## 第2節　農協におけるガバナンスとこれまでの取り組み

本章のテーマである「ガバナンス（コーポレート・ガバナンス）」とは、日本語では「企業統治」と言われている。資本主義経済のなかで中心的な企業形態である株式会社では「所有（出資）と経営の分離」が進んでいることから、ガバナンスの狭義では「企業は誰のものか」といった問題や企業と株主間の問題などが課題となっている[1]。そして、ガバナンスには、大きく二つの考え方（モデル）がある。一つは、プリンシパル・エージェンシー・モデルで、企業は株主のものであり、経営者は株主（主権者：プリンシパル）の代理人（エージェンシー）であるとする考え方である。もう一つは、ステークホルダー・モデルで、企業は株主だけのものではなく、従業員、取引先、債権者、地域住民など利害関係者（ステークホルダー）も含めて捉え、経営者はそれら利害関係者の調整人であるとする考え方である。協同組合では、組合員は所有者（出資者）であり利用者であり運営者である三位一体的性格を有していることから、「協同組合（農協）は組合員のもの」（プリンシパル・エージェンシー・モデル）と考えられる。

しかし、近年、企業では企業の社会的責任（CSR）が注目されたり、2015年6月から上場会社に適用されたコーポレートガバナンス・コードでは、「ステークホルダーとの適切な協働に努めるべきである」とされており、ステークホルダー重視の考え方が示されている。(2) これらのことから、農協も今後は「農協は組合員のもの」とする考えを基本としながらも、農協の利害関係者のことも十分配慮していく必要があろう。

その農協の主権者である組合員が、年々多様化するとともに、農協経営を取り巻く環境変化は激しく、複雑化している。このようななかで、多様化した組合員の意思が農協運営に反映され、組織・事業への参加・利用を通じて組合員が最大のサービスを享受できるシステムをいかに構築していくかが、農協のガバナンスの大きな課題である。

このようなシステムのあり方も含め農協の運営についての最高の意思決定機関は、組合員（総代）によって構成されている総（代）会である。そして、総（代）会の決定方針にもとづく農協の業務執行機関が理事会である。

近年、多様化する組合員の意思だけでなく、組合員世帯員の意思も農協運営に反映させようとする取り組みがされてきた。農協法の制定に当たっては、農村の民主化を図るために1戸複数組合員も検討されたようであるが、実態は産業組合、農業会の伝統を引継ぎ1戸1組合員とされてきた。しかし、1980年頃から、組合員の高齢化、リタイアにともなうスムーズな世代交代や価値観が多様化する組合員世帯員の意思も農協運営に反映させるためなどから、1戸複数組合員化が言われ出した。そして、1985年の第17回全国農協大会では、「一戸一組合員を基本とする考え方が定着しているが、必要に応じて見直しを行う」とし、青年・婦人の農協運営への参加促進を謳っている。１９９１年の第19回大会では、青年・婦人層の意思が農協運営に反映できるように、青年部・婦人部等から総代・理事を選出することを進めるとした。

その後、青年・女性の総代、理事、各種委員会の委員等への選出枠の設定や、さらには女性総代や理事等の数値目標をかかげて取り組まれてきた。具体的に２００９年の第25回ＪＡ全国大会では「女性正組合員比率は25％以上」、「女性総代比率は10％以上」、「女性理事等は２名以上」（農協の男女共同参画の目標値）としている（さらに、２０１９年の第28回大会では、女性の正組合員比率30％以上、総代比率15％以上、理事等比率15％以上を目標としようとしている）。以上のように、多様化する組合員の意思を反映させた民主的な運営の実現に向けた取り組みがされてきた。

一方、近年農協経営を取り巻く環境の変化は激しく、複雑化していることから、より迅速かつ専門的な意思決定も求められており、これに対応するために、理事（会）等についての農協法も改正が重ねられてきた。１９９２年には、①理事会および代表理事制の法定化や、②員外（学識経験者等）理事枠を４分の１から３分の１への拡大、③職員と理事の兼務の容認が行われた。

さらに、経営の専門家によって経営強化を図るために、１９９６年の農協法の改正では、「経営管理委員会制度」の選択的導入が認められた。本制度は、経営管理委員会が任命した理事（経営専門家）に日常的な業務執行を任せるもので、ガバナンス（統治、監督）とマネジメント（執行）を分離して、それぞれを強化することが目的である。この年の改正では、経営管理委員は正組合員だけで、代表理事は理事の互選によった。しかし、２００１年の農協法の改正では、経営管理委員の多様化を図るために経営管理委員の４分の１までは正組合員以外でも可能とした。また、経営管理委員会に代表理事の選任権を認めることとした。

以上のように、これまで組合員の多様化に対応した「民主性」の強化と経営環境変化に迅速かつ高度に対応していくために「効率性・専門性」の強化が図られてきた。両者を強化し、どのようにバランスをとっていくかが、農協のガバナンスの最大の課題である。

## 第3節　改正「農協法」におけるガバナンスと問題点

そのようななか、２０１４年政府の諮問機関である規制改革会議から、以下の理由から、ガバナンスの中心機関である「理事会の見直し」が提言された。すなわち、わが国の農業は、農業者の高齢化・農業の担い手不足、さらにそれらによる耕作放棄地の増大など危機的状況にある。これを打破していくためには、農業を成長産業にしていく必要がある。ところが、農業者を構成員（組合員）とする農協の業務執行機関である理事会は、農業者である正組合員が多くを占めているが、農業の担い手は少なく、担い手の意思が反映される状況ではないとする。そこで、規制改革会議から、「理事の過半は、認定農業者および農産物販売や経営のプロ」とすべきであるとする答申がされた。

それを受けて、２０１５年に農協法が改正された（２０１６年４月施行）。理事会等の構成についての改正ポイントは、次のとおりである（農協法第30条第12、13項および第30条の2の第4、7項）。

①農協（経営管理委員を置くものを除く）の理事の定数の過半数は、「認定農業者」または「農畜産物の販売その他の事業または法人の経営に関し実践的な能力を有する者」でなければならない。ただし、その地区内における認定農業者が少ない場合その他の農林水産省令で定める場合は、この限りでない。

②経営管理委員を置く農協にあっては、経営管理委員の過半数は認定農業者でなければならないとするとともに、理事は農畜産物の販売その他の事業または法人の経営に関し実践的な能力を有する者でなければならない。

ただし、経営管理委員に関し、地区内における認定農業者が少ない場合その他の農林水産省令で定める場合は、この限りでない。

③農協は、理事（経営管理委員を置く農協にあっては、経営管理委員）の年齢および性別に著しい偏りが生じないように配慮しなければならないとしている。

この改正「農協法」の役員体制については、問題点も多い。まず、協同組合原則にあるように、協同組合（農協）は「組合員によって民主的に管理」（第2原則）される「自主・自立」（第4原則）の組織であるが、政府はこのことを十分理解せず、理事会等の構成メンバーやその割合まで介入することは問題であることである。

次に、これまでの農協法の条項との整合性に問題があることである。役員は、定款で定めるところにより、組合員が総会で選挙で選んだり（農協法第30条第4項）、選任する（同第10項）など、組合員が役員を自由に選出することを可能としている。しかし、理事（あるいは経営管理委員）の過半をも認定農業者等の限られた者を強制的に選出させることは、組合員の自由な選挙権や被選挙権を制限することになることや、限られた理事による農協支配も可能にするなど問題であるといえよう[3]。

さらに、理事の役割が十分認識されてないことである。理事、そのなかの地区選出理事であれば、地域の組合員を代表して理事会に出席し、理事会で決定したことを地区に持ち帰り、地区の組合員に周知するとともに、自ら献身的に実践していく役割を担っている。はたして地区代表でない認定農業者や農産物販売・経営のプロがそのような役割を担っていけるのか、大いに疑問である。また、農業に専念したい認定農業者が進んで理事を引き受けようとすることは少ないように思われる。さらに、もし協同組合に理解のない理事（あるいは経営管理委員）が過半数を占めた場合、組合員の意思が無視される危険性も孕んでいる。

以上のような問題点もあることから、改正農協法にしたがいつつ、協同組合の理念（協同組合原則）や農協の実態に即した農協法に改善を求めていく必要があろう。

## 第4節　農協の目的と改正「農協法」下でのガバナンス

そもそもこのような強引と言える農協法の改正は、政府の農業・農協の実態の無理解に起因している。そこには、農業が危機的状況から脱するためには、農協は地域協同組合から農業の担い手中心の職能協同組合に移行する必要があるとの判断がある。その是非を考えていく論点は、農業の将来像やそれを実現していく農協の目的にあろう。

政府の「農協改革」では、農業を製造業と同じように捉え、経営規模を拡大し効率的な農業の実現を目指している。しかし、農協管内には、中山間地域など容易に規模拡大できない地域も多い。また、農業を円滑にしていくための畦草刈りや川掃除などは、地域住民の理解や協力が必要であり、相互扶助の地域コミュニティの維持も重要である。近年農産物直売所が盛況であるが、地域住民の農業理解と利用も見逃せない。また、農業の担い手の生活といった生活環境にも目を向けていく必要がある。このようなことを考えると、兼業農家や地域住民を含めて地域農業、地域社会の維持・発展を考えていくべきである。すなわち、政府が考えるように「地域政策」と切り離して、農業についての「産業政策」を考えるのではなく、両者をトータルに考えていくべきである。

農協法の第1条で、農協の目的は「農業者の協同組織の発展を促進することにより、農業生産力の増進及び農業者の経済的社会的地位の向上」を図ることとしているが、農業・農村の維持・発展を支える農業者やその理解者、支援者も含めて、地域農業・地域社会を向上させていくことを目的としていくべきである(4)。そして、その目的にそった理事構成にすることが望まれる。

全国農協中央会は、２０１４年に規制改革会議が答申した同年11月に「自己改革」を発表した。それは、「食と農を基軸として地域に根ざした協同組合」として「持続可能な農業」と「豊かで暮らしやすい地域社会」の実現を目指そうとするものであり、政府が目指す農協像よりも、地域農業、地域社会の実態、課題に即した農協像であるといえる。そのなかで業務執行体制（ガバナンス）について、次のようにして強化していこうとしている。すなわち、理事などの「担い手枠」（生産部会、農業法人、青年部の代表者等）および「女性枠」を設置・拡大するとともに地区選出枠を見直していく。また、常勤の営農経済担当理事を明確化し、理事会を補完する営農経済委員会や販売事業委員会等を設置する。さらに、販売や経営など多様な分野の専門的な知見を有する学識経験者を活用するとしている。

このような地区選出理事、組織代表理事と認定農業者や農産物販売・経営のプロなどの理事の適正な構成を考えていくことが重要である。もちろん認定農業者などが地区選出理事として選出されることが理想である。たとえば、東京むさし農協では、青壮年部の代表が理事会に設置された総合企画、地域振興、金融共済の３つの専門委員会に２人ずつ参与として参加し、将来的に理事等に就任した場合の知識と経験を習得できるようにしている[5]。このように計画的に農業の担い手を理事等として育成していくことが今後重要であろう。女性役員は、前述したような取り組みにより、２０１７年７月末現在１組合当たり平均２・05人まで増加しているが、さらに増やしていくことが必要である。また、「自己改革」で提起されているように「担い手枠」の設置・拡大も重要である。もちろん農協規模が拡大し、経営が複雑化していることから、経営専門家（営農経済の専門家なども含む）の理事の充実、強化はいうまでもない。

ところで、経営管理委員会制度を導入している農協は、一時期46組合あったが、２０１６年では42組合となっている。経営管理委員会と理事会の情報格差や両者間での意思疎通が大変なことなどから、理事会制度に戻す農協もみられた。しかし、1県1農協構想を志向している県もあることから、今後増えることも予想される。今回の改正農協法では、前述したように、経営管理委員の過半数は原則として認定農業者に限定されており、農産物販売・経営のプロは認められていない。このことから、後者も理事として認めている経営管理委員会を導入していない理事会制の方が、構成員について弾力的な対応が可能であり、理事会制に戻すことも検討すべきかもしれない。引き続き経営管理委員会制を採用したり新たに同制度を導入する場合は、できるだけ多くの多様な経営管理委員で構成するとともに、経営専門家集団の理事会の暴走を監視し、「民主性」と「効率性・専門性」のバランスをとっていくことが重要である。特に、1県1農協の理事は、連合会等の役職員が就任する場合が多く、より情報の格差が生じやすいことなどから、より両者のバランスに注意が必要であろう。

いずれにしても、農協がおかれている地域の実情や将来方向のもと、以上のことを十分考え、各農協がバランスのとれた適正な理事あるいは経営管理委員構成にしていくべきである。そして、農協の将来方向や理事あるいは経営管理委員の選出など、基本的な意思決定を行う総（代）会についても、その見直し、改善が必要である。

農協合併により1組合当たり正組合員数も多くなってきたこともあり、多くの農協で総代会を採用している（2017年度「全JA調査結果」によれば、総代会実施組合は531、全組合の81・4％）。総代の多くは地区代表であるが、近年、女性枠や組織代表枠を設けている農協もみられる。組合員が多様化していることから、総代も多様な組合員で構成されるべきである（「JA女性役員等調査」2017年7月末現在、女性総代比率8・7％）。

## 第5節　多様な組合員の意思反映システムの構築、充実

### 1　補完的意思反映ルートの構築・整備

以上の総（代）会、理事会（あるいは経営管理委員会）は、組合員が農協運営に参画することが法的に認められた意思反映システムであるが、農協合併によって組合員数が増加し、組合員の意思反映がしにくくなっている。表10－1は、農協の理事数（2000年度から経営管理委員も含む）の推移を示している。1組合当たり理事数は1960年頃は10人程度であったが、2016年には約倍の20人程度になっている。しかし、理事1人当たり正組合員数をみると、1960年頃は約50人の正組合員の代表であったが、2000年頃には約200人の、さらに2016年には300人以上の正組合員の代表となっている。また、組合員も多様化し、農協に対する要望も多様化している。そのため法的なフォーマルな意思反映システムだけでは不十分で、それを補完・強化する意思反映システムが必要となってきている[6]。

近年、多様な組合員の意見、要望を農協運営に反映させることを目的として、集落座談会だけでなく、地区役員や組合員組織代

表 10-1　農協理事数の推移

（単位：人）

| | 理事〔経営管理委員含む〕 | 1組合当たり理事数 | 理事1人当たり正組合員数 |
|---|---|---|---|
| 1960 年度 | 111,388 | 10.3 | 51.9 |
| '70 年度 | 77,861 | 13.0 | 75.6 |
| '80 年度 | 63,362 | 14.1 | 89.0 |
| '90 年度 | 53,952 | 15.0 | 102.8 |
| 2000 年度 | 25,424　(24,302) | 17.9　(17.1) | 206.5　(216.0) |
| '10 年度 | 15,334　(13,111) | 21.2　(18.1) | 307.8　(360.0) |
| '16 年度 | 14,156　(11,874) | 21.4　(18.0) | 308.6　(367.9) |

資料：各年度の農林水産省『総合農協統計表』より作成。
注 1) 2000 年から理事に経営管理委員も含めている。
2) (　) 内は、2000 年から経営管理委員会制度を導入している場合、理事は経営専門家のため、理事から実務精通者等を差し引いた人数を示している。

表などから構成された支店運営委員会を設けている農協も多くみられる。さらに、組織規模が大きい農協では、支店運営委員会の上部委員会として地域運営委員会を設けている農協もある。さらに、たとえば、あいち知多農協では、さまざまな組合員の代表者からなる「委員会」が地域段階ごとに設置され地域の意思が反映されるルートだけでなく、もう一つ正組合員からなる「協議会」が設置され営農面の意思が反映されるルートの二つの意思反映ルートが設けられている。(7) すなわち、地域組合としての意思反映ルートと、農業者の職能組合としての意思反映ルートが整備されていることは、注目される。

しかし、集落座談会や支店運営委員会等が開催されていても、農協からの連絡に終始している場合もみられる。また、組合員の意見、要望を収集しても、それらへの対応についての報告をしていない場合もある。これらの会合での意見、要望を農協トップや理事会等につなぐとともに、その対応を組合員にフィードバックしていく必要がある。

また、支店運営委員会のなかには、支店における生活文化活動・イベントなど協同活動の企画・運営も行っている委員会もある（たとえば、兵庫六甲農協や兵庫南農協の支店ふれあい委員会など）。今後、このような身近な支店での活動の企画・運営などへの組合員の参加・参画を通じて、協同組合の理解を深め、農協運営に積極的に参画していく仕掛けづくりも行っていくべきである。

さらに、農協には生産部会など目的別組織や青壮年部、女性部といった属性別組織など多数の組合員組織が組織されている。組合員組織の大きな機能の一つに組合員としての意思を形成し、それを農協運営に反映させていく機能がある。たとえば、香川県農協では、経営管理委員に青壮年部枠、女性部枠が設けられており、それぞれの代表が一名委員に就任している。また、毎年1、2回、青壮年部役員や女性部役員と農協役員との意見交換会が設けられており、そこでの意見が事業活動に活かされたりしている。このような組合員組織を通じた農協運営への意思反映も重要である。

## 2 重要な准組合員の意思反映

ところで、年々准組合員が増加し、２００９年には正組合員数を上回っている（２０１６年現在、准組合員数が正・准組合員数に占める比率は58・5％）。非農家である准組合員は、農協の運営に直接関係する議決権などの共益権は認められていない。しかし、准組合員数が過半数を超えていることやそもそも准組合員として区別することが問題であるとすることなどから、准組合員に共益権を認めるべきであるとする意見もある。(8) また、准組合員の事業利用規制も懸案事項となっていることから、その対応が必要である。地域農業や地域社会を維持・発展させていくうえで、准組合員の役割も重要になってきており、ＪＡグループの「自己改革」でも、准組合員は「農業や地域経済の発展を共に支えるパートナーとして」位置付けている。

しかし、准組合員の意思が農協運営に反映される機会は、これまでのところほとんどない。２０１７年度の「全ＪＡ調査結果」によれば、准組合員を理事、監事または経営管理委員に加えている農協は11・4％しかなく、准組合員が開催する集落座談会に出席している農協も18・4％、准組合員が農協の事業運営委員会（支店運営委員会も含む）に出席している農協も11・6％と少ない。

そのようななか、たとえば、秦野市農協（神奈川県）では、かなり以前から准組合員の教育をするとともに、農協の総会への出席をすすめている。本農協では、准組合員も基礎組織である集落組織（本農協では「生産組合」と呼んでいる）の一員とされており、会合に積極的に参加するだけでなく、日帰りの農業視察、さらには准組合員やその家族を対象とした「組合員基礎講座」の開催などによって、准組合員の農業、農協の理解を図っている。

近年は、京都府下の農協や奈良県農協などでは、准組合員総代を設け、准組合員の代表が総代会に出席し、意見を聞いたり述べたりしている[9]。また、たとえば、兵庫南農協では、准組合員を対象に「ＪＡ利用者懇談会」を開催し、そこでの意見や要望を農協運営に反映させている[10]。

このように准組合員教育を図りながら、准組合員の懇談会や総（代）会への参加などを通じて、准組合員の意思も農協運営に反映させていく必要がある。

### ３　現場職員の役割と組合員教育

しかし、組合員の農協運営への意思反映は、組合員が合併により増え、多様化していることから、補完的な意思反映ルートの構築・整備だけでは限界がある。組合員と接触のある現場職員の組合員と農協トップや理事会等の仲介役としての役割がますます重要となってきている。

図10－1、2は、ある農協の支店を対象に、正、准組合員の意見・要望の把握方法をアンケート調査した結果を示している。正、准組合員の意見・要望の把握方法（三つまで）とも、「組合員との日々の会話、様子による」および「組合員の支店への来店時による」が70％前

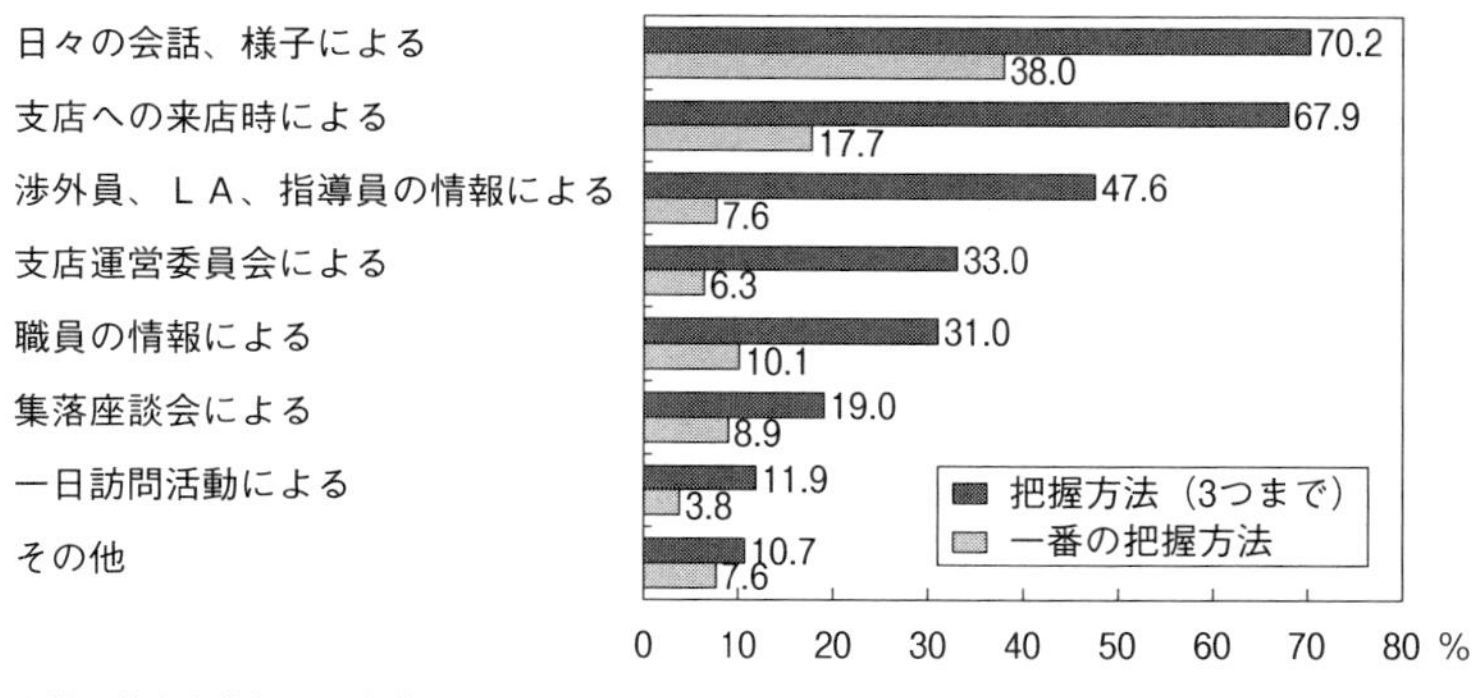


資料：筆者も参加した農業開発センターの某農協の調査研究（2017年）より作成。

図 10-1　正組合員の農協に対する意見・要望の把握方法

後で、群を抜いて多く、３番目が「渉外員、ＬＡ、指導員の情報による」が正組合員で47・６％、准組合員で56・５％となっている。次いで正組合員では「支店運営委員会による」（33・３％）や「職員の情報による」（31・０％）が、一方、准組合員では「職員の情報による」（40・３％）や「同居の正組合員からの情報による」（21・０％）がそれぞれ多くなっている。

このように組合員との日々の会話や来店時に意見や要望を把握していくことが重要である。しかし、組合員数が多いとそれにも限界があることから、正組合員の場合は、集落座談会や支店運営委員会の充実・強化が必要である。一方、そのような機会が少ない准組合員については、前述したように新たに准組合員や員外のＪＡ事業利用者の意思反映ルートを構築していく必要があろう。また、渉外員等による渉外活動や「一日訪問活動」などで准組合員の意見・要望を把握していくことである。[11]

そして、把握した組合員の意見や要望は、支店職員間で共有し、支店内で対応できることについては迅速に対応していくことである。一方、支店内で対応できない農協運営全体にかかわる意見や要望については、上部部署や農協トップ、理事会等につなぎ、対応していくことである。このように農協の現場職員は、組合員とともに農協運動を推

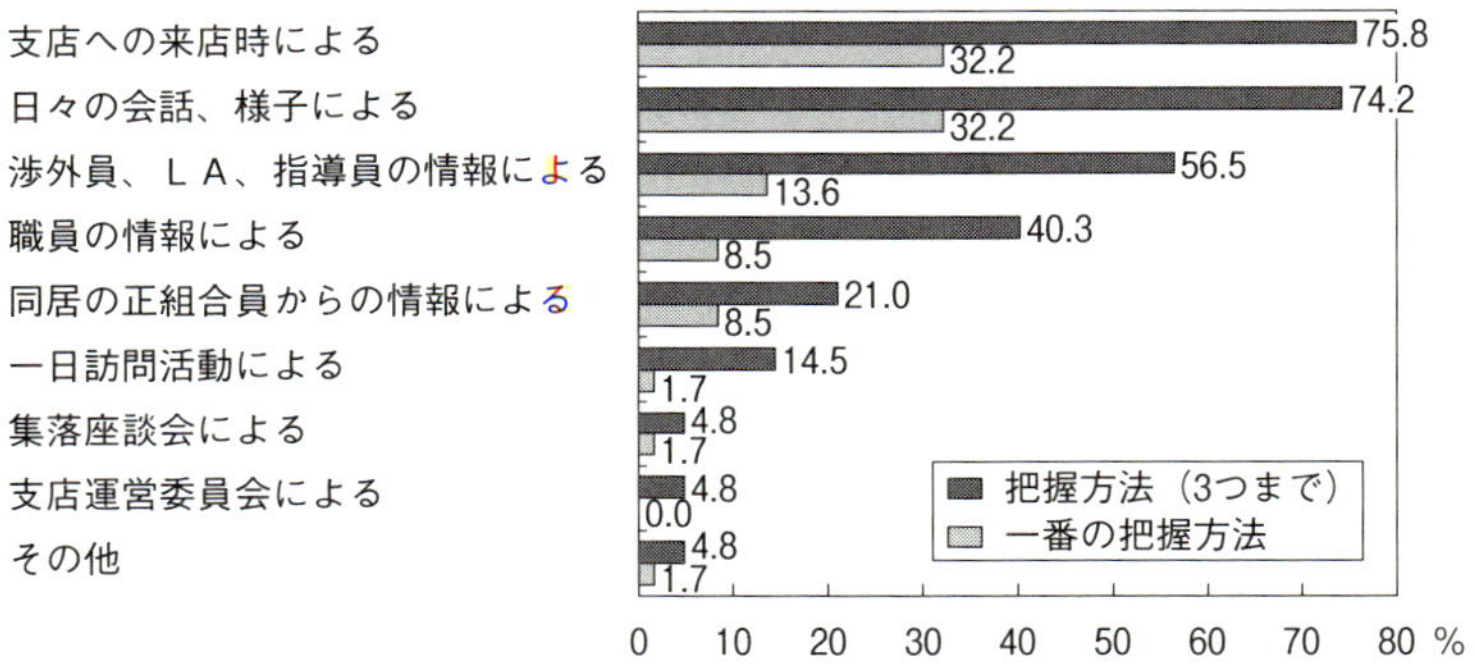


資料：図10-1と同じ

図 10-2　准組合員の農協に対する意見・要望の把握方法

進していく運動者として組合員と理事会等との仲介をする役割がこれまで以上に重要となってきている。[12]

また、ガバナンスを健全かつ強化していくためには、組合員のガバナンスへの関心と、将来役員となる人材を計画的に育成していくことが重要である。ある農協で組合員に協同組合の運営原則の一つである「1人1票制」の熟知度についてアンケート調査をしたところ「知っている」あるいは「だいたい知っている」組合員は約3分の1しかいなかった。逆に、そのことを「まったく知らない」組合員は2割もおり、なかでも女性で3割近く、また年齢別では、若年層ほどその割合が大きくなっていた。[13]

2015年度の「全JA調査結果」によると、協同組合理念や農協の仕組みなど農協の理解を深めるための研修や学習会の実施農協比率は、「新規加入組合員を対象に実施」は3・8%、「総代を対象に実施」は16・5%と低い。また、「将来の農協組合員リーダー候補を対象とした協同組合講座や組合員大学などを実施」している農協も8・2%と少ない。

これらのことから、折に触れ協同組合理念や農協の仕組みなどを組合員に周知し、組合員が農協運営に関心をもち、運営に参加・参画する意識を醸成する取り組みを行っていくことが重要である。そして、そのなかから将来の理事会等を担える有能な役員を計画的に育成していくべきである。

## 第6節　むすび

農協らしい適正なガバナンスは、全組合員が農協運営に関心をもち、組合員あるいは組合員の代表である総代が総（代）会で基本的な意思決定をし、それに基づいて組合員の代表である理事（あるいは経営管理委員）が農協経営の専門家理事と協力して、組合員のための運営をしていくこと、すなわち、「民主性」と「効率性・専門性」

の両者を強化し、バランスをとっていくことであろう

しかし、組合員の増加・多様化が進んでおり、総代や理事が増加・多様化した組合員の意思を代表して農協運営に反映させていくことは容易ではない。それらのことから、前節で検討した多様な意思反映ルートの構築・整備が不可欠である。

さらに、組合員規模が大きく、組合員が多様化している農協では、分権化も検討すべきであろう。合併大規模農協は、合併時は合併参加農協の事業・経営の高位平準化等のために、本店集中方式を採用すべきであるが、それらが達成できれば、ブロック単位（たとえば数支店単位）に分権化し、組合員ができるだけ参加・参画して、地域の実情、課題にあった運営や事業ができるようにしていくべきである。

２０１５年の第27回ＪＡ全国大会では、組合員が積極的に組合の事業や活動に参加する「アクティブ・メンバーシップ」の確立が組織決議されたが、多様な組合員をより多く農協運営に参加・参画させていくことが、地域農業や地域社会の活性化につながっていくといえよう。

注

（１）ガバナンスの広義では、①企業における経営上の意思決定の仕組み、②企業と利害関係者（株主、経営陣、従業員、債権者や取引先など）の関係を調整する仕組みや③株主が経営陣をモニタリングしまたコントロールする方法の三者からなる概念とされている。

（２）コーポレートガバナンス・コード（企業統治指針）は、ヨーロッパ諸国等で作成されているが、日本でも金融庁と東京証券取引所が日本版コーポレートガバナンス・コードを制定し、２０１５年6月から上場企業に適用した。日本版では、「株主の権利・平等性の確保」、「株主以外のステークホルダーとの適切な協働」、「適切な情報開示と透明性の確保」、「取締役会等

の責務」、「株主との対話」の五つが基本原則となっている。

(3) 改正「農協法」の法的な問題点は、瀬津孝「農協運営は誰が担うのか」『農業と経済』第81巻10号、2015年、関英昭「会社法から見た改正農協法の問題点」『にじ』第661号、2017年などで明らかにされている。

(4) 高田理「農協経営の収支・財務構造と経営危機打開の条件」藤谷築次編著『農協運動の展開方向を問う』家の光協会、1997年、84頁。拙稿では、農業の食料生産機能だけでなく農業の多面的な機能も含めた視点からの農協法第1条の見直しの必要性を指摘。

(5) 石田正昭『農協は地域に何ができるか』農山漁村文化協会、2012年、281頁。

(6) たとえば、増田佳昭氏は、総代会や理事会を通じた「トップダウン型」の意思反映ルートと事業運営組織などからの「ボトムアップ型」の意思反映ルートの「複線型ガバナンス」の重要性を強調している(増田佳昭「協同組合における組合員の経営参加」山本修・吉田忠・小池恒男編著『協同組合のコーポレート・ガバナンス』家の光協会、2000年)。

(7) 高田理「組合員の農協運営への参加・参画を考える」『にじ』第637号、2012年。

(8) たとえば、田代洋一氏(田代洋一「協同組合としての農協の課題」田代洋一編著『協同組合としての農協』筑波書房、2009年、299~300頁)や増田佳昭氏(増田佳昭『規制改革時代のJA戦略』家の光協会、2006年、253頁)などは、准組合員制度改革の必要性を述べている。なお、筆者の准組合員対応の詳細については、「農協組合員制度改革の方向」増田佳昭編『大転換期の総合JA』家の光協会、2011年を参照されたい。

(9) たとえば、京都やましろ農協では、2016年から准組合員総代(定数67名)を設けている。准組合員総代は、支店長と地元役員の相談のもと准組合員総代候補者を決定し、理事会の承認を得て選任されている。なお、准組合員総代67名のうち32名は女性となっている。

(10) 兵庫南農協の「JA利用者懇談会」は、2013年から開催されており、准組合員を各支店から2人、計30人(任期1年)で構成されており、年6回の会合と4回の農協に対する提言書の原案作成委員会を開催している。

(11) アンケート調査農協では、毎月「一日訪問活動」が行われているが、勤務時間内で行われており、組合員と会って話す機会が少ないため、組合員の意見・要望の把握方法としては評価が低くなっている。今後、年に1、2回は、勤務時間外か休日に「一日訪問活動」を行い、組合員と直接会って組合員の意見・要望を把握する必要があると考える。

（12）たとえば、青柳斉氏も職員（参加）による組合員とトップとの情報偏在解消の重要性を指摘している。さらに、氏は職員によるトップの監視や牽制機能も重要としている。（青柳斉「協同組合における職員の経営参加」山本修・吉田忠・小池恒男編著『協同組合のコーポレート・ガバナンス』家の光協会、２０００年）。

（13）高田理「農協のガバナンスを考える」『農業と経済』第81巻第7号、２０１５年。

第11章

# 農協の独禁法にかかわる諸課題

瀬津　孝

## 第1節　はじめに

政府の規制改革会議等において、農業協同組合（以下、「農協」という）の「私的独占の禁止及び公正取引の確保に関する法律」（以下、「独禁法」という）における適用除外制度を見直すべき、との議論が繰り返され、また、公正な競争を阻害し、不公正な取引方法などが行われないよう、農協の事業活動への独禁法違反の取締りを強化すべき、との指摘もまた繰り返され、公正取引委員会の取締りの体制も強化されている。

本章の課題は、こうした動きを踏まえて、農協の独禁法をめぐる制度環境の変化（第2節）と適用除外制度をめぐる法解釈や運用上の課題等（第3節）の検討を踏まえて、農協の独禁法をめぐる課題の検討を試みる。

## 第2節　独禁法と農協をめぐる制度環境の変化(1)

### 1　第Ⅰ期（1985～2000年）――競争政策の推進と協同組合全般の適用除外制度見直しの検討――

農協ガイドライン(2)では独禁法と農協の適用除外制度について、以下のように解説している。すなわち、「独禁法は、事業者が、私的独占、不当な取引制限（価格カルテル、入札談合等の共同行為）、不公正な取引方法等の行為を行うことを禁止するとともに（第3条、第19条）、事業者団体が、競争制限的な行為又は競争阻害的な行為を行うことを禁止している（第8条）。一方、独禁法は、協同組合の一定の行為について適用除外規定を設けている（第22条）。農協法に基づき設立された単位農協及び連合会が、①任意に設立され、かつ、組合員が任意に加入又は脱退できること、②組合員に対して利益分配を行う場合には、その限度が定款に定められていること、の各要件を満たしている場合には、原則として独禁法の適用が除外される（第22条、農協法第8条）」。これが農協の適用除外制度である。

この農協の適用除外制度をめぐって、長きにわたって見直しの議論は続いているが、当初はそれ単独で行われたのではなく、農協を含む協同組合全般の適用除外制度の見直しの議論として、競争政策の中での政府規制の見直しの中で議論が始まっている。そこで、これまでの議論の画期となるⅢ期に分けて、議論の流れを見ていきたい。

独禁法の適用除外制度の見直しは、1979年のOECD理事会の加盟各国に対する政府規制の見直し勧告に始まり、国際的な圧力の中で見直しが進められた。わが国では、プラザ合意（1985年）後の日米構造問題協議を受けて、公正取引委員会の「政府規制等と競争政策に関する研究会」報告書『独占禁止法適用除外制度の現状と改善の方向』（1991年9月）が取りまとめられた。この中では、協同組合構成員の小規模事業性や市場支配力を有する協同組合・協同組合連合会等が論点として取り上げられている。政府による具体的な見直しの動きは、経済対策閣僚会議（1993年9月）の「緊急経済対策」で、95年度末までに結論を出すこととし、関係省庁の見直しのための体制整備が図られたことで加速する。95年3月に閣議決定された「規制改革推進計画」及び累次の閣議決定で、適用除外制度の大幅な見直しが決定されている。

当時の適用除外制度の根拠規定は①独禁法に基づく適用除外制度、②適用除外法に基づく適用除外制度、③個別法に基づく適用除外制度、の三つに分けることができる。①では、(i)自然独占に固有な行為（第21条）、(ii)事業法令に基づく正当な行為（第22条）、(iii)無体財産権の行使行為（第23条）、(iv)一定の組合の行為（第24条）、(v)再販適用除外制度（第24条の2）、(vi)不況カルテル（第24条の3）、(vii)合理化カルテル（第24条の4）、に基づく適用除外制度である。②の適用除外法では、陸上交通事業整理法等（第1条）、水産業協同組合法等（第2条）、③の個別法では、保険業法（航空保険事業や原子力保険事業等）等、の適用除外制度があった。これらの適用除外制度のうち、「私的独占の禁止及び公正取引の確保に関する法律の適用除外制度の整理等に関する法律」（1997年7月施行）により、個別法に基づく適用除外制度20法律35制度が廃止・縮減となった。さらに、不況カルテル制度及び合理化カルテル制度の廃止、適用除外法廃止等を内容とする適用除外整理法（1999年7月施行）により、適用除外制度はさらに大幅に廃止・縮減された。

この見直しの結果、30法律89制度あった適用除外制度は、16法律25制度にまで縮減されたことになる。この見直しで協同組合の適用除外制度は廃止されたわけではないが、閣議決定された「規制緩和推進3か年計画」（改定、1999年3月）では、適用除外の範囲の限定・明確化を図るため、独禁法第22条（旧第24条、一定の組合の行為）の但書規定の整備が見直しの対象とされた（99年度末までに結論）。しかし、検討過程で政府内の各省庁間の調整が折り合わず、改正に至らなかったとされている。

## 2　第Ⅱ期（2000年～2012年）――農協の適用除外制度見直しの議論の先鋭化――

この時期には適用除外制度見直しの全般的な議論が沈静化する中で、農協の適用除外制度に対する見直しの議論だけが先鋭化してくる。

その端緒となるのが小泉内閣の経済財政諮問会議（2002年8月）における問題提起であり、総合規制改革会議答申『規制改革に関する第2次答申――経済活性化のために重点的に推進すべき規制改革――』（2002年12月）である。答申では、「農協への規制」の具体的施策「公正な競争条件の確保」の項において、「協同組織に対する独占禁止法の適用除外に関する制度について検証し、公正な競争を阻害する問題があれば、その解消を図るべきである。【2002年度に検討を開始し、2003年度に基本方向について結論、以後逐次実施】これと併せて、不公正な取引方法、不当な価格の引き上げが行われないよう、独占禁止法違反の取締の強化を図るべきである。【2002年度以降逐次実施】」と、適用除外制度見直しと取締り強化の二段構えの規制改革方針を示した。しかし、これを受けての検討段階で、いったんは適用除外制度見直しのための法改正は不要とされた。また、農協における「経済事業改革」の根拠となった『農協改革の基本方向――「農協のあり方についての研究会」報告書』（2003年3月）では、「独禁法違反のチェック体制の強化」として、「行政検査も活用し、必要に応じて公正取引委員会と連携しながら、独禁法違反を厳しくチェックする必要がある」とし、「現行制度の問題点が明らかになった場合は、制度の見直しを検討する必要がある」と、ここでは適用除外制度見直しのトーンがやや下がった。その後、先の総合規制改革会議を2004年度から引き継いだ規制改革・民間開放推進会議の『規制改革・民間開放の推進に関する第3次答申――さらなる飛躍を目指して――』（2006年12月）は、「農協経営の透明化、健全化」の項において、「農協の不公正な取引方法等への対応強化【2007年度措置】」として、不公正な取引方法に該当する農協の行為を示したガイドラインの作成と、「公正な競争条件の確保【逐次実施】」として、農業分野全般の独禁法違反の取締り強化を図るべき、とした。

こうした議論を受けて、公正取引委員会は「農業協同組合の活動に関する独占禁止法上の指針(2)」（2007年4月）を公表することとなった。

しかしこれで、適用除外制度見直しの議論は収束したわけではなく、民主党に政権交代（2009年8月）した中での規制改革会議の『更なる規制改革の推進に向けて～今後の改革課題～』（2009年12月）では「競争促進および一般消費者の利益確保の観点から、農林水産業協同組合の各連合会については、適用除外を解除すべきである」とした。また、行政刷新会議の「規制・制度改革に関する分科会」の第一次報告書（2010年6月）では、農業分野の項で、「農業協同組合等に対する独占禁止法の適用除外の見直し」として、「独禁法のすべての適用除外について、公正取引委員会が検証する中で、農協等に対する独禁法の適用除外についても、農業の発展が阻害されるおそれがないか、公正取引委員会は農林水産省と連携して、実態の把握と検証を早急に開始し、結論を得る。なお、その際、連合会や1県1農協となるようなケースについても、同様に実態把握・検証を行う。〈2010年度中検討・結論〉」と、議論を蒸し返している。そして、この段階になって、連合会や1県1農協の適用除外の見直しに焦点が当てられてくる。

しかし、この検証・検討の結果、『規制・制度改革委員会報告書（フォローアップ調査結果等）』（2012年6月）において、適用除外制度を直ちに廃止する必要はないとする結論を取りまとめている。

## 3 第Ⅲ期（２０１２年～現在）――独禁法適用除外制度見直しの議論から適用の厳格化へ――

２０１２年12月の政権交代後の安倍政権のもとでも、引き続き規制・制度改革は間断なく進められる。これを引き継いだ規制改革推進会議は、農協にかつてない制度改革を厳しく迫る内容を提言することとなったが、ここでは独禁法に関わる部分に着目して見てみる。

まず、「農協改革」の骨格を示した規制改革推進会議農業ＷＧ（ワーキング・グループ）「農業改革に関する意見」（２０１４年5月）、規制改革推進会議『規制改革に関する第２次答申～加速する規制改革～』（同年6月）、さらには与党調整が行われた『農林水産業・地域の活力創造プラン（改訂版）』（同年6月）の別紙２「農協・農業委員会等に関する改革の推進について」の中から独禁法に関わる部分を確認したい。これらの改革提言を見ると、結論的に言えば、これまでの農協の適用除外制度見直しの議論が遠のき、なし崩し的に形を変えた改革提言が行われ、制度転換も実際に進んだという点である。(3) そして、この「農協改革」に対しては米国財界からの「ＪＡグループ全体に適用している独禁法の特例」を問題視する圧力が常にあることは一方で注目しておかなければならない。(4)

さて、今回の制度転換で切り込まれたのは、単位農協の組織形態の弾力化（組織の一部の株式会社への転換）や全農・経済連の株式会社化問題である。もとより、株式会社の世界となれば、独禁法の適用除外は受けられない。第２次答申では、全農・経済連の株式会社化について、「今後の事業戦略と事業の内容・やり方をつめ、独占禁止法の適用除外がなくなることによる問題点の有無等を精査し、問題がない場合には株式会社化を前向きに検討するよう促すものとする」としている。

すなわち、今回の改正農協法（２０１６年4月施行）では、協同活動を制約しかねない内容を含む以下の条項が措置された。

①出資組合（全農・経済連を含む）は株式会社への組織変更を総会における組織変更計画で可能とした（第4章第1節第73条の2～第76条、新設）。

②組合は、組合員の事業利用を強制してはならないものとする（第10条の2、新設）。

③専属利用契約（組合員が組合の施設を専ら利用すべき旨の契約）に関する規定を廃止する（旧第19条、削除）。

一方、改正農協法が施行された直後の規制改革会議の『規制改革に関する第4次答申～終わりなき挑戦～』（2016年5月）では、生産資材等の規制改革項目として、「公正かつ自由な競争を確保するための方策の実施」の中で、公正取引委員会は「農業者、商系業者等からの情報提供を受ける窓口（2016年4月設置）」により独禁法違反被疑行為の情報収集を図り、この効率的な調査実施と効率的な是正措置の実施・公表を図るための「農業分野のタスクフォース」（同年4月設置）により、取締りの強化を図るとした。

また、第4次答申を受けて、生産資材と農産物販売をめぐる議論を進め、規制改革推進会議農業WG『農協改革に関する意見』（2016年11月）で、「農業者に農協利用を強制することについては、独占禁止法の不公正な取引方法（協同組合にも適用される）であり、農協法の中でも禁止規定が明記されたところであるので、公正取引委員会と農林水産省が連携を取って、徹底して取締まるべきである。」と提言した。その後の規制改革推進会議『農協改革に関する意見』（同年11月）ではひとまずこの点には言及せず、今日に至っているところである。

以上に見てきたように、規制改革により制度転換を図るとともに、独禁法違反の取締りを強化すべきとの議論を受けて、公正取引委員会ではその体制整備が行われ、取締りの強化が図られたのである。また、規制改革推進会議WGの意見で連携が求められた農林水産省にあっては、改正農協法を受けて、「農業協同組合、農業協同組合連合会及び農事組合法人向けの総合的な監督指針」（信用事業及び共済事業のみに係るものを除く。）」（以下、「監督指針」という）を改正し、「Ⅱ．事業実施体制　Ⅱ－3－2販売・購買事業」の中で、「事業の利用強制及び独占禁止法違反の排除」として、厳しく対処するという行政指導の考え方を明示している。

## 第3節　独禁法の農協規制の現状と課題

### 1　独禁法上における農協の位置と農協規制

#### (1)　農協の位置

本節では独禁法の農協規制を検討するため、まず、独禁法上の農協の位置を確認することからはじめる。

独禁法第1条では、「私的独占、不当な取引制限及び不公正な取引方法を禁止し、事業支配力の過度の集中を防止して、……公正且つ自由な競争を促進し、事業者の創意を発揮させ、事業活動を盛んにし、雇傭及び国民実所得の水準を高め、以て、一般消費者の利益を確保するとともに、国民経済の民主的で健全な発達を促進すること」を法律の目的としている。消費者利益の保護が第一義的にある。そのために、事業者の私的独占又は不当な取引制限の禁止（第3条）、不公正な取引方法の禁止（第19条）を規定している。当然、農協も事業者として取り扱われるが、農協はまた、事業者（個々の農業者）のための組合であり、事業者団体としても取り扱われることになる（第2条第2項第3号）。そして、「一定の取引分野における競争を実質的に制限すること」（第1号）、「構成事業者（事業者団体の構成員である事業者）の機能又は活動を不当に制限すること」（第4号）、「事業者に不公正な取引方法に該当する行為をさせるようにすること」（第5号）等を禁止している（第8条）。

ここで、独禁法上のキーワード「私的独占」、「不当な取引制限」、「不公正な取引方法」の定義を見ておく。

「私的独占」とは、事業者が、「単独に、又は他の事業者と結合し、若しくは通謀し、その他いかなる方法をもつてするかを問わず、他の事業者の事業活動を排除し、又は支配することにより、公共の利益に反して、一定の取引分野における競争を実質的に制限すること」（第2条（5））である。

「不当な取引制限」とは、事業者が、「契約、協定その他何らの名義をもってするかを問わず、他の事業者と共同して対価を決定し、維持し、若しくは引き上げ、又は数量、技術、設備若しくは取引の相手方を制限する等相互にその事業活動を拘束し、又は遂行することにより、公共の利益に反して、一定の取引分野における競争を実質的に制限すること」（第2条（6））である。

「不公正な取引方法」とは、事業者が行う独禁法第2条第9項第1号から第6号のいずれかに該当する行為で、第6号の行為は公正取引委員会が指定する15の行為類型（一般指定）である。

### (2) 農協規制と適用除外

農協は独禁法上、事業者又は事業者団体として、(1)に示した規制を受ける。しかし、次の第22条の規定に基づき、一定の組合の行為が上記の規制の適用を除外される。

独禁法第22条（一定の組合の行為）

この法律の規定は、次の各号に掲げる要件を備え、かつ、法律の規定に基づいて設立された組合（組合の連合会を含む。）の行為には、これを適用しない。ただし、不公正な取引方法を用いる場合又は一定の取引分野における競争を実質的に制限することにより不当に対価を引き上げることとなる場合は、この限りでない。

一　小規模の事業者又は消費者の相互扶助を目的とすること。
二　任意に設立され、かつ、組合員が任意に加入し、又は脱退することができること。
三　各組合員が平等の議決権を有すること。
四　組合員に対して利益分配を行う場合には、その限度が法令又は定款に定められていること。

本条の立法趣旨は、農協ガイドライン(5)で、次のように簡潔に説明されている。すなわち、「単独では大企業に伍して競争することが困難な農業者が、相互扶助を目的とした協同組合を組織して、市場において有効な競争単位として競争することは、独占禁止法が目的とする公正かつ自由な競争秩序の維持促進に積極的な貢献をするものである。したがって、このような組合が行う行為には、形式的外観的には競争を制限するおそれがあるような場合であっても、特に独占禁止法の目的に反することが少ないと考えられることから、独占禁止法の適用を除外する」。そして、「例えば、連合会及び単位農協が、共同購入、共同販売、連合会及び単位農協内での共同計算を行うことについては、独占禁止法の適用が除外される。」と説明している。

さらに、農協法第8条では、独禁法第22条を受けて、農協への独禁法の適用について、「独禁法第22条第1号及び第3号に掲げる要件を備える組合とみなす。」と規定している。

しかしながら、農協法に基づき設立された単位農協及び連合会の行為のすべてが独禁法の適用を除外されるかというと、そうとはならない。

そこで次項で、適用除外規定を中心に、法解釈をめぐる論点を検討したい。

## 2 適用除外規定をめぐる法解釈と論点

### (1) 適用除外を受ける組合

#### (i) 農協法第8条の規定

前に見た独禁法第22条は、本文（原則）、但書、本文上の「組合の要件」の三つで構成されている。組合が適用除外を受けるためには、法律の規定に基づき設立され、かつ「組合の要件」を満たさなければならない。適用除外規定の解釈をめぐっては、先行研究における研究蓄積があり、学説の対立もあるところである。ここでは、これらを比較検討するのではなく、農協規制で問題と考える論点を見てみたい。

農協法上は、独禁法第22条の本文規定を受けて、第8条に規定されている。しかし、第8条をよく見ると、農協法上の組合は、独禁法第22条各号の要件を備える組合とみなすのではなく、わざわざ第1号と第3号を掲げ、この要件を備えるというみなし規定となっており、農協の独禁法適用除外制度見直しの論点となるところである。

なお、適用除外を受ける組合をめぐっては、以下の二つの点に留意が必要であり、先に指摘しておく。

その一つは、農事組合法人についてである。農協法では、独禁法第8条第1号及び第4号の規定は、農事組合法人が行う「農業に係る共同利用施設の設置又は農作業の共同化に関する事業」には適用しないとしている（第72条の11。独禁法第22条と同様の但書がある。）この規定は、農事組合法人の事業者団体（第8条）としての適用除外規定であって、事業者としては適用除外となっていない点に留意すべきである。法整備の不備の側面があるされる[6]。

その二つは、生産部会についてである。農協ガイドラインでは、「単位農協の下の組織である部会が単位農協とは別に独自の行動をしている場合など、当該部会が単位農協とは別の事業者団体と認められる場合には、当該部会の行為は、独占禁止法の適用除外とはならない。」としている。(7) この点をめぐって、次項で改めて検討したい。

(ii) **「小規模の事業者」**

さて、適用除外を受ける組合に関する農協法第8条のみなし規定に戻って検討したい。みなし規定で挙げた「組合の要件」の「小規模の事業者の相互扶助を目的とすること」(第1号)は、第22条の趣旨を正に体現する要件となっているとされ、組合が小規模の事業者の組織であるか否かが論点となる。公正取引委員会の事例では、小規模の事業者の相互扶助を目的とすると言えるためには、組合に参加するすべての事業者が小規模の事業者である必要があると解釈する傾向があるとされ、その基準は資本金や従業員数などを総合して判断されているという。しかし、そもそも独禁法には「小規模の事業者」の定義や基準に関する規定がなく、中小企業等協同組合法(第7条)ではこの基準を規定している例もあるが、「小規模事業性」の難しい判断の煩を避けるため、水産業協同組合法、森林組合法等と同様、農協法にはみなし規定が置かれていると見るべきである。(8)(9) 規制改革の議論では連合会や1県1農協のケースが遡上に上ってきているが、農協の構成員である農業者(事業者)は市場においては間違いなく零細規模である。形式的外観的に「小規模事業性」や「市場における支配力」で論じるのではなく、但書に掲げる行為はもちろん適用除外とはならないので、この但書の行為の問題として論じるべきである。(10)

(iii) **「平等の議決権」**

もう一つの「組合の要件」の「各組合員が平等の議決権を有すること」(第3号)は、組合員の組合に対する出資金の多寡に拘わらず、各組合員が1個の議決権を平等に持つことを求めている。そして、農協法第8条のみなし規定でこの要件を備えていることになっている。しかし、農協法においては、農業者の正組合員のほか、議決権等共益権を有しない准組合員制度を採用している。組合員制度のあり方に関しては、別章で詳細に論じられているので、ここでは、准組合員の事業利用規制問題との関係だけを見ておきたい。

「農協改革」の端緒となった規制改革推進会議『規制改革に関する第2次答申～加速する規制改革～』(2014年6月)では、「農業者の協同組織の性格を損なわないようにするため、准組合員の事業利用については、正組合員の事業利用との関係で一定のルールを導入」すべきと提言されたが、改正農協法では、「政府は、准組合員(略)の組合の事業の利用に関する規制の在り方について、施行日から5年を経過する日までの間、正組合員(略)及び准組合員の組合の事業の利用の状況並びに改革の実施状況についての調査を行い、検討を加えて、結論を得るものとする(附則第51条第2項)。」とされ、事業利用規制の検討が先延ばしされた。議決権を含む組合員の権利の平等が独禁法第22条の組合の要件とすれば、この准組合員事業利用規制は独禁法の趣旨に反して、馴染まない。また、農協法第8条のみなし規定が錦の御旗として有効であれば問題はない。しかし、規制改革推進会議の議論が事業利用規制に傾く議論となっている中では、准組合員に議決権を付与する方向で組合員の平等性を確保し、独禁法適用除外の制度見直しと准組合員の事業利用規制の制度見直しを共にさせないことが重要である[11]。なお、准組合員に議決権を付与する場合、海外の農協の組合員制度が非常に参考となる[12]。

(2)「組合の行為」

本文の「適用除外を受ける組合」にあって、当該組合の行為をどう考えるのかについては、見解が分かれているところである。当該組合は、もちろん、1個の事業体である事業者としての性格と構成員である事業者の事業者団体としての二つの性格を有しており、何れの行為を含むのかが問題となるが、通常は双方を含み、最近の事例もそのように解釈されている[13]。

問題は、「組合の行為」の適用除外を受ける範囲である。これをめぐっては、大きく二つの対立する見解[14]がある。

一つは、組合の行為を内部行為と外部行為に区別し、適用除外は内部行為（但書の場合を除く）に限定し、外部行為には直接独禁法が適用されるとする見解（内部行為適用除外説）である。組合の行為は、内部行為＝組合員との関係（組合の結成、組合と組合員との取引などの内部的行為）と、外部行為＝組合と取引相手との関係（外部関係）に区別でき、前者を適用除外の範囲とする見解である。

もう一つは、内部行為と外部行為に区別することは困難であり、組合の行為はすべて第22条の「組合の行為」に取り込み、適用除外とする見解である。立法時は後説に拠っていたが、その後、学説と事例の共に前説が解釈の主流とされており、運用上、多くの問題をはらんでおり、次項で検討したい。

「組合の行為」の適用除外をめぐるもう一つの大きな論点として、但書との関係がある[15]。

但書前半は、不公正な取引方法を用いる場合は「組合の行為」から除外され、適用除外が解除される趣旨である。但書後半は、一定の取引分野における競争を実質的に制限することにより不当に対価を引き上げることとなる場合にも適用除外が解除されるとし、この「不当に対価を引き上げることとなる場合」の解釈は、実際の引き上げは必要なく、そのような危険を持つようになる行為類型で足りるとされている。

この「組合の行為」と但書の関係については、コインの表裏のような議論がなされているとされている。競争の観点から弊害をもたらすような行為はもともと「組合の行為」ではないといった議論で、その延長線上で、「組合の行為」の範囲を限定する、あるいは狭く解釈する傾向にあるとされる。

### (3) 適用除外規定の今日的意義をどう考えるか

「組合の行為」の適用除外を受ける範囲が限定され、あるいは狭く解釈されるとすると、極論すれば、独禁法第22条の規定が有名無実化する虞が生まれる。すなわち、白石忠志氏の「22条は法律的には特別な意味のある規定であるというよりは、少なくとも現代においては、組合を設立して活動を行うことに対して安心感を与えるためのものとなっているとの感を否めない」[16]といった見方がなされているのである。

しかし一方で、長瀬一治氏は「22条は協同組合の組織のあり方を規定している。この組織要件を定めた規定は、協同組合の本質的な性質が社会的に是認された正当な目的を実現するためのものであることを競争法が確認するためのもの」であって、「22条の定める協同組合の組織要件は、国際的に共通の基本原則に基づくもの」であり、「協同組合の一般法をもたないわが国において、22条の組織要件を定めた規定は、協同組合の組織のあり方を規定した一般法則的な意味をもっている」[17]と、当該規定の今日的意義を強調している。

もとより、独禁法第22条（旧24条）は、戦後の民主化政策の中で、アメリカの反トラスト法適用除外立法であるカッパー・ボルステッド法（1922年）を母法として制定された。このカッパー・ボルステッド法は、アメリカの各州で当時設立が進んだ農協が反トラスト法に抵触するとして、農民の強力な反トラスト法適用除外立法運動によって獲得された法律であり、わずか2条の条文しかないが、構成員要件、組織要件、活動要件、協同組合要件を明示するものであり、協同組合のマグナ・カルタ（大憲章）と呼ばれている。[18]

したがって、独禁法が求める競争政策の強化、さらには規制改革の推進という一つの側面からの適用除外規定の廃止や見直しの議論は、上記の視点が欠落しており、社会的公正を実現するための協同組合政策の側面からのバランスある解釈が必要である。

## 3　生産部会に対する独禁法運用の問題点と課題

### (1)　生産部会をめぐる問題の所在

第2節3で見たように、公正取引委員会の体制が整備され、農協への取締りが強化される中で、土佐あき農協の事案が発生し、関係者の注目を一気に集めることとなった。そこで、生産部会に対する独禁法運用の問題点と課題を考えてみたい。公正取引委員会公表資料によると、土佐あき農協は、なすの販売を受託することができる組合員を支部員又は支部園芸部から集出荷場の利用を了承された者に限定していたとし、次に掲げる内容に対して、独禁法第19条不公正な取引方法（拘束条件付取引）に違反するとして、２０１７年3月29日に排除措置命令を受けた。

①自ら以外の者になすを出荷したことにより支部園芸部を除名されるなどした者からなすの販売を受託しないこととして、なすの販売を受託していた。

②支部員が集出荷場を利用することなく農協以外への出荷を行った場合に徴収された系統外出荷手数料（販売金額の3・5％）について、自らの販売事業の経費（農協職員の人件費等）に充当していた。

③支部園芸部の定めた罰金等を収受し、これを系統出荷が行われたなすに関して自らが控除する諸掛預り金と同様に販売事業に係る経費に充てていた。

しかし、土佐あき農協は、集出荷場の運営ルールや系統外出荷手数料は支部園芸部が主体的に決めたことであり、排除措置命令の内容を不服として、東京地方裁判所に抗告訴訟している。この事例では、農協が事業者として生産部会を通じて生産部会員に系統出荷を強制したということが認定された事案であるが、ここでは先の情報を材料に、生産部会をめぐる独禁法運用上の問題点を考えてみたい。

第3節2（1）で指摘したとおり、農協ガイドラインでは、「生産部会が単位農協とは別に独自の行動をしている場合など、当該部会が単位農協とは別の事業者団体と認められる場合」には、当該部会の行為は独禁法の適用除外とはならないとしている。また、改正農協法を受けて、監督指針が見直され（2017年4月）、「Ⅱ—3—3組合員組織」の中で、組合員組織を「当該組合の組織の一部である組合員組織（組合内の組合員組織）」と「それ以外の組合員組織（組合外の組合員組織）」に区別し、組合員等に開示することを求めている。すなわち、公正取引委員会と農林水産省のいずれもが内部行為適用除外説の立場であると窺えるので、この立場に立って、考えてみる。

生産部会が監督指針のいう農協の内部組織であり、生産部会の行為が内部行為（農協と生産部会員の行為）である場合、独禁法の適用除外となる。しかし、但書の不公正な取引方法の場合はそれが除外され、適用を受けることとなる。

一方、生産部会が農協の外部組織である場合、当該部会が事業者又は事業者団体であり、独禁法の適用除外とならず、適用を受けることとなる。

ただし、適用除外を受ける「組合の行為」の範囲が限定され、あるいは狭く解釈されて、独禁法運用上、適用除外の実質的意味がないとすると、生産部会を内部組織と外部組織に積極的に区分することの意味もなくなる（そもそも、その基準が不明確である）。しかし、農協ガイドラインでは、「共同購入、共同販売、連合会及び単位農協内での共同計算を行うこと」については、適用除外の範囲として認めて例示してあり、外部組織である場合、これらを認めないとも逆説的に読むことができる。正に、生産部会活動を著しく制限しなければならない、あるいは生産部会活動を否定しかねない懸念がある。

こうした公正取引委員会の農協への取締り強化を背景として、現場では生産部会の運営改善方策が問われている。

(2) 生産部会の運営改善方策と課題

全国農協中央会では有識者による「営農経済事業と生産者組織のあり方に関する研究会」が組織され、『今後の生産部会の運営改善の方策等について』(2017年2月)が取りまとめられている。これを受けて、直ちに「独占禁止法遵守に向けた今後の取組方針について」(2017年2月9日)を全国の農協に示した。

当該方針では、研究会の提案した「生産部会やJAによる『利用強制禁止の徹底』」については「生産部会・JA事業運営の点検および問題のある行為を早急に是正」し、利用強制禁止の徹底を図るとしている。また、「販売事業における組合員とJAにおける『契約概念の導入・充実による組合員への利用促進』」については、「環境整備を行うことが優先課題」として、各農協の環境整備が整った段階で、「契約の馴染みやすい単位から導入していくとする「段階的対応」を提案している。

この方針を受けて、全国の農協の現場では、チェックリストを活用して、利用強制とみなされるような規約・出荷契約書等の文言はないか、全量出荷をしなかったときのペナルティ・罰金等を課していないか等の点検が行われている。

しかし、生産部会や農協の農産物販売の共同経済活動にあって、ブランドの維持・形成のために必要な生産方法や品質保持のために一定のルールを設定している例は決して珍しくはない。先の研究会報告では、利用強制とならないように「合理的理由が認められる必要最低限のルール作り」を提案しているが、このルール作りは悩ましく、大きな問題となっている。第3節1で見た農協ガイドラインでは、単独では大企業に伍して競争することが困難な農業者が、相互扶助を目的とした協同組合を組織して、市場において有効な競争単位として競争することは、独禁法の目的に積極的に貢献し、形式的外観的には競争を制限するおそれがあるような場合であっても、特に独禁法の目的に反することが少ないとしている。この趣旨からすれば、大企業に伍して競争するために、生産部会の活動や農協の農産物販売事業において、規約や契約で一定のルールを設定して、結集力を高め、共販の実効性をより上げることは重要な取り組みである。しかし、こうした取り組みを形式的外観的に利用強制（ルールは程度差はあるが、義務を伴う）と捉えることとなると、繰り返しになるが、生産部会や農協の共同経済活動を制限、あるいは否定しかねない。

## 第4節　おわりに

以上、本章では、規制改革会議等において、農協の独禁法適用除外制度見直しの議論が繰り返され、公正取引委員会の農協への独禁法違反の取締りが強化される中で、農協における独禁法をめぐる課題の検討を行ってきた。第2節では、農協における独禁法をめぐる制度環境の変化をⅢ期に区分して整理した。特に、適用除外制度見直しの議論から適用の厳格化へとシフトしていることを確認した。第3節では、独禁法の農協規制の現状と課題の検討を行った。ここでは、独禁法上の農協の位置を確認し、適用除外制度をめぐる法解釈及び論点整理とともに、生産部会に着目して、運用上の課題の検討を行った。特に、独禁法運用上、農協の共同経済活動を制限、あるいは否定しかねない状況を指摘した。

これらの検討を踏まえて、結論に代えて、農協における独禁法をめぐる課題を最後に提起しておきたい。

第1は、協同組合の独禁法適用除外制度見直しの議論への対抗である。今後も執拗に継続されるであろう攻撃に対して、農協をはじめ、協同組合陣営が対抗策を取っていくことが重要であり、理論武装とともに、適用除外制度見直し阻止の運動は欠かせない。わが国の適用除外制度は、独禁法が求める競争政策と協同組合政策の接点に位置し、これの調整を図る規定として、そして協同組合の社会的存立を位置づける極めて重要な規定であるとの共通認識が大切である。

第2に、農協の適用除外制度の堅持とともに、准組合員の事業利用規制の制度見直しをさせないために、独禁法第22条における「適用除外を受ける組合」の要件である組合員の議決権に関して、制度の見直し、具体的には准組合員に対する議決権付与を図ることである。

第3は、競争政策の強化、さらには規制改革の推進という一つの側面からの農協の適用除外規定の廃止や見直しの議論、さらには厳格適用と取締り強化の潮流は、多分に「農協改革」の延長線上にあり、政治的な意味合いも推察される。社会的公正を実現するための協同組合政策の側面からのバランスある解釈を実現させるために、農協陣営としての毅然とした対抗策が重要である。

注

（1）明田作「協同組合の独禁法適用除外問題についての一考察」『農林金融』2010年7月号、同「協同組合の独禁法適用除外制度の見直しをめぐる動向と問題点」『協同組合の独禁法適用除外の今日的意義（JC総研「協同組合・独禁法研究会報告書」）』JC総研、2015年、同「独禁法適用除外の制度見直しにどう対抗するか」『JAの自己改革に関する特別セミナー――改正農協法をめぐって――』農業開発研修センター、2016年参照。

（2）公正取引委員会「農業協同組合の活動に関する独占禁止法上の指針」（2007年4月18日、2016年4月1日最新改訂版）。以下、「農協ガイドライン」という。

(3) 鈴木宣弘「農協への独禁法厳格適用は、誤っている」『JA教育分化・家の光ニュース』家の光協会、2018年1月号は、独禁法の解釈を実質的に強化して農協を取締り、適用除外をなし崩しにする摘発が規制改革推進会議第4次答申と呼応して行われていると批判している。

(4) 在日米国商工会議所意見書「JAグループは、日本の農業を強化し、かつ日本の経済成長に資する形で組織改革を行うべき」(2015年5月まで有効)。

(5) 注(2)と同じ。農協ガイドライン第2部第1の3。

(6) 明田作、前掲稿(1)「独禁法適用除外の制度見直しにどう対抗するか」参照。

(7) 注(2)と同じ。農協ガイドライン第2部第1の3(注2)。

(8) 白石忠志『独占禁止法第3版』有斐閣、2016年、165頁。

(9) 明田作『農業協同組合法』経済法令研究会、2010年、92頁注(7)。

(10) 高瀬雅男「なぜ協同組合は独占禁止法適用除外なのか」『農業と経済』第77巻第8号、昭和堂、2011年参照。

(11) 田代洋一「農協改革の新段階と総合農協の未来像――農協合併の新たな動きに着目して」『近畿農協研究№259』近畿農協研究会、2018年参照。

(12) 斉藤由理子「准組合員に関する二つの論点と海外の農協の事例」『農協准組合員制度の大義　地域をつくる協同活動のパートナー』農文協、2015年、でカナダ・ケベック州の農協の組合員制度と准組合員の議決権について紹介している。

(13) 白石忠志、前掲書(8)167~168頁。

(14) 長瀬一治「独占禁止法の適用除外措置とは何か、なぜ適用除外になっているのか」『農業と経済』第83巻第7号、昭和堂、2017年、高瀬雅男『反トラスト法と協同組合』日本経済評論社、2017年参照。

(15) 白石忠志、前掲書(8)167頁。

(16) 白石忠志、前掲稿(8)164頁。

(17) 長瀬一治、前掲稿(14)参照。

(18) 高瀬雅男、前掲稿(10)参照。

第12章

# 中央会制度の改変と新たな展望

石田正昭

## はじめに

２０１９年9月末日までに全国農協中央会（以下全国中央会）は一般社団法人に、都道府県農協中央会（以下都道府県中央会）は連合会に組織変更される。これに先行して、去る２０１７年6月末日には２０１９年度からの公認会計士監査の導入を踏まえて、全国中央会から独立した監査法人として「みのり監査法人」が設立された。以上のように、改正農協法に対応した組織変更あるいは新組織の設立は着実に進められている。幾多の困難があるにせよ、法律との齟齬がないように自らの組織のありようを変えることは不可能ではないし、法律に適合する十分な能力も持っている。

それにもかかわらず、このような劇的な制度変更がなされたなかで中央会がどのような役割を果たしていくのが望ましいのか、あるいはその役割を果たしていくうえでどのような理念と経営資源が不足しているのかを検討することは重要である。

本章では、再スタートを切る新中央会をめぐる制度と実際についてどのような問題が起こりうるのか、またその問題を解消するうえで関係者に求められる努力とはどのようなものかを考えていきたい。とくに期限が設けられた農協改革にかかる短期的な問題ではなく、期限が設けられていない自己改革にかかる中長期的な問題を検討したいと思う。

## 第1節　「指導」と「調整」の違いは何か

2015年2月12日、安倍晋三首相は、改正農協法が上程された第189回国会の施政方針演説で次のように述べた。

60年ぶりの農協改革を断行します。農協法に基づく現行の中央会制度を廃止し、全国中央会は一般社団法人に移行します。農協にも会計士による監査を義務付けます。意欲ある担い手と地域農協とが力を合わせ、ブランド化や海外展開など農業の未来を切り拓く。そう、これからは、農家の皆さん、そして地域農協の皆さんが主役です。

この施政方針演説は、そのわずか3日前に、自民党農林幹部で構成されるインナー会議が准組合員事業利用規制をとるか、中央会改革をとるか、という二者択一をJAグループに迫り、JAグループが中央会改革を受け入れたことで改正農協法の骨格が定まったことから、起草されたものである。勝利宣言に近い、自信に満ちた演説であった。

必ずしも正しい理解とは思わないが、安倍政権がつくり上げたレトリックは、全国津々浦々の地域農協を支配しているのが全国中央会であり、その束縛、呪縛を解かないかぎり、農業者も、地域農協も自らが主役となって活動できないし、事業も展開できないというものである。

実際に、農水省のホームページ上でも全国中央会・都道府県中央会の改革については「会員農協による徹底した話し合いが大前提」という見出しのもと、「地域農協の自由な活動を適切にサポートするために」中央会改革を行うと説明している。

その理由として農水省が指摘するのは、①中央会制度は農協経営が困難な状況にあった昭和29年（1954）に導入された、行政に代わって農協の指導・監査を行う特別な制度、②かつて1万を超えていた地域農協も、中央会の指導の成果で約700に減少し、1県1JAも増加、③JAバンク法に基づき信用事業については、農林中金に指導権限が付与されている――などである。ここで強調されているのは「指導」という用語である。

一方、改革の方向については、都道府県中央会は「経営相談・監査、意見の代表、総合調整などを行う農協連合会に移行」、全国中央会は「意見の代表、総合調整などを行う一般社団法人に移行」と記述している。ここで「指導」に代わって強調されているのは「調整」という用語である。

では、指導と調整はどう違うのか。われわれの日常生活では強く意識しないけれども、旧農協法がいう「指導」とは、農協法によって「指導権限」が与えられたところの指導である。地域農協や連合会・連合組織が中央会から「こうしなさい」といわれたとき、その背後には行政が控えていて、その指示には逆らえないという意味を持っている。こうした強い指導権限を可能にしていた根拠は、中央会が「特別民間法人」（2002年4月までは「認可法人」）であったことによる。

今回の改正農協法で中央会はこの「特別民間法人」たる地位を失った。このため、中央会から「こうしないさい」といわれても、地域農協や連合会・連合組織はそれに従う必要がなくなる。一つの提案ないしは助言を受けたことになるだけである。何をどうするかの判断と責任は地域農協や連合会・連合組織が負う。その意味で中央会が行う指導は農協法に基づく「指導」ではなく、相互の意思疎通のうえに築かれる「調整」というべきものである。

いいかえれば、中央会は行政の代役を演じる必要がなくなったことを表しており、個人（市民）が草の根レベルから組織する協同組合の立場からすれば望ましい方向に修正されたといってよいであろう。

## 第2節　「総合指導組織」から「総合調整組織」へ

全国中央会は昭和29年6月15日公布、即日施行の第7次農協法改正によって発足したが、その前身は昭和23年11月22日に設立された全国指導農協連（以下全指連）であった。全指連は農協法上の連合会として措置され、「組織指導」「生産指導」「農政活動」を事業の3本柱としていた。ただし、全指連の「指導」は農協法で指導権限が与えられた指導ではない。日常用語としての指導である。

組織指導とは、農協役職員の教育、事業・経営の指導、系統組織の整備強化に関する指導などを表す。生産指導とは、農業の生産および経営に関する指導、農作業の共同化、その他農業労働の増進、土地改良、水利施設など農業生産基盤の整備など農業の生産性向上に関する指導を表す。農政活動とは、農民・農協の利益代表としての渉外活動を表している。これらは農協法第10条の事業規定に対応するものであるが、同時に戦前の旧産業組合系と旧帝国農会系の二つの流れを汲むものとして理解される。

全指連の問題は、連合国軍総司令部（GHQ）の指示によりこれらの事業をその他の事業、たとえば販売、購買事業と兼営することが許されなかったことである。各事業連はそれぞれ会員のために行う指導事業が法定されており、全指連がその指導分野に切り込むことはできなかった。そうしたなかで全指連として独自に行えたのは戦前の「産業組合監査連合会」、戦後の「農業協同組合監査連合会」の流れを汲む監査事業であった。

全指連には次のような欠点もあった。①事業が雑多であると同時に、都道府県指導連の重点の置き方にもばらつきがあり、助言・指導団体としての機能の遂行に統一性がなかったこと、②事業の性質上、直接的な効果が現れるものが少なく、会員組合との紐帯に欠けることが多かったこと、③法制上の地位が他の連合会と並列的で、組織率も低く、財政的基盤もぜい弱であったこと——などである[1]。

また、時を同じくして、農協の経営不振が深刻になりはじめ、行政もその対策に追われるようになった。こうした困難な状況のなかから生まれてきたのが「総合指導組織」という考え方である。総合指導組織とは、農協全体の指導および代表機能を持ち、組織としては全農協をもって組織し、事業としては農協運動を総合的・統一的に推進するというものであった。わかりやすくいえば、地域と事業の枠を超えて連帯する農協の結集軸としての機能を発揮し、農協運動の発展に貢献するという姿である。この「総合指導組織」と呼ばれる機関が現在の「農協中央会」である。

こうした総合指導組織の考え方を踏まえて、全指連の荷見安会長（元農林次官）の強いリーダーシップと、農林省農協部との連携プレーのなかからつくられたのが「農業協同組合総合指導組織確立に関する措置要項」であった。これは昭和27年10月15日開催の第1回全国農協大会で「農業協同組合指導事業強化に関する決議」のなかで採択された[2]。

多くの農林官僚と農協人の尽力によって設立された「総合指導組織」としての農協中央会であったが、それからおよそ60年後の安倍政権によって葬り去られた。それを主導したのは首相官邸に詰める経産省出身の官僚たちであったともいわれる。

## 第3節　「総合指導組織」のエートスを「総合調整組織」に生かす

総合指導組織としての農協中央会のエートスを的確に表しているのが「農協中央会の在り方」（昭和29年7月26日）である。これは第7次改正農協法の公布・施行に当たって、農協中央機関の代表たちで構成される「農協中央会設立推進委員会」が作成したものである。これを読むと起草者たちの熱気が伝わってくる。と同時に、そこで語られている内容は、現在の農協中央会が抱える問題とそれへの対処方針と似ていることがわかる。

その全文を章末に別掲したが、要約すれば、第1に、中央会の任務は、結合を根本とする協同組合原則の堅持という共通の意思を結集することにあり、これを農協運動の基準に据えること、第2に、グループ内に対立的な関係を生じさせないようにするため、中央会が連絡調整の役割を果たさなければならないこと、第3に、中央会が行う事業、とりわけ農業経営改善指導と農政活動は、事業指導と深く連携しなければならないこと、第4に、農協ならびに中央会は「自主・自立」の協同組合原則を守り、外部からの援助を頼ってはならないこと、第5に、簡素な機構をめざすとともに、人材確保に当たっては適任者を充てること、第6に、中央会への人材派遣について連合会は協力的な態度をとらなければならないこと、第7に、中央会経費の調達と分担について会員と中央会がともに誠実な態度をとらなければならないこと――などが指摘されている。

ここで書かれていることは、総合指導組織、すなわち農協法で措置された中央会のあるべき姿である。しかし、それは同時に総合調整組織、すなわち農協法で措置されない新中央会のあるべき姿でもある。農協法で措置されようがされまいが、両者の抱える問題は共通しているといってよい。

## 第4節　新中央会はＪＡのニーズの変化にどう対処すべきか

新中央会のあり方を考えるとき、制度と実際には大きなかい離がある。制度から見れば、地域農協や連合会・連合組織の総合調整を担う責務は都道府県中央会にある。全国中央会には都道府県中央会の「後方支援」という役割だけが与えられている。このことはＪＡ全中のホームページを見ても明らかである。

しかし、その実際は、地域と事業の枠を超えて連帯する農協の結集軸たる役割は全国中央会が果たしていかなければならない。というよりも全国中央会でしか果たしえない。この姿は従来と大きく変わるものではない。

では、指導権限を失った地域農協（以下ＪＡ）に対する新中央会の経営指導はどうあるべきなのか、この点を考えてみよう。現在、経営指導からＪＡ支援へと呼称変更が進められているが、その場合に注意すべきことはＪＡの経営成長とともに新中央会に対するニーズが変わってくることである。その変化は急速なものかもしれない。新中央会にとって、その変化をいち早く捉え、的確に対応することが必要である。また、その変化の方向も一様ではないので、各ＪＡの実情に応じたきめ細かな支援が必要となる。

ＪＡの自立に関して、どういう状態を「自立したＪＡ」と呼べるのかという問題も発生する。経営的に自立したＪＡが一つの姿であることは間違いないが、協同組合理念を軽視するようなＪＡを「自立したＪＡ」と呼ぶことはできない。たとえば、総代会資料やディスクロージャー誌のつくり方一つをとりあげても、協同組合らしさが滲みでてくるものでなければならない。組合員にとってわかりやすく有用であると同時に、社会的にもＪＡへの理解と共感が高まるような内容になっていなければならない。そのためには財務情報の開示に工夫を凝らすだけではなく、地域社会における責任ある事業体としてＥＳＧ（環境、社会、ガバナンス）活動などの非財務情報を含む統合報告として作成される必要がある。さらに、こうした観点からのＪＡ運動の展開には協同組合理念に根ざした組合員教育、役職員教育の徹底が必要であるが、容易にわかるように、これらには最終のゴールというものはない。

一般に、経営的に自立したと考えられるＪＡにおいて問題となるのは、中央会ではなく、専門のコンサルティング業者に意見なり助言を求める性向が高まることである。ＪＡから見て中央会は身内だという意識が働くために、中央会の意見や助言にあまり重きを置かない経営者がしばしばとる行動でもある。管見ではあるが、あるコンサルティング業者の報告を見聞した経験によれば、その報告に納得している様子の職員はいなかったような気がする。事物を日常業務から捉える傾向のある職員たちにとっては高踏的すぎて、すぐに役立つ報告とはいえなかった。コンサルティング業者に意見なり助言を求めることを否定するわけではないが、それ以前に、ＪＡ自らが彼らの指摘を的確に受け止めるだけの問題意識の醸成が必要ではないかと思った。

大きなＪＡ、先進的なＪＡ、自己完結的なＪＡが存在する一方で、課題いっぱいのＪＡが存在することも確かである。護送船団方式がとられていた時代には足並みの遅いＪＡに合わせた指導が行われ、そのことが中央会批判につながっていったという経緯もある。そうした厳しい批判を考慮すれば、新中央会にあっては多様化したニーズをそのまま受け止められるような相談部署の設置と専門家の育成が急がれる。

一般に、新中央会に求められる業務は、監査、経営指導、教育、情報システム、営農、地域くらし、農政、広報、代表調整・企画などであるが、これらの業務を満足のいく水準でカバーできるような都道府県中央会は必ずしも多くはない。すべてをカバーしようとすると、兼務の増加による専門性の低下が避けられないし、担当者の交代による連続性の低下も避けられない。そういう状況のなかでＪＡの多様化したニーズに対応できるような新中央会をめざすというのであれば、プロパー職員の増員ではなく、都道府県域の連合会やＪＡからの人材の受け入れを今以上に増やすことが必要である。しかし、それは簡単なことではない。

そうしたなかで実現可能と考えられる方策は都道府県中央会間の連携、全国中央会からの人材の受け入れであり、今後こうした方向での検討が求められるのではないか。一方、都道府県中央会間の統合は「連合会」という制度的な制約があることから実現はむずかしいと思われる。

## 第5節　財政問題と格差拡大問題

賦課金問題は新中央会にとって大きな問題である。平成28年4月1日施行の改正農協法の附則第50条第1項では、会計監査人の監査への移行に関して、第3号で「会計監査人設置組合の実質的な負担が増加することがないこと」をうたい、第4号で「農業協同組合監査士に選任されていた者が組合に対する監査の業務に従事することができること」をうたっている。いずれも農協監査士の監査（以下監査士監査）から会計監査人の監査（以下会計士監査）への移行を円滑に進めるための規定である。

一般に、会計士監査の費用は小規模なJA、経済事業の比重の高いJAにおいて監査士監査の費用よりも増嵩することが予想されており、このタイプのJAを数多く抱える都道府県中央会ほど賦課金収入の減少に見舞われることになる。この観点から、会計士監査への移行に先立ってJAの内部管理態勢の整備が鋭意取り組まれているが、仮にJA側の態勢整備が遅れたり、習熟期間が長引けば、都道府県中央会の財政問題が長期化することも予想される。

また、会計士監査への移行に伴う都道府県中央会の収入減少を補うための方法として、これまで全国連・全国組織が負担していた全国中央会賦課金のうちの監査士監査の費用部分を全国中央会が会費として集め、それを都

道府県中央会に配分するという新たな措置が提案されている。(3)

以上、都道府県中央会の財政問題を論じてきたが、この種の問題は誰もが意識せざるをえない問題であるため、問題解決への道筋がまったく見えないというわけではない。ＪＡの内部管理態勢の整備の問題を含めて、ＪＡ、連合会・連合組織、中央会のそれぞれが「総合指導組織のエートスを総合調整組織に生かす」という観点から問題解決を図るよう努力することが重要である。

しかし、それとは異なって、誰もが意識しないうちに事態が深刻化するような賦課金問題があることも忘れてはならない。何らかの理由で機能を重点化した都道府県中央会に対して、賦課金の支払いを渋るようなＪＡなり連合会・連合組織が出てくる怖れのあることである。従来の中央会賦課金の仕組みは応能原則に基づくメンバーシップ型とみなせるが、この仕組みの矛盾が顕在化していくことが考えられる。とりわけ大きなＪＡ、先進的なＪＡ、自己完結的なＪＡを中心として、中央会事業を利用する、利用しないという問題が持ち上がり、受益と負担の関係が厳しく問われるようになるだろう。

その場合、そう遠くない将来において、応益原則に基づくユーザーシップ型を導入せざるをえなくなるのではないか。実際に、教育・研修会等の受講料や情報システムの利用料などは受益者負担の拡大が見込まれている。メンバーシップ型かユーザーシップ型かという負担の問題は、業務のどこまでが共通経費としてみなされ、どこからが個別経費としてみなされるのかという問題とも関係しているので、簡単に結論の出る問題ではない。ＪＡに対する最近の公正取引委員会（以下公取委）の審決に見られるように、会員との関係がこじれた場合には、独禁法違反に問われるような事態を迎えることも想定できないわけではない。

ＪＡや連合会・連合組織から絶対に必要とされる新中央会の事業領域は、①中央会に集約してやるほうが効果的・効率的な領域、たとえば法改正、広報、政策要望など、②第三者性が求められる領域、たとえば教育、業務監査、経営相談など、③複数事業間やＪＡ間に影響が及ぶ領域、たとえば合併、情報システム、代表・総合調整など——という整理が可能である。

ただし、これらの事業を担うとしても、都道府県中央会の力量が千差万別になっているという現実から逃れることはできない。みのり監査法人に職員を派遣すると、経営相談をこなせる職員がいなくなる、代表・総合調整、教育、総務だけで手一杯になるという中央会が少なからず存在する。プロパー職員が20～30人規模の小さな都道府県中央会でその傾向が強いが、そこでは量的な問題だけではなく質的な問題も関わっていることに注意を要する。

全国中央会にあっては、こうした小さな都道府県中央会に対して、県１ＪＡ中央会に対してと同様に、当該都道府県域の要望と財政負担を前提として全中担当職員を配置する取り組み（実質運営一体化）について、それを実施・拡充する方向で検討するとしている。[4] ただし、全国中央会にも要員体制の問題はあるはずで、都道府県中央会の要望にどこまで応えられるかはケースバイケースといえるのではないか。

ここで全国中央会の足元の問題に目を転じると、全国中央会に最も不足しているのは自分たちの主張をどうつくり、それをどう社会に発信するのかというボトムアップの体系において、それをうまくマネージメントできるような人材と組織風土が形成されていないことである。しばしば政治力を使って問題を解決してきたという経緯がそうさせているのかもしれない。

たとえば、その一つは、農協法なり協同組合法の専門家が不足している、あるいは将来的に不足する事態が予想できることである。農協改革の過程で感じられたことであるが、政府のプロパガンダに対して法律に照らして冷静な反論を試みることは協同組合の権利でもあり義務でもあるので、人材面でのエンパワーメントは喫緊の課題である。

もう一つは、独禁法の専門家がいないことである。ＪＡをめぐる最近の公取委の審決には疑問を感じることが多いが、自分たちの主張をホームページ上に公開したＪＡ土佐あきを除いて、自分たちの主張がどこにあるのかが伝わってこない。全国のＪＡで部会規約の改訂が進められたようであるが、これもどういう経緯からそうなったのかが明らかではない。また、最近の事例でいえば、ＪＡ阿寒への「注意」についても、専門家からは「判例批評」が出されている。(5) 自分たちの主張を明確にしていかないと、国家権力による既成事実だけが積み上がっていくのではないだろうか。

## 第6節　総合調整組織としての新たな課題

都道府県中央会にとって外すことのできない重点領域は代表・総合調整にかかる機能である。これは当該都道府県域のＪＡと連合会の将来をどうデザインするのかという点について、関係者の議論をリードする責務があることを表している。利害関係がいっぱい詰まった問題なので、中央会の機能を最高度に発揮しなければならない問題でもある。そのリーディング機能の発揮なくして中央会の存在価値は認められないということにもなる。

表に示してあるように、全共連との統合が完了している共済事業を除くと、①複数のＪＡ、経済連、信連があるのは7（北海道、福井、静岡、愛知、和歌山、宮崎、鹿児島）。佐賀もそれに近いが、経済事業はＪＡさがが県域機能を担っている、②複数のＪＡと信連はあるが、経済連が全農と統合しているのは23（岩手、茨城、埼玉、東京、神奈川、山梨、長野、新潟、石川、岐阜、三重、滋賀、京都、大阪、兵庫、鳥取、広島、山口、徳島、愛媛、高知、福岡、大分）、③複数のＪＡと経済連はあるが、信連が農中と統合しているのは1（熊本）、④複数のＪＡはあるが、経済連は全農、信連は農中と統合しているのは11（青森、宮城、秋田、山形、福島、栃木、群馬、千葉、富山、岡山、長

表 12-1　都道府県域における JA グループの構成

| 都道府県 | JA 数 | 経済事業 | 信用事業 | 都道府県 | JA 数 | 経済事業 | 信用事業 |
|---|---|---|---|---|---|---|---|
| 北海道 | 108 | 経済連 | 信　連 | 滋　賀 | 16 | 全　農 | 信　連 |
| 青　森 | 10 | 全　農 | 農　中 | 京　都 | 5 | 全　農 | 信　連 |
| 岩　手 | 7 | 全　農 | 信　連 | 大　阪 | 14 | 全　農 | 信　連 |
| 宮　城 | 14 | 全　農 | 農　中 | 兵　庫 | 14 | 全　農 | 信　連 |
| 秋　田 | 14 | 全　農 | 農　中 | 奈　良 | 1 | — | — |
| 山　形 | 15 | 全　農 | 農　中 | 和歌山 | 8 | 経済連 | 信　連 |
| 福　島 | 5 | 全　農 | 農　中 | 鳥　取 | 3 | 全　農 | 信　連 |
| 茨　城 | 20 | 全　農 | 信　連 | 島　根 | 1 | — | — |
| 栃　木 | 10 | 全　農 | 農　中 | 岡　山 | 9 | 全　農 | 農　中 |
| 群　馬 | 15 | 全　農 | 農　中 | 広　島 | 13 | 全　農 | 信　連 |
| 埼　玉 | 16 | 全　農 | 信　連 | 山　口 | 12 | 全　農 | 信　連 |
| 千　葉 | 19 | 全　農 | 農　中 | 徳　島 | 15 | 全　農 | 信　連 |
| 東　京 | 14 | 全　農 | 信　連 | 香　川 | 1 | — | 信　連 |
| 神奈川 | 13 | 全　農 | 信　連 | 愛　媛 | 12 | 全　農 | 信　連 |
| 山　梨 | 11 | 全　農 | 信　連 | 高　知 | 15 | 全　農 | 信　連 |
| 長　野 | 16 | 全　農 | 信　連 | 福　岡 | 20 | 全　農 | 信　連 |
| 新　潟 | 24 | 全　農 | 信　連 | 佐　賀 | 4 | Ｊ　Ａ | 信　連 |
| 富　山 | 15 | 全　農 | 農　中 | 長　崎 | 7 | 全　農 | 農　中 |
| 石　川 | 17 | 全　農 | 信　連 | 熊　本 | 14 | 経済連 | 農　中 |
| 福　井 | 7 | 経済連 | 信　連 | 大　分 | 5 | 全　農 | 信　連 |
| 岐　阜 | 12 | 全　農 | 信　連 | 宮　崎 | 13 | 経済連 | 信　連 |
| 静　岡 | 17 | 経済連 | 信　連 | 鹿児島 | 13 | 経済連 | 信　連 |
| 愛　知 | 20 | 経済連 | 信　連 | 沖　縄 | 1 | — | — |
| 三　重 | 11 | 全　農 | 信　連 | 合　計 | 646 | 13 | 35 |

注 1）2018 年 4 月 1 日現在。
　2）経済事業、信用事業の合計は全農、農中と統合していない都道府県数を表し、1 県 1 JA のケースも含む。

崎)、⑤1県1JAは3（奈良、島根、沖縄）。香川も1県1JAであるが、信連が存置されている——という構成になっている。

今後の大きな方向性は、すでに平成3（1991）年10月の第19回全国農協大会「農協・21世紀への挑戦と改革」で承認されたように、組織二段、事業二段の実現にあることから、経済連・信連について、全農・農中と統合するのか、JAと統合するのか、のいずれかであるといってよいであろう。仮にそうならないとすれば、それは力のある経済連、信連を持つ都道府県域だけである。表を見るかぎり、東日本の経済連・信連は全国連との統合を志向し、西日本はJAとの統合を志向しているように思われる。

ここで、そもそも総合調整組織とはどういうものか、という根源的な問題に立ち返らなければならない。組合員の声に支えられた「下からの自治」という考え方に立てば、中央会には組合員の協同活動を側面から支える中間支援組織としての役割が与えられている。この場合には自らが強い意思をもって組織や事業を動かしてはならないという制約が課せられる。

実際に「総合調整」という言葉の響きからしても、何かしら受動的、静態的な印象を受けるが、これが本来の姿というべきである。しかし、果たしてそれでよいのであろうか。そうではないというのは明らかである。中央会にはより能動的、動態的な意味でJA運動を引っ張っていく責務があると言うべきである。冒頭で述べたような農水省の指摘とは一線を画し、これまでどおり「総合指導」の立場を堅持していかなければならない。本章での「総合指導組織のエートスを総合調整組織に生かす」という表現も、この脈絡のなかで捉えるべきものである。

では、どういう観点からJA運動を引っ張っていくことが望まれるのか、この点について考えてみたい。結論を前もって述べれば、多様性が広がる経済・社会のなかにあって、旧い共同ではなく新たな協同を軸として再統合の役割を果たしていくこと、これである。

組合員である農家家族にしても、彼らが行っている農業経営にしても、さらには彼らが居住する農業集落や地域社会にしても、ばらける時代、あるいは多様性が際立つ時代に突入している。その様相はエントロピー増大の法則に従うがごとしの観がある。一様性が際立った旧い農村社会はすでに過去のものとなっている。では、そこから新しい家族像や農業経営像、さらには新しい農業集落や地域社会の姿が現れてきたのかというと、そうではない。ばらけたままの状態になっている。

ＪＡには、協同組合には、さらには中央会には、ばらけたものを再統合する役割があるはずである。ばらけたものをばらけたままで受け入れるのであれば、協同組合としての価値はない。政府なり市場に飲み込まれてしまい、行き場を失うだけである。

政府や市場とは異なる協同組合の存在価値は、自らが個人と国家の中間に存し、ばらけた個人を再結合する中間組織の役割を発揮することにある。ばらけた個人には、ばらけているからこその「悩みや不安」「困難」があって、当事者たちがその苦しみを気兼ねなく吐露しあうことで新たな関係性や交流の場をつくり出せるようにすることが求められている。

全共連を除いて、ＪＡグループで「助け合い（相互扶助）」という言葉が使われなくなって久しいが、今一度、人と人のつながりを意味するこの言葉にこだわったＪＡ運動の展開が必要ではないか。そのとき旧い共同体における「助け合い」を再興させるのではなく、人びと（市民）が暮らす公共圏において「新たなつながり」を見出すなり、構築する試みにチャレンジすべきであろう。

ＪＡグループは「食と農を基軸として地域に根ざした協同組合」を自らの使命としているが、そのなかには、どのようにすればＪＡグループが公共圏における「未来の創造者」となれるのかという問いかけの部分が含まれていなければならない。たとえば、①地域のお年寄りたちの「困りごと」を、地域の私たちの「できること」にどのようにしてつないでいくのか、②「担い手経営体」「中核的担い手」「多様な担い手」に分化している農業経営ではあるが、これらをどのようにして有機的に結びつけ、地域農業をより深みのあるものにしていくのか、③大きな世代間隔絶（ジェネレーションギャップ）が存在するなかで、世代を超えた女性の新しいつながりをどのようにしてつくり出していくのか――などに心を配るようなJAグループであってほしい。事業を通じて個別的に対応するだけではない協同組合らしい新たな取り組みが必要なのである。

重要なことは「JA組織は何のためにあるのか」「JA組織は必要か」を絶えず問いつづけることにある。働き方、生き方が多様化する現代にあって、それぞれの多様性を認め合いながらも、再統合に向けた努力をつづけていくことで協同組合らしさが自然に滲みでてくるようにしたい。中央会がそのけん引役となることを期待する。

## むすび

政府が主導する「60年ぶりの農協改革」は的外れな改革という意味で評価できないが、一点だけ評価するとすれば、それは中央会から特別民間法人たる資格を外したことである。産業組合法の成立以来、日本の協同組合法制は政府関与の度合いが強く、途上国型の性格を滲ませていたが、今回その一角が崩れたことで協同組合性を高める結果となった。先進国型に一歩近づいたといってよい。次に必要なことは、協同組合性をより高めるために、農林中央金庫から特別民間法人たる資格を外すことである。ただし、その場合に株式会社化の強制を許してはならないということは強調しておきたい。

農協改革にかかるもう一つの重要な変化は、ＪＡグループにおいて「己は何者ぞ」という意味のアイデンティティを問い直すきっかけをつくったことである。これによりＪＡグループのシンクタンクであるＪＣ総研を改組し、新たにナショナルセンターとしての日本協同組合連携機構（ＪＣＡ）を設置した。国内的・国際的な協同組合間連携の元締めとなることが期待されている。

次に期待したいことは、ローカルセンターとして都道府県域の連携機構を設置することである。協同組合における「下からの自治」を考えるとき、ローカルセンターの活発な活動なくしてナショナルセンターの存在価値は生まれない。現状では都道府県域の協同組合間連携にはばらつきが見られるが、それを最小化するうえでも専従職員の配置は不可欠である。それが可能となるかどうかは都道府県中央会の意向にかかっている。(6)

注

（1）多木誠一郎『協同組合における外部監査の研究』全国協同出版、２００５年9月、25～26頁。
（2）全国農業協同組合中央会『ＪＡ全中五十年史』２００６年3月、20～22頁。
（3）全国農業協同組合中央会『大会議案等策定にあたっての基本的考え方（組織協議案）』２０１８年6月。
（4）全国農業協同組合中央会『一社全中の果たす役割と組織運営』２０１８年2月。
（5）高瀬雅男「阿寒農業協同組合に対する注意について」『行政社会論集』第30巻第4号、２０１８年3月。
（6）拙稿「協同組合間協同：理念を実践する」『協同組合間協同』第38巻第1号、２０１８年6月。

【別掲】

# 農協中央会の在り方

農協中央会設立推進委員会
昭和29年7月26日

1. 農協運動の目的は、すべての農協機能が有機的一体として発揮されることによってはじめて達成されるものである。従って農協運動には常に共通の意思が確立されていることが必要である。
この共通の意思は、結合を根本とした協同組合原則の堅持という不動の基礎に立って民主的に結集されたものでなくてはならない。中央会の任務は、この共通の意思を結集し、これをすべての農協活動の基準とさせるとともに、対外的に農協全体を代表するものである。

2. 農協は、とかく個々の立場に偏して全体の運動を軽視し、ために組合員と組合、組合と連合会、連合会相互間等に対立的な関係を生じがちである。
中央会は、このようなことのないようにするために、常に共通の意思の徹底につとめ、これら相互間の連絡調整をはからなければならない。

3. 農協事業は、相助（相互扶助─筆者加筆）の精神を基調として、経済の協同を強化発展させるものである。農協事業としての農業経営の改善指導は、販売、購買、利用、信用その他の事業そのものの中においてそれを通じ且つそれを総合して遂行されるものである。
農政活動も、農協としては、事業運営に関連して生ずる問題解決の努力である。

従って、中央会においては、農業経営改善指導及び農政活動等は、とりたてて事業指導と別個のものとして取り扱うべきではない。

4. 農協は、自主性を確保するため、その経営はあくまでも自立を旨としなければならない。

中央会もまた農協全体の自主的な意思にもとづいて活動するものであるから、補助金その他外部からの援助にたよってはならない。

5. 中央会の役職員の編成は、徒らに数にとらわれず、適任者をもってあて、十分に機動性を発揮しうるものでなければならない。従ってその機構は極力簡素にすべきである。

6. 中央会の役職員は、誠実であって、農協運動に情熱をもち、且つ経験にとんだものであり、農民生活の根底から農協運動を理解し、農協が何をなすべきか、何を避けるべきかを指導することができるものでなければならない。このような中央会の役職員を得るためには、会員就中連合会は、最も優秀な職員を派遣する等積極的に協力すべきである。

7. 中央会の事業が有効におこなわれるためには、十分な予算を必要とするが、それは会員が喜んで拠出しうる範囲でなければならない。中央会が経費の調達に少しでも苦労するようでは本来の活動を十分に果たすことは出来ないから、会員となろうとするものは経費を分担する責任あることを自覚し、且つこれを確実に拠出する能力を十分に有する者でなければならない。

8. 中央会は、以上のような農協の全面的な理解と責任の基礎の上に立って設立されるものでなければならない。

# あとがきにかえて

## 焦点としての准組合員問題

２０１５年農協法改正は、日本の農協史に記録されるべき大きな制度変更であった。しかし、法改正を先導した規制改革会議が描いた「農協改革」の全体像はまだ完成したわけではない。全国農協中央会を一般社団法人として農協法の枠外に押しやり、都道府県中央会を連合会に「格下げ」する中央会制度改変はすでに現実のものとなり、ＪＡへの公認会計士監査の導入も始まる。これに続くテーマは、総合農協からの信用事業の分離と、全農、経済連の株式会社化である。農林中央金庫、全共連についても株式会社化の方向が示された。「農協改革」の次のステップはすでに用意されている。それへの露払い役の位置にあるのが「准組合員の利用制限」である。

准組合員問題は、「農協改革」の政治面での最大の焦点であるとともに、農協をめぐる理論面でもこれまた最大の焦点である。それはまず、農協は誰のために何をする組織なのかという農協制度の理念と目標、組合員資格のありようという農協制度の根幹に関わる問題である。それとともに、准組合員制度の成立経緯と行政およびＪＡグループの対応といった歴史的な経過に深く関わっている。また、現実の准組合員の属性や農協事業利用、活動参加や運営参加といった実態とも関わる。

## パンドラの箱を開けたもの

第１、２章でみたように、制度的にみれば、准組合員制度は戦後農協が、産業組合と系統農会の統合体である農業会組織を引き継いだ経緯から生まれたものであり、問題の起源は戦前にあるのである。産業組合はもともと組合員の職業を限定していなかったのだが、戦時下の農業団体統合で農業団体である農会と統合されて農業会が発足するにあたって、農業者と非農業者の区分が必要となったことに起因する。戦後農協は、農業生産力の向上と農民の経済的社会的地位の向上という職能的目的を掲げつつも、産業組合から農業会に引き継がれた非農民構成員を制度的に位置づけざるを得なかったのである。

戦後農協は農協法の幅広い事業規定にもとづいて、経済の高度成長と農村経済の変容に対応して准組合員を拡大させ、事業利用を伸長させてきた。だが、それについて農政がそれを正面から取り上げて制度検討することはなかった。なぜなら、それによって、農協法第1条の目的規定と10条の事業規定の乖離を白日化することになるからであり、それにふれずにおくことは、行政にとってもまたＪＡグループにとっても、長年にわたって望ましいことだったからである。

ところが、２０１４年の規制改革会議の提言は、准組合員問題といういわば「パンドラの箱」に手をかけたのであった。「パンドラの箱」を開けることを可能にした状況と、それを開けざるを得ないような状況が存在したということである。箱を開けることのできる状況すなわち准組合員問題を正面から取り上げることができるようになった理由の第1は、政府与党とりわけ政権とＪＡグループとの力関係の変化であろう。その背景には政権基盤の変化が存在する。小選挙区制のもとで国会議員候補者の選定権が官邸に集中した。また内閣人事局によって官僚人事に関わる権限も官邸に集中した。政策決定過程は、政治家、官僚、関連団体による調整的なものから官邸によるトップダウンシステムへと大きく変容した。そのため、政府与党もＪＡグループの農村票をあてにする必要がなくなった。このことは、今回の農協改革全般の政治的背景でもある。

第2の理由は、農政にとっての農協の位置の低下である。かつての農政は、団体行政として農協との協調は不可欠であった。しかし2000年代以降の自由主義農政のもとで農業団体との協調路線は後退し、農業者への個別対応型の農政へと移行してきた。

いわば、政権、農政双方からみて、農協への依存度が低下したことが、准組合員問題に象徴される農協改革という対立的な課題を持ち出すことができた理由である。

逆に、箱を開けざるを得なかった理由は、別の所にある。2014年5月の規制改革会議農業ワーキンググループの意見書とほぼ同時に、在日米国商工会議所の保険委員会と銀行キャピタルマーケット委員会は連名で、農協の信用事業、共済事業を金融庁管轄に移行すべきとする意見書を発表した。その論拠は、わずかの出資金を出せばだれでも准組合員となれる農協の信用、共済事業は不特定多数を対象とした一般金融機関と何ら変わるものではないとの主張である。イコールフッティング論を振りかざして、准組合員制度を正面から問題にしたのは米国の金融機関だったのである。

JAを攻撃する人たちは正・准組合員数の逆転を問題視するが、准組合員の存在が正組合員の不利になるかというと、ほとんどのJAでそうした関係にはない。むしろ逆に、准組合員の金融事業利用による収益が営農経済事業の赤字を補てんし、営農指導員の人件費を支えているのが事実である。そのことについて、准組合員からの批判があるかといえばそうでもない。その意味で、准組合員の利用制限によってトクをするものは、農協の関係者にはほとんどいないのである。准組合員の利用制限を自らの経済的利害と関係させて主張するものは誰かを考えれば、利用制限論の主導的なパワーがどこにあるか想像できるというものである。

「准組合員の利用制限」は、いわば伝家の宝刀、抜かずの剣として、信用事業分離を迫るための脅しとして使われる可能性が高い。だが、上記のようなその推進パワーを考えれば、自国中心主義に傾斜し、各国に貿易摩擦を仕掛ける米国の意向次第では、利用制限がストレートに導入される可能性は排除できないだろう。そうさせないための対応が求められるのである。

## 正・准組合員二分論の非現実性

在日米国商工会議所が「不特定多数と同じ」とする准組合員だが、その実態は多様性に富んでいて、そう断定するのは乱暴に過ぎる。第7、8章でみたように、正准組合員を対象にしたアクティブ・メンバーシップアンケートは、全国の多くのＪＡで実施されたが、それを通じて准組合員の実際の姿が見えてきた。ともすれば貯金やローンなどの信用事業利用が中心とみられる准組合員だが、現実には他の生活事業などとの複合的利用者が多い。また准組合員の出自について見れば、その35％が農家ルーツの准組合員である。それらの組合員は農業やＪＡを身近に感じられる環境のもとで育ち、ＪＡに対する親近感をもつ人たちのようである。さらに興味深いことは、准組合員のうち家庭菜園等に携わる「農的生活者」は35％、農産物直売所などを利用する「農業応援者」を加えれば75％と4分の3に達する。こうした実態を無視して、准組合員＝非農業者だとして正・准組合員を分断し、准組合員を敵視する議論はあまりに乱暴である。

また、第10章でふれられているように、准組合員の意思反映のために、京都府下の農協や奈良県農協などでは准組合員総代制度を始めた。もちろん正式の議決権は付与されないが、准組合員が意思反映できる正式なルートができたことの意義は大きい。また利用者懇談会などで積極的に准組合員の意見を聴く取り組みもある。また、第5章がいうように、准組合員理事を選出することも現行制度で可能である。

また、組合員資格についても弾力化の方向が進められているが、第8章では、専ら耕作面積と農作業従事日数だけで判断している現行の正組合員資格要件に、農業応援者を包含できる要件を加えることが必要だとしている。さらに、耕作面積や従事日数ではなく、組合事業の利用実態から正・准組合員区分を行うという京都府下農協の動きも、注目されるところである。

望ましい農協制度をめざして

第1章では准組合員への共益権の付与を主張する。准組合員制度の最大の問題は独禁法との関連であり、独禁法の適用除外を受ける組合たるためには組合員に平等の議決権を与える必要がある。そのための方向は、准組合員に正組合員に準じた共益権を与えることである。そして、総数の4分の1未満の議決権を准組合員に与えることが、民主主義の観点からも適当だと具体的に提言している。そのことによって、農協は純粋な「農業者の協同組織」から、食料自給率や農業の多面的機能の確保に賛成する地域住民に開かれた「農的地域協同組合」になることができる。

第3章は、JAグループが「食と農を基軸とした地域に根ざした協同組合」をめざすのであれば、JA事業でむすびついた准組合員を積極的に位置づけ食と農が融合した協同組合像を実現するための事業や活動の仕組みを明らかにすべきであると、理念のあり方を問う。

第5章はさらに踏み込んで、農協法制度の目的を「農業生産力の増進」や「農業所得の増大」に狭く限定すべきではなく、地域社会の安定と発展を目的とするものにすべきだ提起している。そのためには、一般住民の組合加入を促進し、准組合員制度をむしろ積極的に意義づけて、「地域組合型総合農協」を目指すべきだとする。また、法制度改正以前にも、准組合員に対して農協の理念、目的を明確に提示し、農業活動重視の財務政策について理解と賛同を求める、事業収益ないし剰余金の一定割合を農業活動に支出する義務を定款に書き込む、信用共済部門からの営農部門への損失補てんの実態について准組合員に情報開示するなどして、農業事業支援を明確化することを求めている。

## 汝は何者なりや――ＪＡは何のためにあるのか

今回の農協改革で問われていることは、ＪＡとは何かである。「汝は何者なりや」との問いに、自覚と責任を持って前向きに答えることがＪＡの「自己改革」だと思う。第12章がいうように、「ＪＡ組織は何のためにあるのか」、「ＪＡ組織は必要か」を絶えず問い続けることが、必要なのである。組合員と地域社会が抱える「困りごと」に目を向け、その解決に結びつけていくことが農協の存在にとって不可欠である。

ＪＡが組合員と地域の期待を背負った運動体であり、事業体であることを忘れたら、社会的な存在意義と支持基盤を失うことになるだろう。運動、事業、さらには制度にわたって、「何のためにあるのか」を再確認し、再構築する必要がある。

ピンチにある今こそがチャンスである。

（増田佳昭）

**津田　将**（つだ　すすむ）農業開発研修センター理事・事務局長
1970 年島根県生まれ。大阪府立大学農学部卒、同大学院農学研究科修士課程修了、修士（農学）。

**青柳　斉**（あおやぎ　ひとし）元新潟大学農学部教授
1954 年岩手県生まれ。山形県出身。新潟大学農学部卒、京都大学大学院農学研究科博士後期課程修了、農学博士。専門は、協同組合論、米穀産業論、中国農業論。
農業開発研修センター理事・客員研究員。
主な著書は、『農協の経営問題と改革方向』筑波書房、2005 年。

**小松泰信**（こまつ　やすのぶ）岡山大学大学院環境生命科学研究科教授
1953 年長崎県生まれ。鳥取大学農学部卒、京都大学大学院農学研究科博士後期課程研究指導認定退学、博士（農学）。専門は、農業協同組合論。
農業開発研修センター参与。
主な著書は、『農ある世界と地方の眼力』大学教育出版、2018 年。

**西井賢悟**（にしい　けんご）一般社団法人日本協同組合連携機構主任研究員
1978 年東京都生まれ。岡山大学農学部卒、同大学院自然科学研究科博士後期課程修了、博士（農学）。
専門は、農業経営学、農業協同組合論。
主な著書は、『信頼型マネジメントによる農協生産部会の革新』大学教育出版、2006 年。

**仙田徹志**（せんだ　てつし）京都大学学術情報メディアセンター准教授
1972 年岡山県生まれ。香川大学農学部卒、京都大学大学院農学研究科博士後期課程研究指導認定退学、博士（農学）。専門は、農業経済学。
農業開発研修センター参与。
主な著書は、『農業経営発展の経営学』（稲本志良編集代表）（共著）、昭和堂、2012 年。

**高田　理**（たかだ　おさむ）神戸大学名誉教授
1951 年京都府生まれ。同志社大学商学部卒、京都大学大学院農学研究科博士課程修了、農学博士。
専門は、食料経済学、農業協同組合論。
農業開発研修センター監事・客員研究員。
主な著書は、『農協の存在意義と新しい展開方向』（共著）、昭和堂、2008 年。

**瀬津　孝**（せつ　たかし）農業開発研修センター常務理事・主席研究員、
京都大学農学部食料・環境経済学科非常勤講師
1953 年滋賀県生まれ。京都大学法学部卒、同大学院農学研究科博士課程修了、博士（農学）。専門は、農業協同組合論。
主な著書は、『協同組合のコーポレート・ガバナンス』（共著）、家の光協会、2000 年。

**石田正昭**（いしだ　まさあき）三重大学名誉教授、龍谷大学農学部教授
1948 年東京都生まれ、帯広畜産大学畜産学部卒、東京大学大学院農学系研究科博士課程農業経済学専攻単位取得退学、農学博士。専門は、地域農業論、農業協同組合論。
農業開発研修センター参与。
主な著書は、『ＪＡ自己改革から切り拓く新たな協同　「上からの統治」に挑む「下からの自治」』、家の光協会、2018 年。

# 索　引

## あ　行



## か　行

## さ　行

## た　行



## な　行

## は　行



## ま　行



## や　行



## ら　行

■編著者紹介

増田佳昭（ますだ　よしあき）滋賀県立大学名誉教授、農業開発研修センター副会長、
立命館大学招聘教授

1952年静岡県生まれ。京都大学農学部卒、同大学院農学研究博士課程修了、農学博士。専門は、農業経済学、農業協同組合論。
主な著書は、『規制改革時代のJA戦略』家の光協会、2006年。

■執筆者紹介

田代洋一（たしろ　よういち）横浜国立大学・大妻女子大学名誉教授
1943年千葉県生まれ。東京教育大学文学部卒、博士（経済学）。専門は、農業政策。
農業開発研修センター理事。
主な著書は、『農協改革と平成合併』筑波書房、2018年。

北川太一（きたがわ　たいち）福井県立大学経済学部教授
1959年兵庫県生まれ。京都大学農学部卒、同大学院農学研究科博士課程単位取得退学、博士（農学）。
専門は、農業経済学、協同組合論。
農業開発研修センター参与。
主な著書は、『協同組合の源流と未来』（分担執筆、日本農業新聞編）、岩波書店、2017年。

小池恒男（こいけ　つねお）滋賀県立大学名誉教授、農業開発研修センター会長
1941年京都生まれ、長野県出身。信州大学農学部卒、京都大学大学院農学研究科修士課程修了、農学博士。専門は、農政学、環境保全型農業論。
主な著書は、『激変する米の市場構造と新戦略』家の光協会、1997年。

制度環境の変化と農協の未来像——自律への道を切り拓く——

2019年2月20日　初版第1刷発行

編著者　増 田 佳 昭

発行者　杉 田 啓 三

〒607-8494　京都市山科区日ノ岡堤谷町3-1

発行所　株式会社　昭和堂

振替口座　01060-5-9347

TEL（075）502-7500/ FAX（075）502-7501



印刷　亜細亜印刷

ISBN978-4-8122-1811-2
＊落丁本・乱丁本はお取り替えいたします
Printed in Japan